Bundeslehranstalt Burg Warberg

75 Jahre

BUNDESLEHRANSTALT
BURG WARBERG

Manfred Rockel

Stets am Puls der Zeit

75 Jahre Bundeslehranstalt Burg Warberg

Verlag-Kultur-Dialog

Inhalt

Danksagung

Mit diesem Buch ist es gelungen, eine umfassende Darstellung über die Entwicklung des Agrarhandels und insbesondere der Bundeslehranstalt in den letzten 75 Jahren vorzulegen.

Ich möchte mich sehr herzlich bei den Personen bedanken, ohne die dieses Projekt erstens nicht gestartet, aber vor allem zweitens nicht termingerecht und in der vorliegenden Qualität hätte entstehen können.

Zunächst danke ich Frau Dr. Heinecke. Es war ihr Impuls, anlässlich des Jubiläums eine Dokumentation zu erstellen, die dauerhaft von den Leistungen, Verdiensten und Erfolgen, aber auch von den Herausforderungen, den Schwierigkeiten und den Hürden der Verantwortlichen in und um die Bundeslehranstalt berichtet.
In der ihr eigenen Art hatte sie nicht nur die Idee, sondern suchte und fand mit Manfred Rockel und Menno E. Jansen zwei Persönlichkeiten, die an der Umsetzung des Projektes Freude hatten und gleich nach unseren ersten Besprechungen an die Arbeit gingen. Darüber hinaus koordinierte Frau Dr. Heinecke das Projekt hier im Hause, suchte und fand Gesprächspartner, Fotos, Hintergrundinformationen und war stets für alle Beteiligten eine kompetente und geduldige Ansprechpartnerin.

Manfred Rockel, dem Autor, gilt mein besonderer Dank. Er suchte über viele Monate hinweg alle verfügbaren Quellen, um ein objektives Bild des Weges der Bundeslehranstalt zu zeichnen. Viele Gespräche, Begegnungen und Hintergrundwissen flossen in das vorliegende Buch ein. Auch den derzeit Verantwortlichen sind viele der durch Manfred Rockel entdeckten Informationen neu, und manche Lücke kann mit der vorliegenden Darstellung geschlossen werden. Die Geduld, an Themen dran zu bleiben und eine komplexe und teils diffuse Informationslage in eine Sprache und Form zu bringen, sodass ein objektives und für Außenstehende klares Bild entstehen konnte, ist bewundernswert und verdient höchste Anerkennung.

Ein weiterer herzlicher Dank gilt Menno E. Jansen, der mit großer Kreativität Vorschläge für die gestalterische Umsetzung gemacht hat. Einen nüchternen Text mit Daten und Fakten lebendig und stimmungsvoll durch Farben, Formen und Bilder zu „inszenieren", ist ihm hervorragend gelungen.

Besonders wertvoll waren die Zeit und die Hinweise, die die Herren Erwin Fromme, Gerhard Grabenhorst und Günter Oelschlegel in Gesprächen geben konnten.

Dass dieses Jubiläum mit einer so erfolgreichen Bilanz einer 75-jährigen Geschichte verknüpft ist, ist das Verdienst vieler Menschen, denen ich an dieser Stelle Dank sagen möchte:

Es sind zu allererst diejenigen, die mit ihrer (finanziellen) Unterstützung das Begehen dieses Jubiläums und die vorliegende Dokumentation erst ermöglicht haben.

Des Weiteren ein herzliches Dankeschön an alle Mitglieder der Bundeslehranstalt Burg Warberg für das über viele Jahre entgegengebrachte Vertrauen und die großzügige Unterstützung, die wir stets erfahren dürfen. Unterstützung, insbesondere wenn für Tätigkeit im Vorstand oder in der Delegiertenversammlung Zeit investiert und die Entwicklung ihrer Bundeslehranstalt konstruktiv begleitet wurde. Durch ihren Zuspruch motivieren sie das Team der Burg, sein Bestes zu geben.

Mein besonderer Dank gilt allen Mitarbeitern, Kollegen und Dozenten – seien es die derzeit aktiven oder die zwischenzeitlich im Ruhestand befindlichen. Sie sorgen jeden Tag aufs Neue dafür, dass der Betrieb so reibungslos funktioniert, Wissen in Seminaren vermittelt wird, Gäste begeistert sind oder die Burg mit immer wieder neuen Baumaßnahmen kontinuierlich eine Erweiterung und Verbesserung erfährt.

Last but not least ein ganz herzliches Dankeschön an den Vorsitzenden der Bundeslehranstalt Burg Warberg. Seit 1991 steht mit Peter Rautenschlein eine Persönlichkeit dem Vorstand vor, dem die Burg im wahrsten Sinne des Wortes am Herzen liegt und für den die Bundeslehranstalt und deren gute Entwicklung sehr viel bedeuten. Unzählige Male stand und steht er mit Rat und Tat zur Seite und hat so manchen politischen Fels auf die Seite rollen können, um die Ideen der Burgmannschaft erfolgreich umzusetzen. Auch bei der Entstehung des vorliegenden Werkes ist in vielen Details seine Handschrift zu finden.

Es ist wie bei einem guten Orchester. Jeder spielt ein anderes Instrument – allein wenig beeindruckend, aber gemeinsam wird es zu einem unvergleichlich schönen Klangerlebnis.

Warberg, im 75. Jahr des Bestehens der Bundeslehranstalt Burg Warberg

Peter Link

2013

Willkommen auf der Burg

Bundeslehranstalt Burg Warberg

Die Bundeslehranstalt Burg Warberg e.V.

Stets am Puls der Zeit

Peter Rautenschlein
Vorsitzender der Bundeslehranstalt Burg Warberg e.V.

Herzlich willkommen auf der Burg Warberg, dem Sitz der Bundeslehranstalt für den Agrarhandel, die nun auf eine 75-jährige Geschichte zurückblicken kann. Ich darf Sie als Vorsitzender des Vereins einladen, mit diesem Buch in unsere Geschichte einzutauchen und zu erleben, wie wir aus schwierigsten Anfängen heraus hier auf der Burg eine Bildungseinrichtung entwickeln konnten, die über Jahrzehnte die Aus- und Weiterbildung des Landhandels geprägt hat und weiter prägen wird.

Wir, der Vorstand, fast alle Mitglieder und Freunde der Burg sind Kaufleute, und Kaufleute agieren, sie handeln und wirtschaften, und es soll natürlich auch etwas erwirtschaftet werden. Und wenn ein Jahr oder eine Periode verstrichen ist, dann wird Bilanz gezogen. Unsere Bilanz nach 75 Jahren fällt gut aus.
Dieser Geburtstag unseres Schulvereins gibt uns die erfreuliche Gelegenheit, einen schulischen, einen kommunikativen und einen wirtschaftlichen Status zu formulieren. Ich freue mich sagen zu können: Unsere Bundeslehranstalt arbeitet heute höchst effizient. Und auch deshalb soll dieses Jubiläumsbuch unseren Werdegang und unsere Bilanz zum Ausdruck bringen.

Lesen Sie, wie im Mai1937 anlässlich der DLG-Wanderausstellung in München, die dem Zeitgeist geschuldet zu diesem Zeitpunkt Reichsnährstandsschau hieß, eine große Kundgebung des Landhandels stattfand. Georg Kugler, der damalige Leiter der Lagerland in München und Sprecher der Reichsfachschaft Getreide, unterbreitete auf dieser Veranstaltung den Vorschlag zur Gründung einer eigenen Schulungsstätte für den Landhandel.

Der dann zu diesem Zweck am 11. November 1937 gegründete Verein „Reichs-Landhandelsschule e.V." beschloss, den Rest der aufgesiedelten Domäne Burg Warberg vom Land Braunschweig zu erwerben. Und das erfolgte am 1. Juni 1938. Damit ist die Burg Warberg mit dem angeschlossenen Landwirtschaftsbetrieb seit 75 Jahren im Besitz des Landhandels.

Mit der Vorlage dieses Buches möchten wir Sie zu einer Zeitreise einladen, um zu betrachten, wie die Gedanken der Gründungsväter an eine Ausbildung des Landhandels, verbunden mit der Burg Warberg, in unserer Zeit umgesetzt wurden und werden und wie sich die heutige Bundeslehranstalt Burg Warberg zu einem verlässlichen und wichtigen Partner der Agrarbranche entwickelt hat.

An dieser Stelle möchte ich einen Dank an die Persönlichkeiten aussprechen, die es ermöglicht haben, dass die Burg Warberg zu dem werden konnte, was sie heute ist - die zentrale Aus- und Fortbildungsstätte des Agrarhandels. Wenn im Ursprung sich der Aktionsradius weitestgehend in einem nationalen Rahmen bewegte, ist heute die Bundeslehranstalt immer mehr auch eine international anerkannte Plattform geworden.
Ich erwähnte eingangs bereits den Gründungsvater Georg Kugler. Als sich nach dem verlorenen Krieg der Standort Warberg durch die Lage an der innerdeutsche Grenze als problematisch erwies, gab es Bestrebungen, den Standort Warberg aufzugeben und an einem anderen Ort eine neue Schulungsstätte zu errichten. Ein großer Dank gilt hier Erwin Fromme, dem damaligen Sprecher der jungen Landwarenkaufleute. Dieses Buch beschreibt auch, wie er einen entscheidenden Anteil daran hatte, dass die Burg Warberg mit dem Landwirtschaftsbetrieb gehalten, der Landwirtschaftsbetrieb modernisiert werden und der Schulbetrieb in Warberg aufgenommen werden konnte.

Dankbar denke ich auch an den ersten Geschäftsführer auf der Burg zurück, Dr. Otheinrich Schulze, der ab 1955 den Schulbetrieb in Warberg aufbaute und damit das Fundament legte. Dieser Aufbau ist auch buchstäblich zu sehen, die Einrichtung und Ausstattung der Burg gehörten ebenso dazu. 1964 wurde Gerhard Grabenhorst neuer Leiter der Schule. An dieser Stelle sollen neben vielen anderen Leistungen als Schwerpunkte seiner Arbeit die Etablierung des Schulbetriebs, erfolgreiche Entwicklung des Landwirtschaftsbetriebes, die betriebswirtschaftliche Beratung in den Betrieben des Agrarhandels und die flexible Reaktion der Bundeslehranstalt auf die Herausforderungen der Wiedervereinigung genannt werden. In seiner Zeit erfuhr die Bundeslehranstalt ein hohes fachliches Ansehen. Besonders hervorzuheben ist dabei die gute Zusammenarbeit mit Günter Oelschlegel. Neben der fachlichen Kompetenz war es insbesondere seine herzliche und gütige Art, die dafür sorgte, dass alle Teilnehmer sich in der Burg gut aufgehoben fühlen konnten. Wichtige Impulse kamen auch durch die jährlich von ihm organisierten Studienreisen. Seit 1973 konnten die Mitglieder der Burg auf einzigartige Weise die Agrarwirtschaft auf allen Kontinenten eindrucksvoll kennen lernen.

Sich den neuen Herausforderungen nach und seit der Wiedervereinigung zu stellen und sie zu meistern, das war und ist die Leistung von Peter Link, der als Geschäftsführer 1993 die Verantwortung für die Bundeslehranstalt Burg Warberg übernahm. Er erkannte, dass die Rahmenbedingungen für den Agrarhandel sich massiv ändern würden und das Handeln an Märkten ohne staatliche Eingriffe neue Handelsinstrumente und neues Wissen vom Agrarhandel erforderte. Seit Anfang der 90er Jahre wurde von Warberg aus systematisch an dem Aufbau einer Warenterminbörse für Agrarprodukte und der Vermittlung des zur erfolgreichen Nutzung dieses Instrumentes notwendigen Wissens gearbeitet.

Wir haben dieses Buch bewusst auch mit einem Zukunftsforum ausgestattet, weil wir auf der Burg zum Jubiläum gern mit Freude zurückblicken, aber auch brennend an der Gestaltung der Zukunft des Agrarhandels interessiert sind und sie zum Nutzen unserer Mitglieder mitgestalten wollen.

Dies ist dann auch der Ort, wo sich der Schulverein Bundeslehranstalt bei seinen Mitgliedern für ihre teilweise jahrzehntelange Unterstützung in Form von Beiträgen, Spenden und jeglicher Form der Mitarbeit bedanken möchte. Die steigenden Teilnehmer- und Besucherzahlen sehen wir neben den persönlichen Rückmeldungen als Ermutigung an, weiter für Sie da zu sein.

Als Vorsitzender bin ich auch stolz darauf, dass wir gerade mit der Öffnung der Burg und dem Ausbau der Oberburg heute ein wichtiger und attraktiver Veranstaltungsort für Musik, Kultur und Gesellschaft geworden sind. Hier gilt mein Dank dem im Jahr 1998 gegründeten Freundeskreis Burg Warberg e.V. Mit seiner Hilfe wurde die Sanierung des historischen Teils der Burg Warberg, der sog. Oberburg, wesentlich unterstützt. Gleichzeitig erfolgte damit die Möglichkeit, neben der wichtigen agrarhandelsfachlichen Aus- und Fortbildung die Burg in der Region zu vernetzen und mit einer Vielzahl von kulturellen Veranstaltungen zu beleben. Dem ersten Vorsitzenden des Freundeskreises Dr. Henrich Wilckens sowie meinem Vorstandskollegen hier aus Warberg Joachim Isensee ist es insbesondere zu verdanken, dass es hier mittlerweile eine Vielzahl interessanter Höhepunkte gibt, auch dazu finden Sie Näheres in unserem Jubiläumsbuch.

Auch zeugen unzählige Firmenveranstaltungen, Jubiläums- und Hochzeitsfeiern von der großen Verbundenheit vieler Menschen aus der Region mit unserer Burg.

Und wer trägt das alles? Wir wären nichts ohne unser kleines Schulungsteam und die vielen Fachleute, die uns und den Teilnehmern als Dozenten ihre Kompetenz zukommen lassen.
Genauso gilt mein Dank allen Mitarbeitern der Verwaltung, des Restaurants, des Hotelservices, den Personen der Bauplanung und des Baus sowie allen Mitarbeitern, die die Öffnung der Burg mit den vielen zusätzlichen Aktivitäten erst möglich gemacht haben.

Ich freue mich, dass der gemeinsam mit unserem Freundeskreis eingeschlagene Weg offensichtlich von vielen Menschen als richtig angesehen wird und sich weit über 700 Menschen durch ihre Mitgliedschaft im Freundeskreis Burg Warberg mit unserer Burg identifizieren und eine wichtige Rolle bei der Weiterentwicklung der Burg spielen.

Eingangs erwähnte ich die Bilanz, es sollte auch eine ehrliche Bilanz sein. Im Jahre 1955, bei der Eröffnung der Burg für den Schulbetrieb, mahnte der damalige Leiter Dr. Otheinrich Schulze an, dass neben aller Fachkompetenz auch die Verantwortung für sein Tun zum Rüstzeug des Unternehmers gehört. Es ist mir ein Bedürfnis, diesen Aspekt der Ethik in unserem Berufsstand auch hier anzusprechen. Zur ehrlichen Bilanz eines ehrbaren Kaufmanns gehört auch, dass wir uns die Frage nach unserem Wirkungs- und Verantwortungsbereich immer wieder neu stellen. Das gilt auch in Bezug auf einen fairen Umgang mit allen Beteiligten. Und das wollen wir von der Burg auch den jungen Menschen mit auf den Weg geben.

Ich wünsche Ihnen viel Freude bei der folgenden „Zeitreise". Seien Sie gespannt darauf zu lesen, was war, und seien Sie gespannt darauf zu erleben, was wird. Bundeslehranstalt Burg Warberg, eine Geschichte mit Vergangenheit und Zukunft.

Peter Rautenschlein

Bundeslehranstalt
Burg Warberg e.V.
Fachschule des deutschen Landhandels

Grußwort

Dr. Philipp Rösler
Bundesminister für Wirtschaft und Technologie

Bundesministerium
für Wirtschaft
und Technologie

Seit 75 Jahren setzt Burg Warberg als Aus- und Fortbildungsstätte hohe Maßstäbe. Die heutige Bundeslehranstalt für Agrarwirtschaften genießt zu Recht einen herausragenden Ruf. Hier treffen sich Unternehmen sowie Arbeitnehmerinnen und Arbeitnehmer des deutschen Agrarhandels, um sich weiterzubilden und neue Entwicklungen zu diskutieren. Aus solchen Begegnungen sind wichtige Impulse entstanden, wie etwa die Gründung des Fördervereins Warenterminbörse. Zugleich unterstützen Sie mit Ihrem Bildungsangebot die professionelle Weiterentwicklung der deutschen Landwirtschaft, insbesondere mit Blick auf Technologieoffenheit und die Erhöhung der Wettbewerbsfähigkeit.

Bei meinen Besuchen in den vergangenen Jahren konnte ich mich persönlich von der hervorragenden Arbeit auf Burg Warberg überzeugen. Den Verantwortlichen und Unterstützern der Bundeslehranstalt danke ich herzlich für ihr Engagement - und wünsche für die nächsten 75 Jahre weiterhin viel Erfolg.

Ihr

Dr. Philipp Rösler
Bundesminister für Wirtschaft und Technologie

Grußwort

Ilse Aigner
Bundesministerin für Ernährung, Landwirtschaft und Verbraucherschutz

Bundesministerium für Ernährung, Landwirtschaft und Verbraucherschutz

Liebe Leserinnen und Leser,

ich gratuliere der Bundeslehranstalt Burg Warberg herzlich zum 75-jährigen Bestehen. Bildung und Fortbildung sind die Basis für ein erfolgreiches Berufsleben. Das gilt auch für die Landwirtschaft. Die Bundeslehranstalt hat die aktuellen Herausforderungen der Agrar- und Ernährungsbranche erkannt und ihre Dozentinnen und Dozenten vermitteln hierzu das aktuelle Praxiswissen. Mit ihren vielfältigen Bildungsangeboten macht die Burg Warberg den Berufsstand fit für die Zukunft – und zwar in einer besonders schönen Umgebung, die zu einer guten Lernatmosphäre wesentlich beiträgt.

Im Zuge von Markt-und Technologieveränderungen, welche die Bundeslehranstalt in ihrer 75-jährigen Geschichte über ihr Fortbildungsangebot begleitet hat, unterliegt die Agrarbranche seit jeher einer dynamischen Entwicklung. Diese Entwicklungen gilt es zu erkennen und ihre Chancen aktiv zu nutzen. Insbesondere auf den Weltagrarmärkten erleben wir eine Dynamik wie nie zuvor. Dies betrifft alle landwirtschaftlichen Produkte, von Getreide und Soja bis hin zu Milch und Fleisch. Die Agrarmärkte befinden sich in einer Umbruchphase. Mit den 1992 begonnenen Reformen der Gemeinsamen Agrarpolitik (GAP) haben wir einen konsequenten Weg hin zu mehr Marktorientierung und Steigerung der Wettbewerbsfähigkeit eingeschlagen. Diesen Weg werden wir auch in der anstehenden neuen Förderperiode für die Jahre 2014-2020 weitergehen. Das Fundament hierfür haben wir mit der Einigung auf die Grundzüge zur Weiterentwicklung der Gemeinsamen Agrarpolitik im Agrarrat schon gelegt. Bis zum Sommer 2013 werden wir die GAP-Verhandlungen voraussichtlich abschließen können.

Für einige Sektoren ist die Marktorientierung nichts Neues, zum Beispiel für den Schweinemarkt. Andere Sektoren, wie zum Beispiel Milch und Zucker, sind noch nicht so weit. Die Reformen haben hier erst deutlich später angesetzt, das müssen und werden wir berücksichtigen. Ziel und Richtung stehen fest. Je schneller sich alle Beteiligten darauf einstellen, desto besser gelingt der Übergang von der „Quote in den Markt".

Stärkere Marktorientierung heißt auch geringere staatliche Einflussnahme und damit größere Preisschwankungen auf den Agrarmärkten. Insbesondere bei diesem Thema hat die Bundeslehranstalt Burg Warberg Wichtiges geleistet. Von ihr ging die erste Initiative zur Gründung einer Warenterminbörse für Agrarrohstoffe in Deutschland aus. Dies ist ein Beispiel, wie Innovationen und gute Ideen ein erfolgreiches Wirtschaften über Generationen hinweg ermöglichen. Heute benötigt der Agrarsektor Möglichkeiten zur Absicherung gegen Preisschwankungen – und das entsprechende Know-How. Die Bundeslehranstalt Burg Warberg hat dieses Erfordernis frühzeitig erkannt und gehandelt. Sie bietet praxisbezogene Seminare zur Preisabsicherung an den Warenterminmärkten an, um alle Marktbeteiligte der Wertschöpfungskette mit diesen Instrumenten vertraut zu machen.

Auch wenn es immer wieder zu Preisschwankungen kommen kann, so werden wir doch langfristig aller Voraussicht nach ein ansteigendes Preisniveau verzeichnen können. Denn die Nachfrage nach Agrarprodukten ist in den letzten Jahren weltweit stärker gestiegen als deren Erzeugung. Aus einer Situation des Überschusses werden wir bei wichtigen Produkten also schrittweise in eine Situation mit angespannter Versorgungslage kommen.
Um diesem Bedarf gerecht zu werden, brauchen wir eine leistungsfähige Agrar- und Ernährungswirtschaft, einschließlich eines leistungsfähigen Handels im vor- und nachgelagerten Bereich – oder anders gesagt: ein leistungsfähiges Agribusiness.

Grundlage des wirtschaftlichen Erfolgs eines Unternehmers im Agribusiness ist betriebliches Wissen, das sich stets auf dem aktuellen Stand bewegt. Hier sind Fortbildungseinrichtungen wie die Bundeslehranstalt Burg Warberg gefragt, Know-How praxisorientiert zu vermitteln und die Branche auf die Herausforderungen der Zukunft vorzubereiten.

Ich wünsche der Bundeslehranstalt Burg Warberg daher auch für die nächsten Jahre weiterhin viel Erfolg.

Ilse Aigner

Ilse Aigner
Bundesministerin für Ernährung, Landwirtschaft
und Verbraucherschutz

Grußwort

Christian Meyer
Niedersächsischer Minister für Ernährung, Landwirtschaft und Verbraucherschutz

Niedersächsisches Ministerium für Ernährung, Landwirtschaft und Verbraucherschutz

Der Verein Bundeslehranstalt Burg Warberg e. V. trägt als berufsständischer Zusammenschluss von Unternehmen, Firmen und Arbeitnehmern des deutschen Agrarhandels sowie verwandter Betriebszweige des Getreide-, Futter-, Düngemittel- und Kartoffelhandels mit der Burg Warberg die zentrale Lehr- und Veranstaltungseinrichtung des deutschen Agrarhandels. Nicht nur am Puls der Zeit, sondern immer einen Schritt voraus – das ist dabei der Anspruch der Bundeslehranstalt Burg Warberg e. V. Und diesem Anspruch wird die Einrichtung seit 75 Jahren gerecht. Setzt die Politik neue Akzente oder erfordert der Markt ein Umdenken, entwerfen Sie die entsprechenden Leitfäden und Orientierungen für die Praktiker im Handel, aber auch in der Landwirtschaft.

Als private Lehreinrichtung des Agrarhandels bieten Sie vor allem Seminare und Tagungen zum Thema Agrarhandel an. Auf diesem Gebiet steigt der Wissensbedarf stetig an. Die Märkte werden komplexer und globaler und die Preise volatiler. Preisschwankungen stellen Risiken dar, sie sind aber auch ein notwendiges Element, um Angebot und Nachfrage auf den Märkten in Einklang zu bringen. Dabei spielen die langen Produktionszyklen und die besonderen Verhältnisse bei Angebot und Nachfrage bei landwirtschaftlichen Erzeugnissen eine große Rolle. Neben den rein ökonomischen Faktoren müssen die Marktteilnehmer auch immer Politik- und Umwelteinflüsse berücksichtigen. Durch einseitige Ausfuhrbeschränkungen oder das Anlegen großer Lagerbestände u.ä. kann z. B. die Politik massiv ins Marktgeschehen eingreifen. Und niemand kann bisher vorhersagen, welche Auswirkung der Klimawandel mittelfristig auf die Agrarproduktion und damit auch auf die Agrarmärkte haben wird. Die europäische Agrarpolitik hält zwar ein Sicherheitsnetz bereit, dennoch ist jeder einzelne Marktteilnehmer gefragt, sich an den Marktverhältnissen zu orientieren und aufgrund des täglichen Informationsstroms Entscheidungen zu treffen.

„Wissen ist Markt" – das ist Ihr Credo. Und als Multiplikator von Wissen helfen sie auch den Landwirten, nach dieser Philosophie ihren wirtschaftlichen Erfolg zu sichern. Dabei sollte aber auch immer ein Augenmerk auf der Nachhaltigkeit liegen, denn Landwirtschaft ist mehr als reine Gewinnmaximierung. Es geht vielmehr darum, den Lebensunterhalt zu erwirtschaften, sichere Nahrungsmittel bereitzustellen und unsere Kulturlandschaft zu erhalten. Gerade mit Blick auf diese vielseitigen und oft divergierenden Anforderungen ist Ihre Arbeit als Vordenker und Wissensvermittler sowohl für die Politik als auch für die gesamte Branche von großer Bedeutung. Und deshalb möchte ich Ihnen nicht nur ganz herzlich zu Ihrem Jubiläum gratulieren, sondern Ihnen auch für die Zukunft weiterhin das richtige Gespür für aktuelle Themen und deren Bedeutung für die Praxis wünschen.

Christian Meyer

Christian Meyer
Niedersächsischer Minister
für Ernährung, Landwirtschaft und Verbraucherschutz

Grußwort

Bruno Fehse
Bundesverband der Agrargewerblichen Wirtschaft e.V.

BVA
BUNDESVERBAND DER AGRARGEWERBLICHEN WIRTSCHAFT E.V.

Zum 75-jährigen Bestehen des Schulvereins der Burg Warberg gratuliere ich im Namen des Vorstands, der Mitglieder und Geschäftsstelle des Bundesverbandes der Agrargewerblichen Wirtschaft e. V. (BVA) herzlich.

Über sieben Jahrzehnte ist es her, dass die Idee, eine eigene Schulungsstätte für den privaten Landhandel zu gründen, geboren wurde. Seither hat sich die Bundeslehranstalt Burg Warberg von einer Lehrstätte zu einer fachlich kompetenten und engagierten Schulungseinrichtung für die Aus- und Weiterbildung im Agrarhandel weiterentwickelt. Sie ist heute ein bedeutendes Kompetenz-Zentrum für die gesamte Agrar- und Ernährungswirtschaft und wird als Plattform für Wissen und Kommunikation auch über die deutschen Grenzen hinaus hoch geschätzt.

Die Aufgaben an unsere Branche werden immer schwieriger und komplexer. Daher wachsen auch die Verantwortungs- und Aufgabenbereiche unserer Fachkräfte und des Managements. Die Basis für erfolgreiches unternehmerisches Handeln liegt in der Qualifikation der Mitarbeiter unserer Unternehmen. Diesen Leitspruch hat die Bundeslehranstalt schon immer gelebt und weiterentwickelt. Durch die richtige Themenauswahl im Seminarprogramm ist es der Bundeslehranstalt Burg Warberg über Jahrzehnte hinweg gelungen, die richtigen Inhalte, aber auch Werte zu vermitteln. Dabei standen und stehen nicht nur die Ausbildung und Erweiterung vorhandener Kenntnisse im Mittelpunkt der verschiedensten Seminare, Lehrgänge und Tagungen. Auch das maßgeschneiderte Qualifizierungsprogramm, das Vermitteln neuer Kenntnisse durch kompetente Dozenten und nicht zuletzt der Erfahrungsaustausch mit Berufskollegen tragen maßgeblich zum Erfolg unserer Bundeslehranstalt Burg Warberg bei. Der Bundesverband der Agrargewerblichen Wirtschaft (BVA) als Branchenorganisation des Agrarhandels ist froh, solch einen innovativen und beständigen Partner an seiner Seite zu wissen.

Ich gratuliere der gesamten Mannschaft von Burg Warberg zu ihrer hervorragenden Arbeit und wünsche den Verantwortlichen täglich aufs Neue Kreativität und eine sichere Hand in ihren Entscheidungen bei zukünftigen Herausforderungen. Dann ist nicht nur dem Schulverein der Burg Warberg, sondern auch dem Agrarhandel eine weiterhin gute Zukunft sicher.

Mit den besten Wünschen

Bruno Fehse
Präsident des Bundesverbandes der Agrargewerblichen Wirtschaft

Grußwort

Dr. Wolf-Michael Schmid
Industrie- und Handelskammer Braunschweig

IHK Braunschweig

Mit der Bundeslehranstalt Burg Warberg liegt die deutschlandweit bedeutendste Aus- und Fortbildungsstätte für den Agrarhandel im Bezirk der Industrie- und Handelskammer Braunschweig und leistet seit Jahrzehnten mit einer auf die Landwirtschaft fokussierten Vermittlung kaufmännischer und produktionstechnischer Kenntnisse, mit Fachtagungen und Handelstagen als Branchentreffpunkt zu den Themenbereichen Getreide, Saatgut, Futtermittel, Pflanzenschutz- und Düngemittel sowie darüber hinausgehend hervorragende Arbeit. Die Industrie- und Handelskammer Braunschweig gratuliert daher gern und herzlich zum 75-jährigen Jubiläum.
Die Bundeslehranstalt Burg Warberg e. V. kann aus vielerlei Gründen als wirkliche Besonderheit und damit echte Perle unter den Aus- und Weiterbildungsinstitutionen unserer Region bezeichnet werden. Zu nennen ist hier zunächst die hohe Qualität der Lehrgänge, Seminare und Tagungen, die im Agrarhandel und darüber hinaus höchste Anerkennung genießen. Der Geschäftsführung und den Mitgliedern des diese Einrichtung tragenden Vereins ist es offenkundig immer gelungen, Angebote aktuell zu halten, auf Erfordernisse des Marktes zu reagieren und sich damit in der Bildungslandschaft des deutschen Agrarhandels nachhaltig zu etablieren. Gemeinsam mit dem Freundeskreis ist es zudem gelungen, die Burg Warberg als Fortbildungs- und Tagungsort mit vielfältiger besonderer Qualität zu positionieren. Modern ausgestattete Hotelzimmer erlauben einen Seminarbetrieb an historisch bemerkenswertem Ort mit besonderem Flair. Zu den Nutzern zählen daher heute auch über den Landhandel hinaus Großunternehmen ebenso wie mittelständische Betriebe des Wirtschaftsraumes. Allen hier engagierten Persönlichkeiten und Unternehmen ist zudem dafür zu danken, dass es gerade in den letzten Jahren gelang, wesentliche Erhaltungsinvestitionen umzusetzen und die Burg Warberg auch mit einem breiten Spektrum kultureller Veranstaltungen für viele Besucher mit unterschiedlichen Interessen zu öffnen. Das Ideal eines historischen Gebäudes mit hochaktuellem Inhalt wird hier verwirklicht. Geschäftsführung sowie alle Mitarbeiterinnen und Mitarbeiter leisten täglich ihren Beitrag zur Erfüllung des Gästeversprechens unter dem Leitsatz „Wir möchten, dass Sie sich bei uns wohlfühlen …". Als weitere Besonderheit beherbergt die Burg Warberg seit dem Jahr 1999 die Erwin Fromme-Stiftung des privaten Landhandels, die mit besonderem Schwerpunkt die berufliche Qualifizierung junger Menschen aus der Agrarwirtschaft unterstützt und den europaweiten Jugendaustausch mit Stipendien fördert.

Es liegen damit beste Voraussetzungen vor für eine weiterhin gute Perspektive der Bundeslehranstalt Burg Warberg, die ich mit allen guten Wünschen begleite.

Dr. Wolf-Michael Schmid
Präsident der Industrie- und Handelskammer Braunschweig

Grußwort

Helmut Wulf
Deutscher Verband Tiernahrung e. V.

DVT
DEUTSCHER VERBAND
TIERNAHRUNG E.V.

Zum 75-jährigen Jubiläum der Bundeslehranstalt Burg Warberg e. V. gratulier ich Ihnen und der Deutsche Verband Tiernahrung e. V. auf das Herzlichste! Genauso wie die Landwirtschaft haben Agribusiness und Agrarhandel in diesem Zeitraum einen tiefgreifenden Wandel erlebt – im Hinblick auf Märkte, Strukturen, Geschäftsmodelle und Handelsgewohnheiten, Technik und Technologien, Unternehmer und Unternehmenskulturen, Managementmethoden und politische Rahmenbedingungen. Für die Unternehmen dieser Branche waren entscheidende Schlüsselfaktoren zum „Schritt halten können" und zum erfolgreichem Agieren stets die gleichen: Veränderungsbereitschaft, Flexibilität, Wissen und die Fähigkeit, neue Chancen, Märkte und Techniken schnell zu nutzen und in ein Geschäftsmodell umzusetzen. Voraussetzung dafür waren und sind eine gute und kontinuierliche Aus- und Weiterbildung, Wissensvermittlung und Informationsaustausch – der Schlüssel zum Erfolg lag und liegt in den Köpfen!

Diesem Prinzip sind die Gründer der Bundeslehranstalt und die mit ihr verbundenen Akteure gefolgt und haben „die Burg" zur zentralen Instanz in Sachen Wissensvermittlung und Qualifikation für das Agribusiness gemacht. Sie ist darüber hinaus nicht nur dem schieren Weitergeben von Information und Lerninhalten verpflichtet, sondern bietet auch für die Entscheider in den Unternehmen eine Plattform, um über den Tellerrand des Tagesgeschäftes hinaus zu blicken. „Die Burg" ist damit ein unverzichtbarer Baustein in der Geschichte der Branche geworden. Dafür vielen, vielen Dank! Diese Leistung macht auch die geographische Randlage mehr als wett - die ja durchaus ihre Vorzüge hat, weil sie Besucher, Lehrende und Lernende zur Konzentration auf das Wesentliche lenkt. Außerdem: Es ist schon etwas Besonderes, diese Tätigkeit nicht in einem schlichten und gesichtslosen Zweckbau durchführen zu müssen. Im Ambiente der Burg bleibt das Gelernte eben besser haften.

Ich bin überzeugt, dass sich diese Erfolgsgeschichte fortsetzen wird, nicht zuletzt, weil Information und Qualifikation immer überlebenswichtig bleiben werden. Das gilt für die Tierernährung genauso wie für die übrigen Branchen des Agribusiness. Wir, der Deutsche Verband Tiernahrung, danken der Bundeslehranstalt Burg Warberg für die langjährige gute Zusammenarbeit und wünschen Ihnen alles Gute, weiterhin Beweglichkeit und Innovationsfreudigkeit sowie viele zufriedene Kunden und Mitglieder. Wir freuen uns auf die weitere Zusammenarbeit und auf neue gemeinsame Projekte!

Helmut Wulf
DVT Präsident

Die Burg damals

Das Warberger Team

Seit	Name	Funktion
07/81	Christian Rosigkeit	Leiter landwirtschaftlicher Betrieb
08/86	Marlies Sermond	Sekretariat
01/88	Otto Krietsch	Hausmeister
04/92	Peter Link	Geschäftsführer/Leiter der Bundeslehranstalt
08/95	Heike Winschewski	Mitarbeiterin Rezeption
07/97	Cornelia Plaettner	Raumpflegerin
04/98	Heinz-Jürgen Strusch	Küchenchef
06/98	Wolfgang Koopmann	Bauleitung
11/98	Joachim Isensee	Freundeskreis Burg Warberg e.V.
03/99	Jutta Hoppe	Mitarbeiterin Küche
06/99	Boguslawa Kowalewski	Mitarbeiterin Service
04/02	Sabine Barton	Buchhaltung
05/02	Suleyman Inan	Sanierungsarbeiten
10/02	Christina Weigelt	Rezeptionsleitung
01/03	Alexander Bach	Sanierungsarbeiten
09/03	Renate Kocourek	Labor
03/04	Susann Albers-Schmidt	Eventmanagement
05/04	Ronald Plate	Raumpfleger
05/04	Erika Kanitz	Aushilfe
09/04	Annett Auerswald	Mitarbeiterin Küche
05/06	Wilhelm Michaelis	Grillmeister

Seit	Name	Funktion
07/06	Lylia Sel	Raumpflegerin
08/06	Sina Liebs	Mitarbeiterin Rezeption
02/07	Ines Jenderze	Raumpflegerin
09/07	Janine Klix	Mitarbeiterin Service
08/08	Uli Röpke	Mitarbeiter Rezeption
11/08	Frances Klein	Mitarbeiterin Service
11/08	Katharina Pischel	Seminarmanagement
12/08	Florian Hary	Hotelmanager
01/09	Wera Jentzsch	Hausdame
02/09	Maria Herdeanu	Dekorateurin
02/09	Britta Krause	Mitarbeiterin Service
10/09	David Kopriva	Mitarbeiter Rezeption
08/09	Patrick Förster	Auszubildender Koch
06/10	Dr. Annemarie Heinecke	Leiterin Seminarmanagement
08/10	Justin Welke	Auszubildender Hotelfachmann
01/11	Vladimir Spade	Sanierungsarbeiten
05/11	Tischin Sergej	Sanierungsarbeiten
06/11	Franziska Jerchel	Mitarbeiterin Service
06/11	Andreas Kowalewski	Hausmeister
08/11	Robert Krause	Aushilfe Koch
08/11	Philipp Lobeda	Auszubildender Hotelfachmann

Vorstand BLA

Obere Reihe (v.l.):
Dieter Hille, PROLAND Schiffer & Nicklaus GmbH, Grünstadt; Dieter Gräf, Fa. Hans Schilling, Uffenheim; Thomas Knaup, Ferdinand Knaup GmbH (2. Stellvertreter), Borchen-Etteln
Mittlere Reihe (v.l.):
Werner Schneider, Landhandel Wetter RS GmbH, Wetter; Torsten Renken, Lünekartoffel-Vertriebs GmbH & Co., Südergellersen; Helmut Betz, Walter Majer Handels GmbH, Hemmingen
Untere Reihe (v.l.):
Bernd Klaue, Agroservice Landhandel GmbH, Heudeber; Christoph Buchholz, Verein d. Getreidehändler der Hamburger Börse e.V., Hamburg; Peter Rautenschlein, Otto Rautenschlein GmbH (Vorsitzender), Schöningen; Walter Remmers, Landhandel EIRERO GmbH & Co. KG (1.Stellvertreter), Lindern; Jens Rautenberg, ATR Landhandel GmbH & Co. KG (Ratzeburg)

Vorstand Freundeskreis

Helmut Wensing, Joachim Isensee, Lorenz Flatt, Peter Rautenschlein (v.l.)

Seit	Name	Funktion
08/11	Moritz Loose	Auszubildender Koch
08/11	Ilona Marsen	Blumenschmuck
08/11	Tanja Schmidt	Auszubildende Bürokauffrau
08/11	Nico Urban	Auszubildender Bürokaufmann
09/11	Detlef Ruhnke	Mitarbeiter Küche
10/11	Marita Reinecke	Seminarmanagement
03/12	Mandy Dorendorf	Serviceleitung
03/12	Severin Keller	Auszubildender Service
08/12	Gerrit Kiehl	Auszubildender Hotelfachmann
08/12	Patrick Koch	Auszubildender Koch
08/12	Jessica Völker	Auszubildende Bürokauffrau
09/12	Christiane Werner	freiwilliges kulturelles Jahr
10/12	Wiebke Behrens	Mitarbeiterin Service
03/13	Anna Ernst	Projektassistentin
04/13	Jens Knackstedt	Buchhaltung
05/13	Oliver Meyer	Mitarbeiter Service
05/13	Christoph Link	Praktikant
05/13	Kathleen Naumann	Aushilfe Service
05/13	Anja Selczuk	Raumpflegerin

Vorstand BLA 2011 - 2014

Vorsitzender
Rautenschlein, Peter
Otto Rautenschlein GmbH,
8358 Schöningen

1. Stellvertreter
Remmers, Walter
agron GmbH & Co. KG,
49699 Lindern-Stühlenfeld

2. Stellvertreter
Knaup, Thomas
Ferdinand Knaup GmbH,
33178 Borchen-Alfen
Betz, Helmut
Walter Majer Handels GmbH, 71282 Hemmingen
Buchholz, Christof
Verein der Getreide-händler der Hamburger Börse e.V.,
20457 Hamburg
Gräf, Dieter
Hans Schilling,
97215 Uffenheim
Gutscher, Herbert
Getreide-Gutscher GmbH,
A-3443 Sieghartskirchen
Hille, Dieter
Proland Agrarhandel GmbH,
67550 Worms
Klaue, Bernd
Agroservice Landhandel GmbH,
38855 Heudeber
Renken, Thorsten
Lünekartoffel-Vertriebs GmbH & Co.
21394 Südergellersen
Russow, Ulla
Landhandel Demmin GmbH,
17109 Demmin
Schneider, Karl-Werner
Landhandel Wetter,
35083 Wetter
Stöfen, Hans Jürgen
J. Stöfen KG,
25764 Wesselburen

Ehrenvorstände
Nicklaus, Heinz,
67262 Grünstadt
Rautenberg, Jens,
23911 Kittlitz

Prägende Persönlichkeiten

Geschäftsführer / Schulleiter

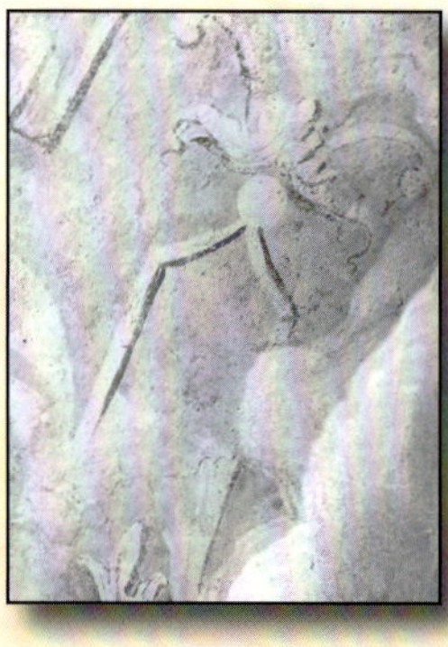

Dr. Egid Obermühler
1938 - 1948

Er organisierte von der Berliner Geschäftsstelle aus den Aufbau des Vereins, dem sich bis 1941 über 6000 Mitglieder angeschlossen hatten. Er wirkte in seiner Funktion bei dem ersten Umbau der Burg Warberg zur Schulungsstätte des Landhandels mit.

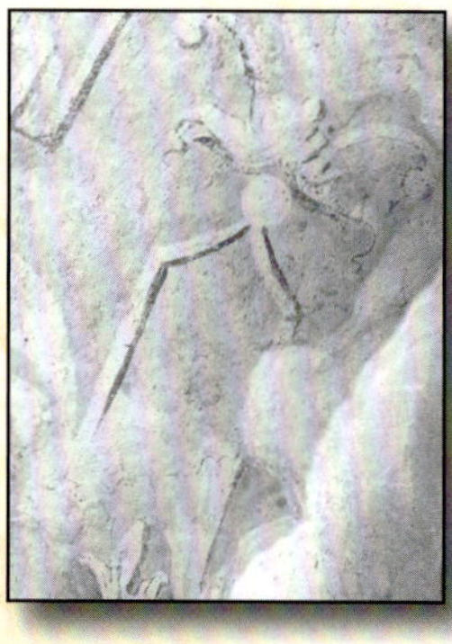

Werner Jürgens
1949 - 1953

Da in seiner Zeit Burg Warberg als Schulungsstätte nicht zur Verfügung stand, wurden unter seiner Leitung „Wanderlehrgänge" in der frühen Bundesrepublik durchgeführt, wobei von ihm wichtige Elemente des späteren Ausbildungskonzepts entwickelt wurden.

Vorsitzende

Georg Kugler
1937 - 1945/46

Der Leiter der Lagerland München initiierte als Fachschaftssprecher Getreide die Gründung der „Reichs-Landhandelsschule" im Jahre 1937 in Berlin. Unter seinem Vorsitz konnten die Burg Warberg und das Restgut durch Beiträge und Spenden erworben werden.

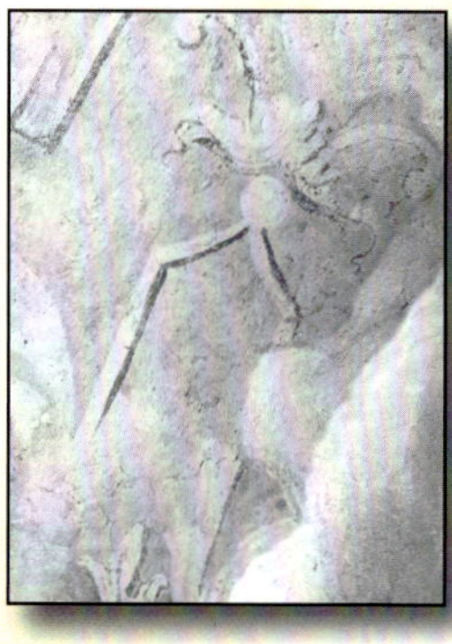

Friedrich Pluns
1946 - 1949

Der hannoversche Landhandelskaufmann setzte sich nach Kriegsende erfolgreich für den Neubeginn des Schulvereins ein und erreichte, dass die „Lehranstalt des deutschen Landhandels" als Verein zugelassen und die Burg trotz anderweitiger Nutzung dem Verein erhalten blieb.

Georg Mack
1949 - 1954

Der Leiter der Lagerland München und bayerische Landtagsabgeordnete rang engagiert mit dem Vorstand und den Delegierten des Vereins um die zukünftige Ausrichtung des Schulvereins, der sich schließlich auf Burg Warberg als feste Schulungsstätte einigte.

Dr. Otheinrich Schulze
1955 - 1964

Der geistige Lenker der ersten Schulungsphase auf Burg Warberg entwickelte ein erfolgreiches Schulungsprogramm und meisterte in seiner Zeit zusätzlich die organisatorischen und baulichen Schwierigkeiten, die sich bei der Umsetzung in den Weg stellten.

Gerhard Grabenhorst
1965 - 1993

Der sachlich bilanzierende, engagierte Macher, qualifizierter Lehrer und Landwirt zugleich, etablierte in seiner jahrzehntelangen Tätigkeit den Lehrbetrieb und setzte erfolgreich weitere Schwerpunkte u.a. mit der positiven Entwicklung des Landwirtschaftsbetriebes und des Betriebswirtschaftlichen Arbeitskreises im Landhandel.

Peter Link
seit 1993

Dem visionären Netzwerker gelingt es auf dem Fundament, das Herr Gerhard Grabenhorst gelegt hat, neue Bildungs- und Tagungsformate zu etablieren, universitäre Bildungsabschlüsse für Agrarhandelsstudenten zu ermöglichen und durch den Aufbau der Warenterminbörse und internationale Kooperationen die Bundeslehranstalt Burg Warberg weithin bekannt zu machen.

Rudolf M. Michelsen
1954 - 1959

Rolf Schwarze
1960 - 1974

Die beiden Vorsitzenden der Bundeslehranstalt Burg Warberg (BLA) unterstützten den Aufbau der Lehre als Präsidenten des Zentralverbandes Getreide, dabei auch durch ihre guten Kontakte zur Wirtschaft. Der Versuch des Hanseaten aus Bremen Rolf Schwarze, eine Personalunion von Präsident des ZV mit dem Vorsitz der BLA in die Satzung aufzunehmen, setzte sich im Schulverein nicht durch.

Heinrich Winkelmann
1974 - 1991

Der Agrarhändler aus Wunstorf bei Hannover nahm als Vorsitzender in besonderer Weise Verbindungen und aktuelle Strömungen zwischen dem Agrarhandel und der BLA auf und bildete zum umtriebigen Geschäftsführer vor Ort die repräsentative Ergänzung.

Peter Rautenschlein
seit 1991

Wie kein anderer Vorsitzender der Bundeslehranstalt hat der Schöninger Agrarhändler in mehr als 20 Jahren die Burg verantwortlich geprägt. In seiner Zeit wurde die Oberburg saniert und die Erschließung vieler neuer Zielgruppen für die Burg möglich.

Tradition

Kultur

Freundschaft

Agrarhandel

Innovation

Gastfreundschaft

Information

Netzwerk

Der Stifterbrunnen auf der Burg

Selbstverständnis mit Weitblick

Manchmal ist es gut, wenn man anfängt. Auch wenn man noch nicht genau weiß, ob das herauskommt, was man sich vorgestellt hat. Oft wundert man sich hinterher, dass und wie schnell etwas umgesetzt werden konnte, auch weil man den Mut hatte zu beginnen. Das gilt für die letzte große Ausbauphase der Burg Warberg, die in kurzer Zeit vollbrachte Sanierung der Oberburg, die mit dem 2006 eingeweihten Stifterbrunnen einen besonderen Abschluss fand – wenigstens vorläufig, denn gebaut wird hier eigentlich immer. Und das gilt im übertragenen Sinne auch für den ersten Inhalt, für das erste Kapitel dieses Buches, für das die Betrachtung des Stifterbrunnens als angemessene Einführung in die 75-jährige Geschichte des Schulvereins angesehen und ausgewählt wurde.

Denn der Stifterbrunnen mit seinen Inschriften und seinen bildhauerisch gestalteten Motiven drückt exemplarisch und zugleich sehr anschaulich das Selbstverständnis der Bundeslehranstalt Burg Warberg und seines Freundeskreises aus, wie es sich heute darstellt und das deshalb auch einen ersten guten Einstieg in die Aktivitäten des nun 75-jährigen Schulvereins bietet, die heute in ihren Akzentuierungen beträchtlich über die reine Schulungsarbeit für den Landhandel hinausgehen.
Die Motive der acht bildhauerischen Arbeiten reichen vom Agrarhandel, dem A und O der heutigen Funktion der Burg, bis zur Tradition. Mit der Burg als Schulungsort und Begegnungsstätte und der eigenen Vereinsgeschichte kann die Bundeslehranstalt Burg Warberg e.V. (BLA) ja in zweifachem Sinne auf eine lange Geschichte zurückblicken, wobei in dieser Darstellung die Burg und ihre lange Geschichte weniger im Vordergrund stehen werden, sondern die BLA und ihre Vorläufer ab 1937, natürlich unter dem Aspekt der Schulung des **Agrarhandels**. Wohlgemerkt, mit diesem ersten Begriff erfolgt für die Ansprechpartner eine weiter reichende Definition als Landhandel. Sich öffnen, aber gleichzeitig auch beim Kerngeschäft, dem Landwarenhandel, bleiben, das ist einer der heutigen unausgesprochenen Leitsätze der BLA. Und darüber hinaus ist dieser Ort nicht nur als zentrale Aus- und Fortbildungsstätte zu sehen, sondern auch „zur Begegnung, zum Gedankenaustausch und gemeinsamer Ideenfindung" bestimmt. Unter dem Warberger Lindenbaum wird erst gesät und geerntet, und dann wird unter dem alten Logo der privaten Landhändler, der Ähren auf der Waagschale, der Handel in Aktion dargestellt.

Aber natürlich spielt dabei die **Tradition** der Burg auch eine gewichtige Rolle, mit dem Respekt vor dem, was sich über acht Jahrhunderte an Bedeutung entwickelte und lange Bestand hatte, verkörpert in dem Wappen der Edelherren zu Warberg, und was nun den besonderen Rahmen abgibt für das heutige Geschehen auf der Burg. Die Fahne auf dem Bergfried mit dem Wappen in den Farben Blau und Gelb, den Farben der Warberger wie der Welfen und des Braunschweiger Landes, grüßt heute wieder jeden, der sich der Burg nähert und hier willkommen ist.
Der Freundeskreis Burg Warberg trägt Struktur und Inhalt seiner Arbeit in seinem Namen. **Freundschaft** zählt hier nicht nur in den eigenen Reihen. Das miteinander Anpacken verbindet und hält, aber es ermöglicht auch, gemeinsam die Kraft, die Stärke und das Durchhaltevermögen zu entwickeln, um etwas so Mächtiges wie eine immer wieder herausfordernde Burg buchstäblich zu stemmen. Dieser dauerhafte und immer wieder neue Prozess des „Kampfes" um den Erhalt und den Ausbau der Burg – wovon natürlich zu lesen sein wird – scheint heute nicht beendet zu sein, in aller Freundschaft nicht, aber der mächtige Bergfried lässt es nun zu, dass man nicht nur fast ohnmächtig hinaufblickt, sondern auch den Blick von oben auf die sanfte Hügellandschaft des Elms genießen kann, ein Zeichen dafür, dass man über dem Berg ist.

Auch im Innern der Burg hat sich vieles verändert, von der Unterkunft zum Wohlfühlhotel, von der Kantine zum Restaurant, von den Waschräumen zur Nasszelle. **Gastfreundschaft**, abgebildet mit Verweisen auf das Ursprüngliche, den einfach gedeckten Tisch mit Wein und zu Brot verarbeitetem Korn, beinhaltete hier mehr. Sie geht über die Aufgabe des anfangs strammen Internatstons hinaus und hat einen Wohlfühleffekt für die Besucher im Sinn. Denn die offene Tür lädt ein, nicht nur Teilnehmer aus ganz Deutschland und Europa, sondern in den letzten Jahrzehnten auch Besuchergruppen aus der ganzen Welt.

Die offene Tür steht aber auch für die Öffnung der Burg für die Menschen aus der Region durch ein heute umfassendes Angebot an **Kultur**. Bis vor 15 Jahren verstand sich der Verein mit seinen Mitgliedern, was das Leben auf der Burg betrifft, auch nicht als geschlossene Gesellschaft. Aber erst mit der offenen Tür, auch der Konzessionierung usw. sind die gesellschaftlichen und

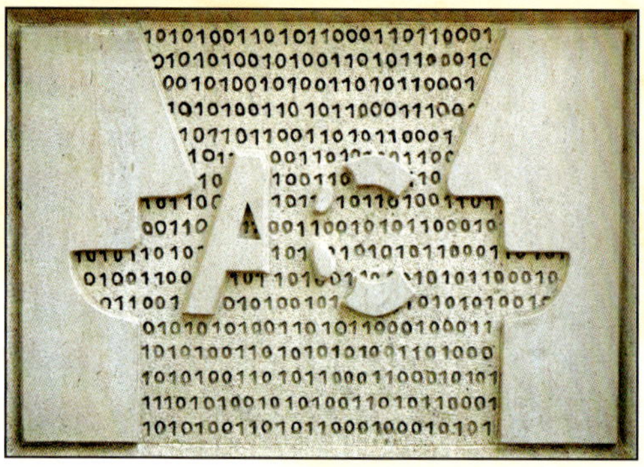

„Alles, von dem der Mensch sich
eine Vorstellung machen kann, ist machbar“
„If you can think it, you can do it“

vielfältigen kulturellen Aktivitäten ermöglicht worden, die das entsprechende Bildmotiv des Brunnens nur andeuten kann.
Ein Kernstück der Arbeit auf der Burg vermittelt sich mit dem Begriff **Information**. Es geht um die Vermittlung von Wissen, von Fertigkeiten und Kompetenzen, um den Austausch darüber und die Entwicklung neuer Gedanken im Gespräch. Die neuen Medien, im Hintergrund der Abbildung die Leibniz'sche Grundordnung der Informationsgesellschaft, kommen auf der Burg zum Zuge, aber der persönliche Kontakt und Austausch von Mund zu Mund, besser und umfassender von Mensch zu Mensch stehen hier im Mittelpunkt. Möge jeder Betrachter selbst entscheiden, was und warum hier von A nach C in dieser Weise in Frage gestellt wird. Wer an die Zukunft denkt und mit der Masse geht, kommt weit, aber nicht unbedingt weiter. **Innovation** geht oft eher von Querdenkern aus, die ausscheren und damit auch einen freieren Blick nach vorn gewinnen. So versteht sich hier die Burg als der Ort, wo im Ringen um die Zukunft buchstäblich ein Licht aufgeht, aus dem das junge Korn und so der Landhandel im Wachstum gefördert hervorgeht.

Warberg versteht sich nicht als der Nabel der Welt, aber die zwei kleinen Wurzelstöcke der Linden im Wappen der Edlen von Warberg können ja auch als die Ausgangspunkte heutiger weltweiter Verbindungen betrachtet werden, die, wenn sie eine Funktion erhalten, heute als **Netzwerk** bezeichnet werden. Studienreisen, internationale Teilnehmer an Veranstaltungen, Besucher aus allen Kontinenten, Kontakte, Kooperation, das charakterisiert heute die Ausrichtung der Burg Warberg. Ergänzt werden die bildhauerischen Motive durch zwei in die Mittelsäule eingravierte Zitate von Wernher von Braun: „Alles, von dem der Mensch sich eine Vorstellung machen kann, ist machbar" und von Walt Disney: „If you can think it, you can do it". Damit wird der anfängliche Gedanke aufgenommen und die Freude darüber, dass die Oberburg in neuem Glanz erstrahlt, obwohl zahlreiche Skeptiker anfangs dies nicht für möglich gehalten hatten.

Wer in die Geschichte schaut, fühlt sich bei diesen Zitaten, die aufzeigen, wozu Menschen fähig sein können, allerdings auch daran erinnert, dass die Aussagen auch eine zweischneidige Dimension in sich tragen.

Reichslandhandel Gründung Marktordnung Reichs
Lazarett Stillstand 1938 - 1945 Reichslandhandel

ware Kauf und Umbau Reserve-Lazarett Stillstand
nährstand Die Landware Kauf und Umbau Reserv
Gründung Marktordnung Reichsnährstand Die Lan
Reichslandhandel Gründung Marktordnung Reichs
Lazarett Stillstand Reichslandhandel Gründung Ma
Umbau Reserve-Lazarett Stillstand 1938 - 1945 Rei
stand Die Landware Kauf und Umbau Reserve-Laz
ordnung Reichsnährstand Die Landware Kauf und U
landhandel Gründung Marktordnung Reichsnährst

1938 - 1945

Reichslandhandel Gründung Markton
bau Reserve-Lazarett Stillstand Reichslandhandel G
ware Kauf und Umbau Reserve-Lazarett Stillstand 1
nung Reichsnährstand Die Landware Kauf und U
Gründung Marktordnung Reichsnährstand Die Lan
1938 - 1945 Reichslandhandel Gründung Marktor
bau Reserve-Lazarett 1938 - 1945 Reichslandhar
Landware Kauf und Umbau Reserve-Lazarett Stil

1.
Gründung und NS-Zeit 1937-1945

Reichs-Landhandelsschule e.V.

Vorbemerkung

Die Bundeslehranstalt ist eine Erfolgsgeschichte und – dies wird zu zeigen sein – sie hat auch eine Erfolgsgeschichte. 75 Jahre sind ein gesegnetes Vereinsalter, geprägt durch ein buntes und reiches Vereinsleben. Und ein Ende ist gar nicht abzusehen, denn die BLA ist mit 75 Jahren so gesund und stark, dass hier die menschliche Lebenserwartung ganz außer Acht gelassen werden kann. Im Gegenteil, wenn es nach den Ideen und Vorstellungen der Verantwortlichen geht, hat die Bundeslehranstalt eine große Zukunft vor sich.
Aber bei der Entstehung und in der Gründungsphase ab 1937 war der Verein ein Kind seiner Zeit. Ein Kind, sozusagen mit einer schwierigen Geburt.
Heute hat man glücklicherweise den Abstand, im höheren Alter des Vereins auch unverklärt auf die Kindheit des Vereins, auf die der Reichs-Landhandelsschule, zurückzublicken. Sich dazu einen Mann von außen zu holen, der unvoreingenommen den Blick auch in das frühe Innenleben des Vereins richten und darüber schreiben soll, verdient Respekt und ist lobenswert. Die BLA ist auch hier auf dem richtigen Wege.

Die Geschichte der Schule begann im Mai 1937. Den größeren Rahmen bildete die landwirtschaftliche Ausstellung „Reichsnährstandsschau" in München mit über 700.000 Besuchern, darunter Adolf Hitler und Reichsbauernführer Richard Walther Darré. Auf dieser in der Tradition der DLG-Wanderausstellungen stehenden, nun auf „Blut und Boden" umfunktionierten Veranstaltung wurde am Himmelfahrtstag 1937 auch der erste „Deutsche Landhandelstag" veranstaltet, zu dem sich auf einer Kundgebung etwa 500 Landwarenkaufleute aus ganz Deutschland einfanden. Auf dieser Kundgebung regten die drei führenden Landhandelsverteter des Reichnährstands, Georg Kugler, München, Wilhelm Brunotte, Wolfenbüttel, und Otto Schulze, Groß-Gleidingen, an, eine Schulungsstätte für den Landhandel zu schaffen, und zwar mit eigenen Mitteln des Landhandels. Der Vorschlag wurde positiv aufgenommen, und auf dieser Veranstaltung und danach kamen bereits 100.000 RM an Spenden aus den beteiligten Reichsfachschaften des Landhandels zusammen.[1] Und das war dann bereits der Grundstock für das Kapital des bald darauf gegründeten Vereins, um die Burg Warberg und das Restgut als Schulungsstätte zu erwerben. Tatsächlich ist die Burg Warberg seit nun 75 Jahren im Besitz des Schulvereins, der damals den Namen Reichs-Landhandelsschule trug.

Das liest sich alles leicht, aber besonders heutigen jüngeren Agrarkaufleuten ist dabei vielleicht nicht bewusst, dass all diese Vorgänge auch zugleich stark in einem Zeitbezug zum Nationalsozialismus standen und damit auch inhaltlich eine andere Bedeutung hatten, als wenn man sie aus einem heutigen Verständnis von einem normalen eingetragenen Verein betrachtet.
Um diese Bezüge deutlich werden zu lassen und für ein tieferes Verständnis dieser Vorgänge ist es sinnvoll, vorab zu klären, welche Bedeutung der nationalsozialistische „Reichsnährstand" für den privaten Landhandel hatte und welche Struktur den privaten Landhandel dieser Zeit prägte.

Gleichgeschaltet

Der private Landhandel im Reichnährstand

Die Universalorganisation „Reichsnährstand" wurde durch ein Gesetz der Nationalsozialisten am 13. September 1933 gegründet. Zu diesem Zeitpunkt hatte Hitler seit seiner Ernennung zum Reichskanzler am 30. Januar 1933 Deutschland zu einer Diktatur gemacht, in der u.a. die Grundrechte außer Kraft gesetzt, das Parteiensystem aufgelöst und alle Bereiche der Gesellschaft auf den Nationalsozialismus ausgerichtet wurden. Das betraf im Zuge der Gleichschaltung auch alle Verbände, Organisationen und Vereine und in der Form des Reichsnährstandes die Organisation des gesamten Landhandels und dazu jedes einzelnen Landhändlers.
Der neue starke Mann, der nicht nur den Begriff „Blut und Boden" geprägt hatte, sondern diese Ideologie als nationalsozialistischer Reichslandwirtschaftsminister und dann als Reichsbauernführer entwickelte und umsetzte, war Richard Walther Darré.
Zügig baute er die konkrete Organisationsstruktur des Reichsnährstandes auf, bei dem von drei Hauptabteilungen (auf horizontaler Ebene) eine unter dem Begriff „Der Markt" auch die Regulierung des Landhandels bestimmte. Die Reichshauptabteilung „Der Markt" hatte „die Aufgabe, die Verteilung der den Hof verlassenden Lebensmittel und ihre weitere Be- und Verarbeitung im Dienste der Volksernährung zu regeln, insbesondere die Maßnahmen der Zusammenschlüsse zu steuern, zu fördern, zusammenzufassen und auszugleichen (Marktordnung und Marktförderung). Hierhin gehören u.a. auch ... die allgemeinen Fragen des Genossenschaftswesens und des Landhandels (der Nährstandskaufleute)."[2]

Unterstützend für die Abteilung „Der Markt" wurden für einzelne Produkte oder Produktgruppen „Reichsstellen" (Schwerpunkt: Regelung der Einfuhren) und „Hauptvereinigungen" (Schwerpunkt: Erfassung der inländischen Produktion, Verteilung der inländischen Produktion und der Einfuhren) aufgebaut. Es gab Hauptvereinigungen z.B. für die Getreide- und Futtermittelwirtschaft, für die Viehwirtschaft, für die Eierwirtschaft und für die Kartoffelwirtschaft.

Der private Landhandel war also zu dieser Zeit nur noch sehr bedingt privat. Jeder Landhändler war Zwangsmitglied im „Reichsnährstand", und jeder Landhändler bekam eine neue Rolle als „Verteiler" zugeteilt. Der Begriff „Marktordnung", den die Nationalsozialisten für dieses System prägten, hatte nichts mit Marktwirtschaft zu tun, sondern war nichts anderes als eine sprachlich euphemistische Verdrehung der Situation, denn fast alles war für den nun als „Verteiler" bezeichneten Landwarenhändler von oben geregelt.
Es war einerseits in der Zeit des Nationalsozialismus den Bauern, der Landwirtschaft und ihrem Umfeld eine zentrale herausgehobene Rolle im NS-System zugewiesen. Andererseits stand dem die Zwangsmitgliedschaft im Reichsnährstand gegenüber, ein aus dem Blick des Kaufmanns in jeder Hinsicht starres Gefüge.
In dem Standardwerk der Nachkriegszeit „Der deutsche Landwarenhandel", dessen Entstehung 1960 von der BLA mitgetragen wurde, spezifiziert Prof. Wilhelm Abel die beschnittene Rolle des Landhandels in der NS-Zeit nach den Veränderungen im genannten Funktionsbild (vom Kaufmann zum Verteiler, der Weisungen erhält) auch mit einem neuen Organisationsbild. Durch die erwähnten Spannen wurde geregelt, dass Getreide nur über den geraden Weg vom Bauern über den „Erfassungsverteiler" (Landhändler) und den „Großverteiler" (Großhändler) zur Mühle gelangte und allenfalls noch Agenten tätig sein konnten. Für diese Darstellung mit Blick auf die Gründung der Reichs-Landhandelsschule ist als Drittes das neue Geschäftsbild mehr entscheidend, bei dem bei festgesetzten Preisen etc. der Wettbewerb durch festgelegte Spannen wesentlich minimiert wurde und sich auf Mengen, Kosten, Prämien oder andere Aspekte reduzierte. Wichtig wurde „z. B. die Gunst und Ungunst der Funktionäre im Staat und in den Verbänden."[3]

Und wer in diesem System etwas werden wollte, der musste sich mindestens mit dem System arrangieren und seine Richtung vertreten. Die drei Männer, die den Gründungsaufruf auf der Kundgebung vorbereitet hatten, und ebenso die weiteren späteren Gründungsmitglieder der Reichs-Landhandelsschule waren als Sprecher der Fachschaften in hohen Positionen des Reichsnährstands:
Georg Kugler, München, Landhandelskaufmann in leitender Position bei der Lagerland, zugleich Sprecher (= Leiter) der Reichsfachschaft Getreide,
Wilhelm Brunotte, Wolfenbüttel, Landhändler im eigenen mittelständischen Betrieb, Sprecher der Landesfachschaft Braunschweig,
Otto Schulze, Groß Gleidingen, mittelständischer Landhändler, Sprecher der Reichsfachschaftuntergruppe Futtermittel-Verteiler.

Marktordnung

Die Idee zu einer Fachschule

In der Darstellungswelt der Nationalsozialisten wurde der Landhandel sogar noch direkter vereinnahmt. Dort liest man (anlässlich des Kaufs der Burg Warberg für die Schulungsstätte): „Vor sechs Jahren, im Spätsommer 1932, hat sich der nationalsozialistisch eingestellte Landhandel in den agrarpolitischen Apparat der NSDAP eingereiht. ... Schon vor Bekanntgabe des Reichsnährstandes und der Einführung der landwirtschaftlichen Marktordnung stand der deutsche Handel mit landwirtschaftlichen Erzeugnissen in geschlossener Front einsatzbereit und unterwarf sich den Richtlinien, die im Laufe der Zeit im Zuge der Durchführung der landwirtschaftlichen Marktordnung erlassen wurden."[4]

Auch die Männer, die dann zur Gründung der Reichs-Landhandelsschule aufriefen, waren in ihre hohen und höchsten Positionen im Reichsnährstand nicht gewählt, sondern nach dem Führerprinzip von oben, vom „Reichsbauernführer" Walter Darré, eingesetzt worden.[5] Sie waren durchweg Mitglieder der NSDAP oder galten bei Überprüfungen für Ämter auf unteren Ebenen als mindestens zuverlässig.
Dennoch standen nicht wenige wohl auch in dem Zwiespalt, dass der private Landhandel nun noch wenig mit Landhandel im ursprünglichen Verständnis zu tun hatte.

Wie sah nun der Landhandel in dieser Zeit aus, auf den die „Marktordnung" angewendet und für dessen Nachwuchs nun eine eigene reichsweit arbeitende Fachschule errichtet werden sollte?

Die Zahl der etwa 500 privaten Landhändler, die 1937 zu der Kundgebung in München zusammengekommen waren, erscheinen aus heutiger Sicht als eine enorme Beteiligung. Erst wenn man berücksichtigt, dass knapp 12.000 Landhandelsbetriebe oder in einer anderen Aufstellung knapp 16.000 Betriebe[6] bestanden, erscheint die Beteiligung weniger groß.
Bei den erwähnten großen Zahlen an Landhandelsbetrieben darf eins nicht unerwähnt bleiben, nämlich dass es sich in der Regel um kleine Familienbetriebe handelte. Es gab auch bedeutende private Landhandelsfirmen mit Tradition, Niederlassungen und zahlreichen Beschäftigten. Die Firma des später für die Bundeslehranstalt so bedeutsamen Erwin Fromme in Salzgitter-Ringelheim zum Beispiel wurde bereits 1781 gegründet. Einen Eindruck von der Tradition und der Bedeutung des Halberstädter Handelshauses Klamroth wird anschließend in Verbindung mit der Geschichte des prominenten Mitglieds des Schulvereins Hans Georg Klamroth vermittelt. Der Betrieb des späteren Vorsitzenden der Bundeslehranstalt, Rudolf M. Michelsen, in Mölln geht auf das Jahr 1761 zurück, und für die Zeit nach den Befreiungskriegen gegen Napoleon heißt es, dass sich der Geschäftsbereich der Firma von Mölln aus „bis nach Hamburg und Lübeck, Mecklenburg, Hannover und Preußen"[7] erstreckte.
Aber in der Regel waren die Unternehmen klein, Ein- oder Zwei-Mann-Betriebe oder Familienunternehmen herrschten vor. Dies wird bestätigt durch die durchschnittliche Beschäftigungszahl von drei Personen pro Betrieb zu dieser Zeit.
Für diese Klein- und Kleinstbetriebe des privaten Landhandels bot die Starre der „Marktordnung" allerdings auch den Vorteil der erhöhten Sicherheit eines eher bescheidenen, aber vermeintlich garantierten Einkommens. Befürchtet wurde aber häufig, bei der Zuteilung der Tätigkeiten bzw. Aufträge durch die Reichsnährstandsvertreter benachteiligt zu werden. Insbesondere fürchteten diese Kleinunternehmer, dass die Genossenschaften, die ja ebenfalls im Reichsnährstand gleichgeschaltet waren, bevorzugt wurden.
Insofern fand der auf der Versammlung vorgebrachte Vorschlag, eine Schule für die Ausbildung und Fortbildung des privaten Landhandels zu gründen, insgesamt eine positive Resonanz.
Unzweifelhaft ist auch, dass aus fachlicher Sicht, z. B. angesichts der Entwicklungen bei Saatgut und Dünger, für die Gründung einer Fachschule ein wirklicher Bedarf bestand und dies für den Landhandel eine sinnvolle Maßnahme war.

An alle deutschen Getreidekaufleute!

Die Reichsfachschaften der Getreide-, Futter- und Düngemittelverteil
von Mehl- und Mühlenfabrikaten haben sich entschlossen, eine

Reichs-Landeshand

in Verbindung mit einem landwirtschaftlichen Musterbetrieb ins Le
Reichs-Landhandelsschule sollen die zur Hauptvereinigung der D
Futtermittelwirtschaft gehörenden Nährstandskaufleute im Hinbli
Rahmen der Marktordnung und der Erzeugungsschlacht besonders
geschult werden, insbesondere soll der **Nachwuchs** eine über die all
Ausbildung hinausgehende Sonder-Ausbildung erfahren. Der in A

Schulungsplan

erstreckt sich auf die

1. allgemeine wirtschaftspolitische und agrarpolitische Sch
2. marktpolitische Schulung (Unterrichtung über alle einsch Gesetze und -Vorschriften),
3. zusätzliche kaufmännische Berufsausbildung (Fragen d Betriebsorganisation, des Tarif- und Verkehrswesen fragen usw.),
4. Unterrichtung über die Grundlage der Landwirtschafts die Maßnahmen in der Erzeugungsschlacht (z. B. D Fütterungs-Fragen). Diese Schulung soll durch prakt Schule gehörenden Gutsbetrieb untermauert werden.
5. Warenkunde und Unterrichtung über neuzeitliche La

Eine Selbstverständlichkeit ist es, daß im Rahmen dieser Schulu
nationalsozialistischen Weltanschauung vor allen wirtschaftlichen u
entsprechende politische Schulungsvorträge unterstrichen wird.

Die Kurse werden eingeteilt in kurze Schulungslehrgänge für N
Voll-Lehrgänge, die für die Heranziehung eines leistungsfähigen
Die Reichs-Landhandelsschule muß aus Mitteln errichtet werd
handels **freiwillig** aufgebracht werden. Zu diesem Zwecke werde
der Deutschen Getreide- und Futtermittelwirtschaft gehörend
Futter- und Düngemittelhandels einschließlich des Groß- und
Agenten sowie die Betriebe des Handels mit Mehl- und Mühlen-Fabrikaten vom
zeichneten Gründungs-Ausschuß aufgefordert, sich an der **Gründung des Vereins „**
Landhandelsschule e. V." zu beteiligen.

Es ist eine Ehrenpflicht jedes aufbauwilligen und zur Mitarbeit im Reichsnährstan
schlossenen Berufsangehörigen, im Rahmen seines Geschäftsumfanges an der Bildu
Rechtsträger sowie an der gemeinsamen freiwilligen Aufbringung der Mittel mitzu
Die Schaffung der Reichs-Landhandelsschule kommt ja nicht nur den zukünftigen Be
derselben zugute, sondern nützt dem gesamten Berufsstand. Sie wird insbesonder
beitragen, das Ansehen des Getreidekaufmanns, welches durch den früher im Vord
stehenden jüdischen Spekulationshandel stark gelitten hat, zu heben. Der Grü
Ausschuß erwartet trotz der vielfach vorhandenen und ihm bekannten Schwierigkeit
geschlossene Beteiligung der Nährstandskaufleute der Getreide- und Futtermittelwi
die damit geschlossen dem Willen Ausdruck verleihen, ihre Arbeit und ihr Können i
wirtschaftlich nützlichem Sinne innerhalb der deutschen Ernährungswirtschaft ein

Berlin, am 23. Oktober 1937.

Der Gründungs-Ausschuß:

Für die Reichsfachschaften:
Kugler Schulze

Die Landware, Poln, 27.10.37, Nr. 252, 5. Jahrgang

Aufforderung
zur Beteiligung an der Errichtung der Reichs-Landhandelsschule

Die Reichsfachschaften der Getreide-, Futter- und Düngemittelverteiler sowie der Verteiler von Mehl- und Mühlenfabrikaten haben sich entschlossen, eine

Reichs-Landhandelsschule

in Verbindung mit einem landwirtschaftlichen Musterbetrieb ins Leben zu rufen. Auf der Reichs-Landhandelsschule sollen die zur Hauptvereinigung der Deutschen Getreide- und Futtermittelwirtschaft gehörenden Nährstandskaufleute im Hinblick auf die ihnen im Rahmen der Marktordnung und der Erzeugungsschlacht besonders obliegenden Aufgaben geschult werden, insbesondere soll der Nachwuchs eine über die allgemeine kaufmännische Ausbildung hinausgehende Sonder-Ausbildung erfahren. Der in Aussicht genommene Schulungsplan erstreckt sich:

1. auf die allgemeine wirtschaftspolitische und agrarpolitische Schulung,
2. auf die marktpolitische Schulung (Unterrichtung über alle einschlägigen Marktordnungs-Gesetze und -Vorschriften),
3. auf die zusätzliche kaufmännische Berufsausbildung (Fragen des Rechnungswesens, der Betriebsorganisation, des Tarif- und Verkehrswesens, Kredit- und Steuerfragen usw.),
4. auf die Unterrichtung über die Grundlage der Landwirtschaftstechnik, insbesondere über die Maßnahmen in der Erzeugungsschlacht (z. B. Düngungs-, Saatgut- und Fütterungsfragen). Diese Schulung soll durch praktische Arbeit auf dem zur Schule ge… mauert w…
5. Warenkun… zeitliche L…

Eine Selbstv… Rahmen dieser … nationalsozialist…

allen wirtschaftlichen und sachlichen Fragen durch entsprechende politische Schulungsvorträge unterstrichen wird.

Die Kurse werden eingeteilt in kurze Schulungslehrgänge für Nährstandskaufleute und in Voll-Schulungslehrgänge, die für die Heranziehung eines leistungsfähigen Nachwuchses bestimmt sind. Die Reichs-Landhandelsschule muß aus Mitteln errichtet werden, die seitens des Landhandels freiwillig aufgebracht werden. Zu diesem Zwecke werden die zur Hauptvereinigung der Deutschen Getreide- und Futtermittelwirtschaft gehörenden Betriebe des Getreide-, Futter- und Düngemittelhandels einschließlich des Groß- und Einfuhrhandels und der Agenten sowie die Betriebe des Handels mit Mehl- und Mühlen-Fabrikaten vom unterzeichneten Gründungsausschuß aufgefordert, sich an der freiwilligen Zeichnung von Anteilen zu beteiligen.

Es ist eine Ehrenpflicht jedes aufbauwilligen und zur Mitarbeit im Reichsnährstand entschlossenen Berufsangehörigen, im Rahmen seines Geschäftsumfanges an der gemeinsamen freiwilligen Aufbringung der Mittel mitzuwirken. Die Schaffung der Reichs-Landhandelsschule kommt ja nicht nur den zukünftigen Besuchern derselben zugute, sondern nützt dem gesamten Berufsstand. Sie wird insbesondere dazu beitragen, das Ansehen des Getreidekaufmanns, welches durch den früher im Vordergrund stehenden jüdischen Spekulationshandel stark gelitten hat, zu heben. Der Gründungsausschuß erwartet trotz der vielfach vorhan… eine … kauf… chaft, … ruck … olks… der

(Beteiligungs-… …n in

(Bitte recht deutlich und mit Tinte schreiben)

Beitrittserklärung

An die
Geschäftsstelle der Reichs-Landhandelsschule e. V.,
Berlin SW 11, Dessauer Straße 25

Ich erkläre hiermit meinen Beitritt als Mitglied zur

Reichs-Landhandelsschule e. V.

Ich werde als regelmäßigen Jahresbeitrag RM .... zahlen.
Den Beitrag werde ich im voraus der Bank für Landwirtschaft A.-G.
oder der Getreide-Kreditbank A.-G. in Berlin (Konto: Landhandelsschule)
überweisen.

Familienname: ....
Vorname: ....
Wohnort: ....
Straße u. Haus-Nr.: ....
Berufsbezeichnung: ....
Kreisfachschaft: ....
Landesfachschaft: ....
Mitglied welcher Fachschaft: ....

.... , den 193

(Unterschrift)

Druck: Kommerz-Druckerei, Berlin SW 1, Schiffbauerdamm 16

Gründung der Reichs-Landhandelsschule

Aufruf zur Mitarbeit im Verein in „Die Landware"

Sehr deutlich werden die Ziele und Motive in der schriftlichen Aufforderung zur Mitgliedschaft in dem zu gründenden Verein durch das damals offizielle Fachblatt des Reichsnährstandes für Marktberichterstattung, „Die Landware", das in diesen Jahren täglich herauskam. Hier erschien am 27.10. 1937 in einem größeren Artikel die „Aufforderung zur Beteiligung an der Errichtung der Reichs-Landhandelsschule".[8] Damit wurde das Vorhaben, eine Schule für den Landhandel aufzubauen, reichsweit publik gemacht. Daneben hielten die beteiligten Landes- und Kreisfachschaften inhaltlich entsprechendes Material bereit, einschließlich einer Beitrittserklärung, das über ihre Organisationen verbreitet wurde. Dieser Aufruf „An alle deutschen Getreidekaufleute" ist unterzeichnet von einem Gründungsausschuss der Reichsfachschaften, wobei die Namen Kugler (Sprecher der Reichsfachschaft Getreide) und Schulze (Landesfachschaft Braunschweig) hervorgehoben sind und auf einer weiteren Seite die Namen von 45 Personen als Spitzen der Landesfachschaften oder von Reichsfachschafts-Untergruppen aufgeführt werden. Die Gründung erfolgte nicht aus dem Kreise der einfachen Landhändler, sondern von oben, aus dem Kreis der eingesetzten Funktionsträger des Landhandels. So beginnt der Aufruf auch mit dem Satz: „Die Reichsfachschaften der Getreide-, Futter- und Düngemittelverteiler sowie der Verteiler von Mehl- und Mühlenfabrikaten haben sich entschlossen, eine Reichs-Landhandelsschule in Verbindung mit einem landwirtschaftlichen Musterbetrieb ins Leben zu rufen."

Es werden nun die fachlichen Ziele, Vermittlung der „Marktordnung" und Nachwuchsförderung des Landhandels, und dazu ein Schulungsplan mit 5 Punkten angeführt. Deutlich wird dann auch darauf hingewiesen, dass die Schulung ganz in das System eingebunden sein wird: „Eine Selbstverständlichkeit ist es, daß im Rahmen dieser Schulungskurse der Vorrang der nationalsozialistischen Weltanschauung vor allen wirtschaftlichen und fachlichen Fragen durch entsprechende politische Schulungsvorträge unterstrichen wird." Auch die antisemitische Haltung des Vereins wird hier zum Ausdruck gebracht: „Sie (die Reichs-Landhandelsschule, M.R.) wird insbesondere dazu beitragen, das Ansehen des Getreidekaufmanns, welches durch den früher im Vordergrund stehenden jüdischen Spekulationshandel stark gelitten hat, zu heben."

Insgesamt ging es auch darum, mit dem Aufruf für den noch offiziell zu gründenden Verein Mitglieder zu werben und finanzielle Mittel für den Aufbau der Schule zur Verfügung zu stellen: „Es ist eine Ehrenpflicht jedes aufbauwilligen und zur Mitarbeit im Reichsnährstand entschlossenen Berufsangehörigen, im Rahmen seines Geschäftsumganges an der Bildung der Rechtsträger sowie an der gemeinsamen freiwilligen Aufbringung der Mittel mitzuwirken."[9]

Kurz darauf, auf einer Tagung der Fachschaftsleiter des Getreide-, Mehl- und Kartoffelhandels in Berlin, trafen sich deren Vertreter auch zur Gründung des Schulvereins. Die Gründungsversammlung des Vereins „Reichs-Landhandelsschule e.V." fand in Berlin-Charlottenburg, Hardenbergstraße 2, am 11. November1937 statt. Welche Personen bzw. Fachschaftsleiter namentlich beteiligt waren, konnte nicht ermittelt werden. Als Vorsitzender des Vereins wurde Georg Kugler berufen.

Am 29. Januar 1938 wurde der Verein, mit dem Sitz in Berlin, in das Vereinsregister eingetragen.

Die erste Satzung des Vereins, die nach dem Führerprinzip aufgebaut war und Juden nicht als Mitglieder zuließ, beschreibt ebenso Ziele, Inhalt und Ausrichtung des Vereins, wie sie in dem Aufruf bereits angeführt waren. Erwähnenswert ist dabei, dass durch das Führerprinzip seine Mitglieder im Grunde keine Rechte hatten und so auch das Organ „Beirat" und mögliche Ausschüsse nur mit Personen besetzt waren, die nach der Satzung von oben „berufen" wurden.[10]

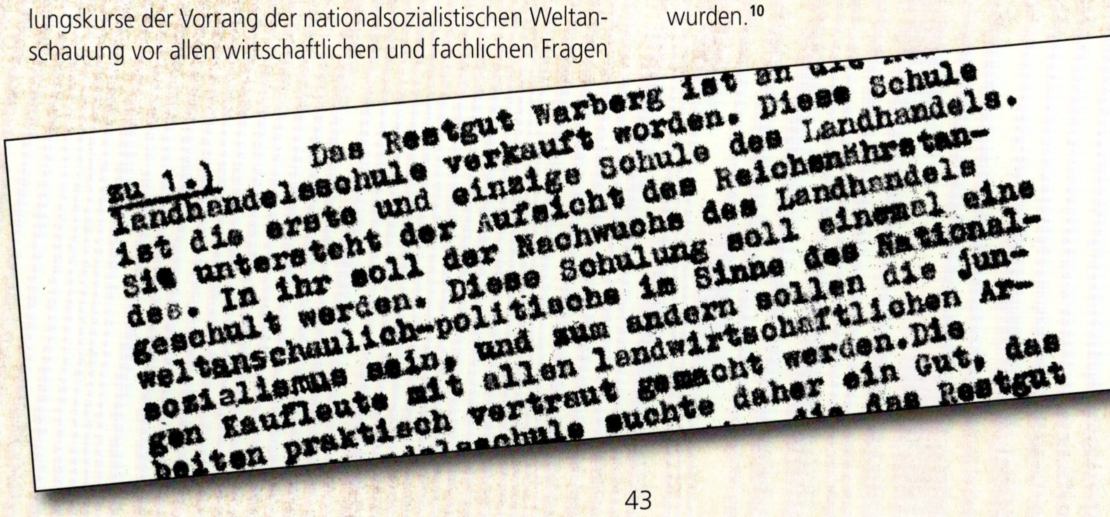
zu 1.) Das Restgut Warberg ist an die [...]
Landhandelsschule verkauft worden. Diese Schule
ist die erste und einzige Schule des Landhandels.
Sie untersteht der Aufsicht des Reichsnährstan-
des. In ihr soll der Nachwuchs des Landhandels
geschult werden. Diese Schulung soll einmal eine
weltanschaulich-politische im Sinne des National-
sozialismus sein, und zum andern sollen die jun-
gen Kaufleute mit allen landwirtschaftlichen Ar-
beiten praktisch vertraut gemacht werden. Die
[...]schule suchte daher ein Gut, das [...] das Restgut

Die Landware

Tageszeitung für die Landwaren-Bewegung, Verarbeitung u. Verwertung

Fachblatt des Reichsnährstandes für Marktberichterstattung

Mitteilungsblatt der wirtschaftlichen Zusammenschlüsse und der Fachschaften des Reichsnährstandes

Mitteilungsblatt der Reichsstelle für Getreide, Futtermittel u. sonstige landw. Erzeugnisse - Geschäftsabt.

Reichsnährstand

Blut und Boden

Berlin, Sonntag, den 30. Mai 1937

4. Reichsnährstands-Ausstellung München

Heute wird in München die vierte Reichsnährstands-Ausstellung eröffnet, die nach Art und Umfang wohl die größte Schau landwirtschaftlicher Arbeit in Europa überhaupt sein dürfte. Diese vierte Reichsnährstandsschau ist die erste nach der Verkündung des zweiten Vierjahresplanes, und jeder Besucher wird von dieser Ausstellung die klipp und klare Antwort auf die Frage erwarten: Mit welchen Leistungen geht das Landvolk in den zweiten Vierjahresplan ...

... arbeiter hinzufügen muß, damit das tägliche Brot so gut, so preiswert und so sicher wie immer nur möglich auf den Tisch der Verbraucher gelangen kann. Der Einzelhandel und die landwirtschaftlichen Genossenschaften sind beide mit wirkungsvollen Darstellungen ihrer Leistungen und ihrer Bedeutung vertreten ... wäre noch vollständiger ...

... der „Bauernhof in der Erzeugungsschlacht" sein. Mit allem notwendigen und unentbehrlichen ... Dran, mit Stall und ... Feldern ...

Heute „Recht und Steuer"

Die Landware

Tageszeitung für die Landwaren-Bewegung, Verarbeitung u. Verwertung

Fachblatt des Reichsnährstandes für Marktberichterstattung

Mitteilungsblatt der wirtschaftlichen Zusammenschlüsse und der Fachschaften des Reichsnährstandes

Mitteilungsblatt der Reichsstelle für Getreide, Futtermittel u. sonstige landw. Erzeugnisse - Geschäftsabt.

5. Jahrgang

Berlin, Dienstag, den 8. Juni 1937

Vom königlichen zum nationalsozialistischen Kaufmann

Die Großkundgebung des Landhandels in München

Wie bereits kürzlich berichtet, fanden sich die Besucher der 4. Reichsnährstandsschau nach ... zusammen ...

... verantwortungsbewußten Kundendienstes am Erzeuger. Wenn der Landhandel diesen Pflichten entspreche, so werde er im Reichsnährstand immer ein gleichgeachtetes, gleichberechtigtes und gleichgeschätztes Glied wie jede andere seiner Gruppen ...

Waren im Sinne des früheren Händlertums, das eine Ware auf dem Wege zum Verbraucher möglichst oft umsetzen wollte, können wir uns im Rahmen des Vierjahresplanes unmöglich leisten. Der Landhandel hat sich vielmehr auf folgende Hauptaufgaben ...

... nach der betriebswirtschaftlichen Lage des Verbrauchers, und die Propagierung von solchen Futtermitteln, die genügend zur Verfügung stehen. Auch der Anschaffung von Saatgutreinigungsanlagen und von Dämpferkolonnen muß der Landhandel größtes Interesse entgegenbringen.

2. Restloser Einsatz bei der Erfassung der Ernte unter genauer Befolgung der Marktordnungsbestimmungen.

3. Ordnungsgemäße Lagerung der Ernte durch Schaffung von guten Lagermöglichkeiten und durch Bekämpfung aller Vorratsschädlinge ...

Erste Schulungstagungen der Reichs-Landhandelsschule

In ihrer Satzung hat sich die Reichs-Landhandelsschule zur Richtschnur ihres Wirkens gemacht, den Leistungsgedanken der in ihr zusammengeschlossenen Nährstandskaufleute durch fachliche Schulung zu fördern. Dieser Zweck soll neben der Schaffung einer Schulungsstätte durch Veranstaltung örtlicher Schu- ...

Reichs-Landhandelsschule zu gründen, um die Berufstätigen und den Nachwuchs fortlaufend zu schulen.

Dr. Hoffmann behandelte jeweils eingehend das Umsatzsteuerrecht des Landhandels. An Hand von Beispielen aus der Praxis behandelte er die Fälle der umsatzsteuerfreien Groß- ...

Die Landware

Tageszeitung für die Landwaren-Bewegung, Verarbeitung u. Verwertung

Fachblatt des Reichsnährstandes für Marktberichterstattung

Mitteilungsblatt der wirtschaftlichen Zusammenschlüsse und der Fachschaften des Reichsnährstandes

Mitteilungsblatt der Reichsstelle für Getreide, Futtermittel u. sonstige landw. Erzeugnisse - Geschäftsabt.

Nr. 266 Berlin, Freitag, den 12. November 1937

Reichs-Landhandelsschule e. V." gegründet

Die Landware

Berlin, Freitag, den 31. Dezember 1937

Ordnung der Nachwuchs- und Berufserziehung im Landhandel

Reichs-Landhandelsschule

Mitteilungen der Geschäftsstelle der Reichs-Landhandelsschule, Berlin

Reichs-Landhandelsschule

Mitteilungen der Geschäftsstelle der Reichs-Landhandelsschule, Berlin

Eigenüberwachung der Marktordnungsbestimmungen

Die hier in Auszügen abgedruckten Artikel zum Schulverein zwischen 1938 und 1945 erschienen in der Tageszeitung für die Landwaren-Bewegung, -Verarbeitung und -Verwertung, „Die Landware", die an sieben Tagen in der Woche erschien. Sie war zugleich das „Mitteilungsblatt der wirtschaftlichen Zusammenschlüsse und der Fachschaften des Reichsnährstandes" und das „Mitteilungsblatt der Reichsstelle für Getreide, Futtermittel und sonstige landwirtschaftliche Erzeugnisse". In der ersten Satzung der Reichs-Landhandelsschule wird Die Landware als offizielles Mitteilungsorgan des Vereins bestimmt. Umgekehrt ist Die Landware Mitglied im Schulverein. Daraus ergibt sich, dass wesentliche Ereignisse des Schulvereins wie Gründungsaufruf und Gründung des Vereins ihren Widerhall an hervorragender Stelle im Blatt finden. Auch wird eine eigene Rubrik „Mitteilungen der Reichs-Landhandelsschule" eingerichtet. Mit der schwierigen stagnierenden Entwicklung des Schulvereins werden die Meldungen zunehmend kürzer und seltener.

Zerrissenheit

Hans (Johannes) Georg Klamroth – ein prominentes Vereinsmitglied

Der Name Klamroth steht nicht nur für ein traditionsreiches Landhandelsunternehmen mit Sitz in Halberstadt mit einer über 150-jährigen Geschichte, der Name Klamroth steht auch für eine außergewöhnliche und wechselhafte Entwicklung eines großen Landhandelskaufmanns in der NS-Zeit, die schließlich mit dessen Hinrichtung endete.
In einem der ganz wenigen erhaltenen Protokolle der Zeit von 1937 bis 1945 (vom 8. Mai 1939) findet sich der Name „Klamroth, Halberstadt". Er ist Mitglied des „Ausschusses für die Gestaltung des Schulungsplanes" und äußert sich zu einer Frage der geplanten Einrichtung des chemischen Labors der Reichs-Landhandelsschule. Außerdem schlägt er vor, „nur junge Leute, die bereits ihrer Wehrpflicht genügt haben, zum Besuch der Schule zuzulassen."[11]

Die Firmengeschichte

„Der Sproß eines alten Bauerngeschlechtes zog in die Stadt und wurde Kaufmann. Er gründete 1790 eine Materialwaren- und Viktualienhandlung, die sich bald auch auf den Lederhandel ausdehnte. Nach 1815 wurde das Geschäft auf Landesprodukte, also Getreide, Bohnen, Erbsen, Linsen, Mohn und Hanf, ausgedehnt. Neben dem offenen Ladengeschäft, das bis Ende des 19. Jahrhunderts weitergeführt wurde, betrieb die Firma bald auch den Zwischen- und Großhandel, wurde, wie wir heute sagen würden, zur Landwarenhandlung. Die 2. Generation übernimmt nebenher einen eigenen Gutsbetrieb und fördert tätig den Rübenzuckeranbau. Sie beteilgt sich auch selbst an zwei Rübenzuckerfabriken. Um 1860 hören wir, daß Klamroth sich bemüht, möglichst gute Saaten für seine Kunden bereitzuhalten. Raps- und Leinkuchen, Sämereien, auch Zement werden vertrieben. In der 3. Generation wird eine Superphosphatfabrik gegründet und damit das Düngemittelgeschäft ausgebaut. Auf eigenen Versuchsanlagen zeigt die Firma den Bauern den Wert des künstlichen Düngers. In einer Zeit, in der es noch keine staatlichen Berater und Versuchsgüter gab, war es das große Verdienst und die Aufgabe des Landhandels, Pionier des landwirtschaftlichen Fortschritts zu sein, den Bauern die notwendigen Neuerungen mundgerecht zu machen. Der Getreidehandel rückt jetzt an die zweite Stelle, wird eigentlich nur weitergeführt, um den Kunden, den kaufenden Bauern, gleichsam im Tauschverkehr das Getreide abzunehmen, ihnen die Mittel zu geben, Saatkorn und Dünger zu kaufen. 1940, als die Firma ihr 150-jähriges Jubiläum feiern kann, verfügt sie in Halberstadts Umgebung über fünf Filialen mit eigenen Lagerhäusern. Das Hauptgeschäft hat 5 Abteilungen für Düngemittel und Schädlingsbekämpfungsmittel, für Brau-, Industrie- und Futtergerste, für Brotgetreide und Mehl, für Futtermittel und Hülsenfrüchte und für Sämereien, Saatgetreide, Bindegarn und Ölfrüchte."[12]

Da die Familiengeschichte durch Hans Georg Klamroths Tochter, die Journalistin Wibke Bruhns, sehr facettenreich aufgearbeitet wurde, bietet sie auch ein biografisches Beispiel dafür, wie innerlich zerrissen Landkaufleute in ihrer Einstellung zum Nationalsozialismus und seiner Politik sein konnten.[13]

Noch beim Marsch der SA durch Halberstadt zur „Harzburger Front" spricht der ursprünglich Deutsch-Nationale Hans Georg Klamroth verächtlich vom Pöbel, dann tritt er vor dem 1. Mai 1933 in die NSDAP und wenig später in die SS ein. Es bestand ein latenter verbaler Antisemitismus im Haus, gleichzeitig stellt der Firmenchef noch 1934 einen Juristen mit jüdischem Hintergrund ein. Er sieht die sukzessive Ausschaltung der Juden im Agrarbereich, die einen Großteil des Viehhandels innehatten und einen beträchtlichen Anteil am Landwarenhandel und seinem Großhandel hatten, und verkehrt 1938 noch geschäftlich mit der jüdischen Firma Bachmann in Göttingen, was ihm Unannehmlichkeiten mit der NSDAP in Halberstadt einbringt. Er beteiligt sich am letztlich erzwungenen Verkauf des jüdischen Landhandels in Deutschland, indem er den Landhandel seines jüdischen Geschäftspartners Dietrich Löwendorf (B. Lämmerhirt Nachf., Mattiierzoll bei Wolfenbüttel) übernimmt und gleichzeitig großen Wert darauf legt, dafür einen fairen Preis zu zahlen. Er arrangiert sich auch mit der „Marktordnung", was er 1940 so ausdrückt: „Wir spürten die Änderung der Verhältnisse gegen die Zeit vor 1933 – ungeachtet aller Vorstellungen und Abänderungsvorschläge hielt die nationalsozialistische Führung an dem von ihr als richtig erkannten Prinzip unverändert und eisern fest."[14]

Als Mitwisser vom Attentat des 20. Juli 1944 wurde Hans Georg Klamroth vom Volksgerichtshof zum Tode durch den Strang verurteilt und am 26. August 1944 hingerichtet.

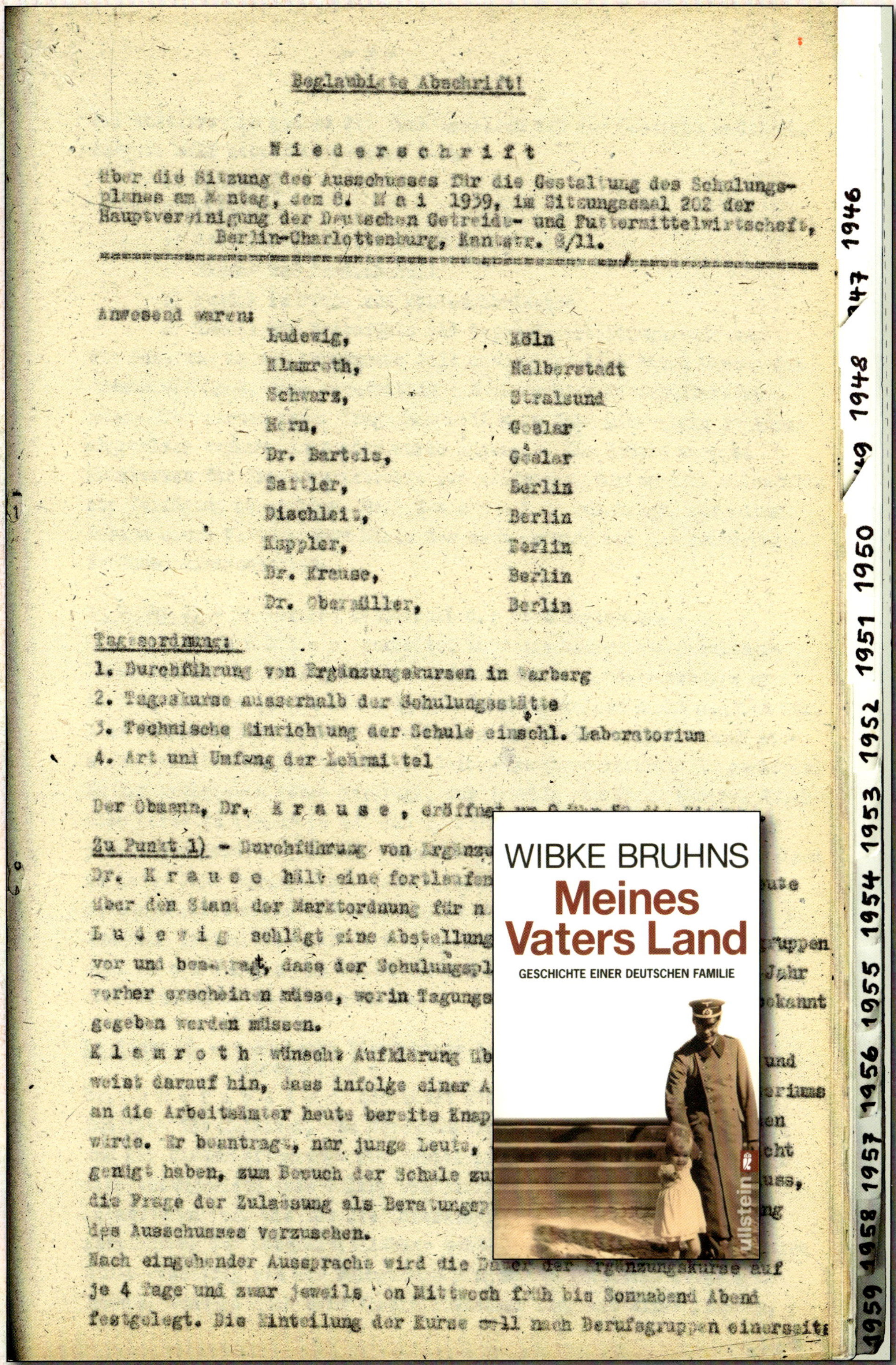

Beglaubigte Abschrift!

Niederschrift

über die Sitzung des Ausschusses für die Gestaltung des Schulungsplanes am Montag, dem 8. Mai 1939, im Sitzungssaal 202 der Hauptvereinigung der Deutschen Getreide- und Futtermittelwirtschaft, Berlin-Charlottenburg, Kantstr. 8/11.

Anwesend waren:

Ludewig,	Köln
Klamroth,	Halberstadt
Schwarz,	Stralsund
Horn,	Goslar
Dr. Bartels,	Goslar
Sattler,	Berlin
Dischleit,	Berlin
Kappler,	Berlin
Dr. Krause,	Berlin
Dr. Obermüller,	Berlin

Tagesordnung:

1. Durchführung von Ergänzungskursen in Warberg
2. Tageskurse ausserhalb der Schulungsstätte
3. Technische Einrichtung der Schule einschl. Laboratorium
4. Art und Umfang der Lehrmittel

Der Obmann, Dr. K r a u s e , eröffnet …

Zu Punkt 1) - Durchführung von Ergänzu…

Dr. K r a u s e hält eine fortlaufen… …ute über den Stand der Marktordnung für n…

L u d e w i g schlägt eine Abstellung… …gruppen vor und beantragt, dass der Schulungspl… …Jahr vorher erscheinen müsse, worin Tagungs… …bekannt gegeben werden müssen.

K l a m r o t h wünscht Aufklärung üb… …und weist darauf hin, dass infolge einer A… …eriums an die Arbeitsämter heute bereits Knap… …en würde. Er beantragt, nur junge Leute, … …cht genügt haben, zum Besuch der Schule zu… …uss, die Frage der Zulassung als Beratungsp… …ng des Ausschusses vorzusehen.

Nach eingehender Aussprache wird die Dauer der Ergänzungskurse auf je 4 Tage und zwar jeweils von Mittwoch früh bis Sonnabend Abend festgelegt. Die Einteilung der Kurse soll nach Berufsgruppen einerseits

1938 - 1945

2

Vom Sonnenlehen zum Schulgebäude

Burg Warberg wird der Sitz der neuen Reichs-Landhandelsschule

Helmstedt. Wie die Helmstedter Kreiszeitung schon berichtete, hat der Verein „Reichs-
... in Berlin die Burg Warberg im Kreis Helmstedt käuflich erworben.
... geschichtliche Vergangenheit aufweist und unter Denkmalschutz
... ausgebaut werden. Der Schule wird ein etwa 400
... Häuser entstehen.

79

Helmstedter Kreiszeitung

Warberg im Zeichen der Reichs-Landhandelsschule

Vom Adel eines stolzen Berufes — Niedersachsen als Vorbild

...rberg. In einer Elmbeschreibung aus
...Jahre 1925 ist folgender Satz zu lesen:
...letzterem Orte regierten einst die reichen
...von Warberg, welche den hohen Ehren-
„Vestra dominatio“ (Eure Herrlichkeit)
...beanspruchten und deren letzter Sproß
...solchen Verhältnissen 1654 in Halberstadt
...daß sein letzter Wille, in Warberg be-
...zu werden, erst 18 Jahre nach seinem
...durch die Freigebigkeit des Herzogs Rudolf
...ausgeführt werden konnte.“

...es Leben auf dem Burghügel

...tzig stand die Geschlecht...
...r Besitz in ...

Rhythmus der bäuerlichen Arbeit vertraute
Kaufmann werden, dem Produktionssteigerung
und Verbrauchslenkung zum festen Bestandteil
einer nationalsozialistischen Wirtschaftsauf-
fassung geworden sind.

1942 kommen die ersten Schüler

1942 werden erstmalig 100 Schüler in die
Burg einziehen. Das Kontobuch wird ...
mit der Grepe in die Hand ...
Soll und Haben ...

...schen Gesichtspunkten ra...
sicher erkennen lassen. Die Kalkstreu in den
geradezu besuchsfähigen Stallungen des an-
geschlossenen Wirtschaftshofes läßt den Zu-
sammenhang von Viehpflege und ihrer material-
gerechten Handhabung deutlich ...
meisterhaft und aufm...
Belüftung... In den
...achten
...mann
deut-
Hand

Hugo ...
Malerei - Anstrich - Schrift
(20 b) Warberg
über Helmstedt

Warberg wird Reichs-Landhandelsschule

Ein neues Schulungsheim für deutsche Landkaufleute

Wie bereits kurz berichtet, hat der zuständige Ausschuß des Vereins Reichslandhandels-
schule am 13. Mai d. J. beschlossen, nach Besichtigung einer Reihe von in Frage kommenden
Besitzungen, die Burg Warberg (Kreis Helmstedt) zu erwerben. Nach Abschluß der
Verhandlungen mit der Braunschweigischen Siedlungsgesellschaft ist der Ankauf nunmehr
vollzogen worden.

Knapp ein Jahr ist verflossen, seit Reichs-
fachschaftsleiter Kugler anläßlich der vierten
Reichsnährstandsschau in München die Errich-
...

Siedlungsgesellschaft eine Anzahl Neu-
bauernstellen geschaffen wurden.

...

Der Schulverein findet seinen Ort

Wahl und Kauf von Burg Warberg und dem Restgut

Für die Vorbereitung des Kaufs einer Schulungsstätte, nach Möglichkeit in Verbindung mit einem Landwirtschaftsbetrieb, war vom Verein Reichs-Landhandelsschule eine Kommission eingesetzt worden, deren Ergebnis Otto Schulze auf der Beiratssitzung des Vereins am 13. Mai 1938 in Berlin vorstellte.

Insgesamt werden vier Vorschläge vorgestellt und bewertet. Drei der besichtigten Objekte werden verworfen; Schloss Lauske (in Sachsen), Schloss Schlieffenberg und das Rittergut Remplin (beide in Mecklenburg) seien baulich schlecht, wirtschaftlich nicht rentabel oder für die Unterbringung zu klein. Bei Warberg hingegen könne man erwarten, dass sich das Restgut selber trage. Außerdem bringt Otto Schulze vor: „Der Braunschweigische Staat stellt in Aussicht, die Schule als mildtätige Stiftung anzuerkennen, so dass auch erhebliche steuerliche Begünstigungen der Stiftung zugute kämen."[15]

Mit der gesicherten finanziellen Deckung der Daten des Finanzausschusses wird der Vorsitzende Georg Kugler einstimmig „ermächtigt", das Schulgrundstück zu kaufen, also Burg Warberg und das Restgut.

In der regionalen Presse fand sich ein positiver Widerhall des Kaufs und des anschließenden Um- und Ausbaus, was sich in den folgenden Schlagzeilen ausdrückt:

- Wochenblatt der Landesbauernschaft Hannover-Braunschweig (1938, Nr. 28): Der Landhandel schafft sich ein eigenes Schulungsheim
- Braunschweiger Zeitung (7.1.1939): Burg Warberg – Verbindung zum Bauerntum – Der Umbau zur Reichslandhandelsschule hat begonnen – Tradition des Bauwerkes ist Leitmotiv
- Helmstedter Kreiszeitung (15.10.1940): Neues wächst auf historischem Boden – Die Reichslandhandelsschule wird in Warberg auf einer Stätte voll geschichtlicher Überlieferung errichtet
- Helmstedter Kreiszeitung (o.J., ca Ende 1941): Warberg im Zeichen der Reichs-Landhandelsschule – Vom Adel eines stolzen Berufes – Niedersachsen als Vorbild[16]

Der Geschäftsbericht der Jahre 1938/39 und 1939/40[17] zeigt auf, dass schon im ersten Vereinsjahr 5.532 Vereinsmitglieder (3.700 bereits am 19.2.1938) gewonnen werden konnten und bis zum August 1940 eine beachtliche Zahl von 6.273 Mitgliedern erreicht wurde. Die Beiträge, die wesentlich für den Kauf und Ausbau der Burg und des Restgutes verwendet wurden, machten in den ersten beiden Jahren 283.000 Reichsmark aus. Dazu kamen Darlehensverpflichtungen der Mitglieder, die de facto den Charakter von Spenden hatten. Der Begriff „Spende" war Parteiaktionen vorbehalten, und so fand man die Benennung zinslose und „unkündbare Darlehen". Auf diese Weise stand dem Verein die beträchtliche Summe zur Verfügung (1938: RM 470.000; 1940: RM 538.000), mit der neben dem erwähnten Kauf, den Umbaumaßnahmen auch die Organisation des Vereins mit der Einrichtung einer Geschäftsstelle in der Dessauer Str. 27 in Berlin finanziert werden konnte.

Zu den Mitgliedern gehörten auch die dem Landhandel verbundenen Kreditinstitute Bank für Landwirtschaft A.-G. und Getreide Kreditbank A.-G. Der erste Geschäftsführer des Vereins wurde Dr. Egid Obermüller, für den Aufbau der externen Schulung wurde der frühere Abteilungsleiter der deutschen Getreide- und Futtermittelwirtschaft, Dr. Hermann Krause, verpflichtet.

Allerdings „war es nicht möglich, die für den 1. Oktober 1940 geplante Eröffnung der Schulungsstätte in Warberg durchzusetzen."

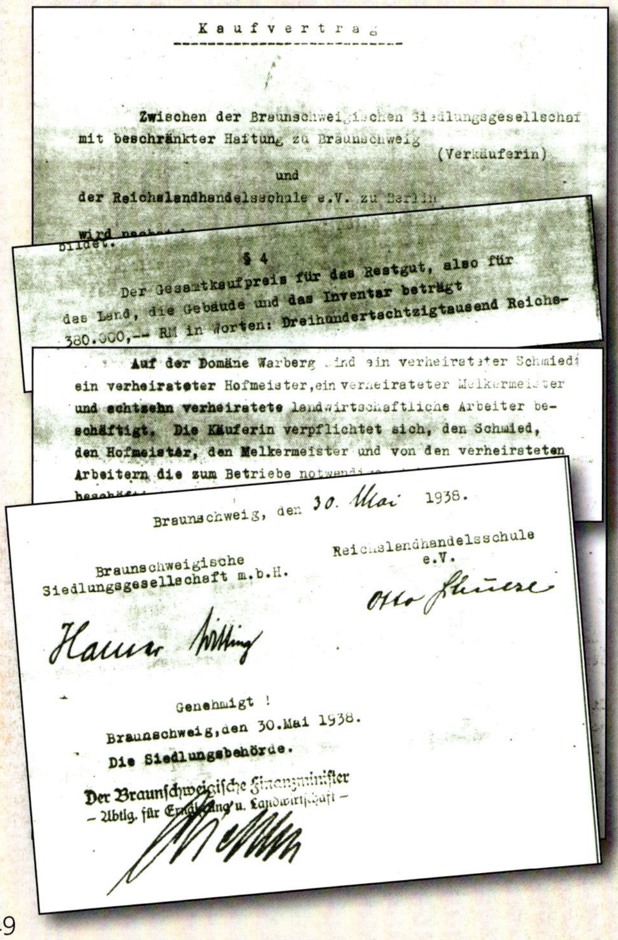

Kaufvertrag

Zwischen der Braunschweigischen Siedlungsgesellschaf
mit beschränkter Haftung zu Braunschweig
(Verkäuferin)
und
der Reichslandhandelsschule e.V. zu Berlin

§ 4

Der Gesamtkaufpreis für das Restgut, also für das Land, die Gebäude und das Inventar beträgt 380.000,-- RM in Worten: Dreihundertachtzigtausend Reichs-

Auf der Domäne Warberg sind ein verheirateter Schmied, ein verheirateter Hofmeister, ein verheirateter Melkermeister und achtzehn verheiratete landwirtschaftliche Arbeiter beschäftigt. Die Käuferin verpflichtet sich, den Schmied, den Hofmeister, den Melkermeister und von den verheirateten Arbeitern die zum Betriebe notwendi...

Braunschweig, den 30. Mai 1938.

Braunschweigische Siedlungsgesellschaft m.b.H.

Reichslandhandelsschule e.V.

Otto Schulze

Genehmigt !
Braunschweig, den 30. Mai 1938.
Die Siedlungsbehörde.
Der Braunschweigische Finanzminister
– Abtlg. für Ernährung u. Landwirtschaft –

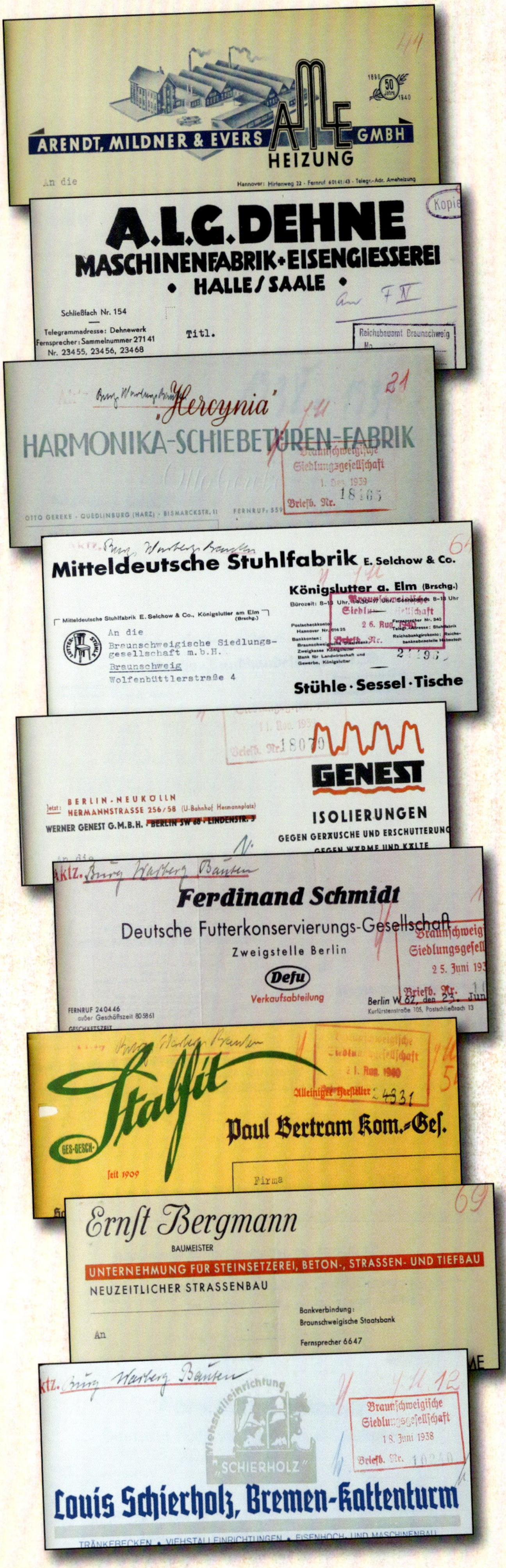

Die neue Schulungsstätte

Umbau und Renovierung

Die Renovierung und der Umbau der Burg zu der geplanten Schulungsstätte wurden nach dem Kauf von Regierungsbaurat Hartwieg geplant, der auch die einheitlich in Fachwerk gestalteten Gehöfte der aufgesiedelten Domäne entworfen hatte. Die Planung für die Burg sah vor, dass die Räume des Herrenhauses 90 Schüler aufnehmen sollten und für sie im Erdgeschoss Wasch- und Duschräume eingerichtet werden. Dazu wurde – wie es sich auch heute darstellt – ein neuer Eingangsbereich mit Fachwerk gestaltet. Das Wirtschaftsgebäude mit dem heutigen Restaurant erhielt einen großen Speisesaal und entsprechende Wirtschaftsräume, dazu eine auf der Burgmauer vorgelagerte Terrasse. Im Obergeschoss wurden Räume für Lehrer und Personal vorgesehen. Ganz neu gebaut und gestaltet wurde der Flügel, der heute die Aula und die Seminarräume beherbergt:

„Die ehemalige Brennerei und der Kornspeicher wurden bis auf die Bruchsteinmauern abgerissen. Auf ihnen wird ein Gebäude im niedersächsischen Fachwerkbau entstehen, das eine Turnhalle, den Hör- und Festsaal, ein Laboratorium, weitere Aufenthaltsräume

für Schüler und Einzelzimmer für unverheiratete Lehrer beherbergen soll. An dem Gebäude auf dem höhergelegenen Teil der Burg soll vorerst nichts geändert werden."[18]

Der Um- und Ausbau lag in der Hand der Braunschweigischen Siedlungsgesellschaft, die zunächst rasch an die Verwirklichung der Pläne für die Burg und das Restgut ging, und von den 850.000 Reichsmark, die ursprünglich für den Umbau geplant waren, wurden bis Oktober 1940 460.000 RM aufgewendet, je zur Hälfte für beide Einheiten. Zu diesem Termin tagte erstmals ein Vereinsorgan, der Finanzausschuss, auf der Burg. Nun wurden 389.000 RM für den weiteren Ausbau und 74.000 RM für die Einrichtung der Reichs-Landhandelschule angesetzt. Ein gutes halbes Jahr später, am 24. Mai 1941, beschließt der Verwaltungsrat des Vereins, den Lehrgangsbetrieb auf der Burg im Herbst 1941 aufzunehmen.[19]
Die Gründe, warum die Burg nicht ihrem vorbestimmten Zweck diente, sind komplexer, als dass sie nur mit dem Zweiten Weltkrieg und dem Beginn des Krieges gegen die Sowjetunion erklärt werden können.

Stillstand

Belastung durch Stiftungsstatus und Schulbetrieb

Fast hätte sich der Verein durch einen taktischen Schachzug, der Geld einsparen sollte, selbst finanziell ruiniert. Am 4. Oktober 1939 bekundete die Braunschweigische Staatsregierung:
„Die von dem eingetragenen Verein Reichs-Landhandelsschule Berlin, unter dem 19. Juli 1939 errichtete, Warberg-Stiftung des großdeutschen Landhandels' in Warberg (Braunschweig) wird hiermit genehmigt und mit den Rechten milder Stiftungen ausgestattet."[20]
Auf die erhoffte Steuerersparnis mit der Gründung einer Stiftung war der Schulverein schon bereits bei den Kaufverhandlungen der Burg von Braunschweiger Seite hingewiesen worden. Die Nationalsozialisten in Braunschweig erhofften nach der erfolgreichen Ansiedlung der Reichs-Sportschule des Reichsnährstandes in der nicht weit entfernten Burg Neuhaus mit einer Reichs-Landhandelsschule ihre ausgeprägte braune Struktur weiter aufzuwerten und stellten in Form der Braunschweigischen Siedlungsgesellschaft nicht nur eine ausführende Baugesellschaft, sondern auch eine starke finanzielle Vergünstigung in Aussicht.

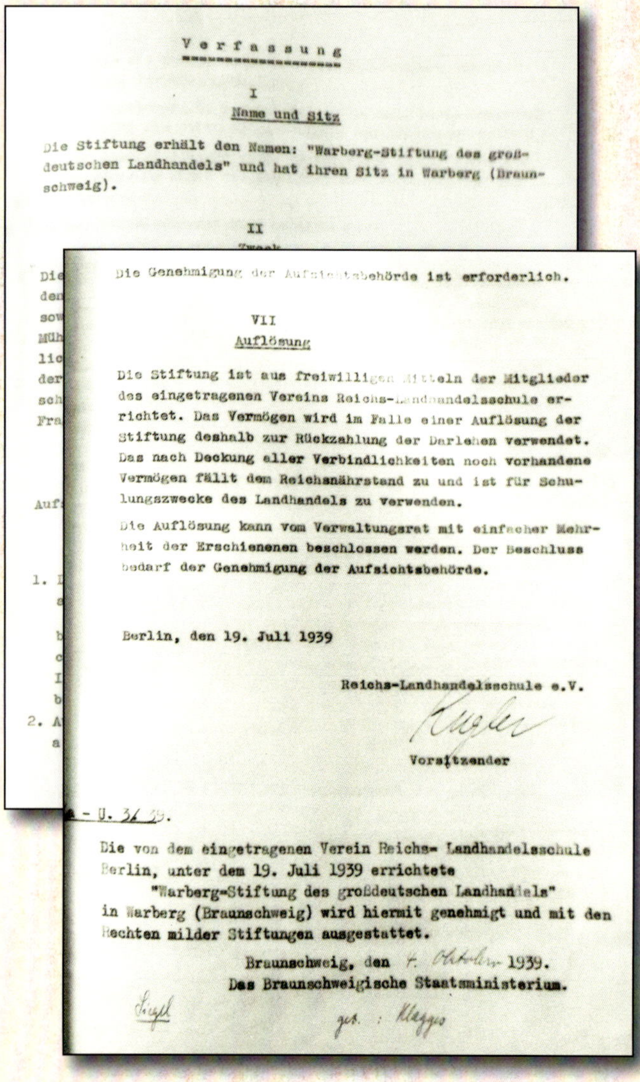

Verfassung

I
Name und Sitz

Die Stiftung erhält den Namen: "Warberg-Stiftung des großdeutschen Landhandels" und hat ihren Sitz in Warberg (Braunschweig).

II

Die Genehmigung der Aufsichtsbehörde ist erforderlich.

VII
Auflösung

Die Stiftung ist aus freiwilligen Mitteln der Mitglieder des eingetragenen Vereins Reichs-Landhandelsschule errichtet. Das Vermögen wird im Falle einer Auflösung der Stiftung deshalb zur Rückzahlung der Darlehen verwendet. Das nach Deckung aller Verbindlichkeiten noch vorhandene Vermögen fällt dem Reichsnährstand zu und ist für Schulungszwecke des Landhandels zu verwenden.

Die Auflösung kann vom Verwaltungsrat mit einfacher Mehrheit der Erschienenen beschlossen werden. Der Beschluss bedarf der Genehmigung der Aufsichtsbehörde.

Berlin, den 19. Juli 1939

Reichs-Landhandelsschule e.V.
Kugler
Vorsitzender

- U. 32/39.

Die von dem eingetragenen Verein Reichs- Landhandelsschule Berlin, unter dem 19. Juli 1939 errichtete
"Warberg-Stiftung des großdeutschen Landhandels"
in Warberg (Braunschweig) wird hiermit genehmigt und mit den Rechten milder Stiftungen ausgestattet.

Braunschweig, den 4. Oktober 1939.
Das Braunschweigische Staatsministerium.
gez.: Klagges

Ein kurzer Blick auf die Satzung der Stiftung zeigt, dass sie der des Vereins sehr ähnelt, nur dass der Verwaltungsrat noch direkter mit NS-Stellen besetzt war.
Eine wichtige Rolle für den weiteren dramatischen Verlauf der Geschichte spielte die Tatsache, dass das gesamte Vermögen des Vereins einschließlich Restgut und dessen Einkünfte und die Burg in das Stiftungsvermögen eingebracht wurden. Denn bei der Prüfung der Stiftung in Berlin stellte sich heraus, dass nur gegenüber dem Land Braunschweig steuerliche Vorteile erzielt worden wären, das Reich aber auf mehreren Hunderttausend Reichsmark Stiftungssteuer bestehen würde, was im Grunde die Finanzen des Vereins bzw. der Stiftung ruiniert hätte.
Es folgte nun ein umfangreicher Schriftwechsel, ein juristischer Eiertanz des Vereins, der nachweisen sollte, dass alles nicht so gemeint sei, und der die Gründung wieder rückgängig machen sollte. Schließlich war dies erfolgreich, als Ministerpräsident Klagges die Nichtigkeit der Stiftungsgründung erklärte und die Reichs-Landhandelsschule wieder nur als Verein bestand.

Keine Schulung - keine Schule

Die Stiftungsidee konnte zum Glück revidiert werden. Als weiterhin problematisch erwiesen sich zwei weitere Aspekte, nämlich die Eröffnung des Schulbetriebs auf der Burg Warberg und der Gedanke, hier als Schulverein und abseits von Berlin eine eigenständige Schulung durchführen zu können. Die Behörden vor Ort hatten die Reichs-Landhandelsschule schon beim Kauf des Anwesens inspiziert, und im weiteren Verlauf ist es insbesondere der nationalsozialistische „Braunschweigische Minister für Volksbildung", der sich hier konkret einmischt. Zunächst war durch die Braunschweigische Regierung die Satzung der Stiftung mehrfach beanstandet worden, dann bittet der Minister, die Aufnahme des Unterrichts mitzuteilen. Die Geschäftsstelle der Reichs-Landhandelsschule war aufgrund des kriegsbedingt stockenden Umbaus mehrfach gezwungen mitzuteilen

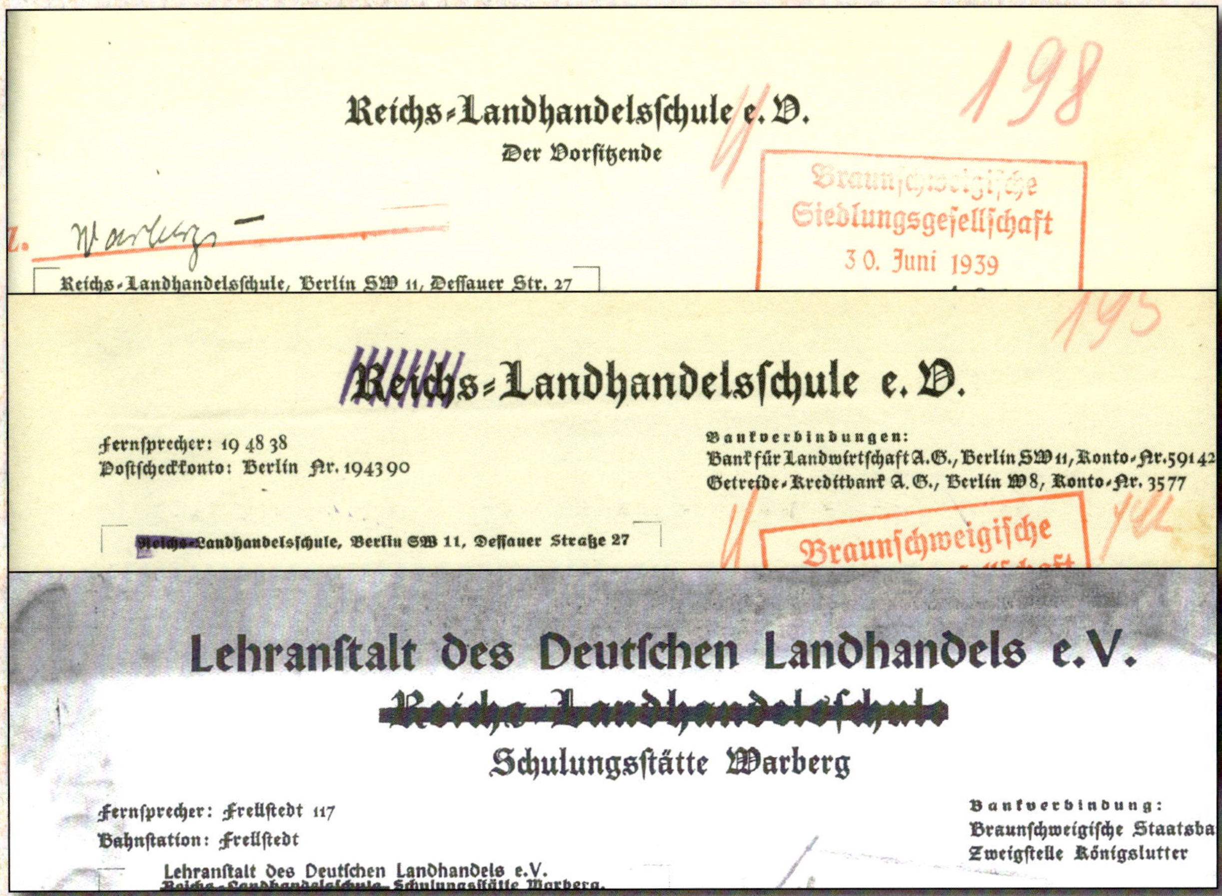

Reichs-Landhandelsschule e.V.

Der Vorsitzende

198

Braunschweigische Siedlungsgesellschaft 30. Juni 1939

Reichs-Landhandelsschule, Berlin SW 11, Dessauer Str. 27

Reichs-Landhandelsschule e.V.

Fernsprecher: 19 48 38
Postscheckkonto: Berlin Nr. 194390

Bankverbindungen:
Bank für Landwirtschaft A.G., Berlin SW 11, Konto-Nr. 59142
Getreide-Kreditbank A.G., Berlin W 8, Konto-Nr. 3577

[redacted]-Landhandelsschule, Berlin SW 11, Dessauer Straße 27

Braunschweigische

Lehranstalt des Deutschen Landhandels e.V.

~~Reichs-Landhandelsschule~~

Schulungsstätte Warberg

Fernsprecher: Frellstedt 117
Bahnstation: Frellstedt

Bankverbindung:
Braunschweigische Staatsba
Zweigstelle Königslutter

Lehranstalt des Deutschen Landhandels e.V.

(z.B. am 16.10.1939), dass dies nicht möglich sei, „ zumal die notwendigen Bauarbeiten beim Ausbau des Schulgebäudes zur Zeit stark ins Stocken geraten sind."[21] Nach einer erneuten Anfrage des NS-Ministers für Volksbildung im Oktober 1941 antwortet Geschäftsführer Dr. Egid Obermüller für die Reichs-Landhandelsschule so:

„... teilen wir mit, dass die Schulgebäude in Warberg im Aussenbau in der Hauptsache fertiggestellt sind, dass jedoch die Inneneinrichtung infolge der kriegsbedingten Schwierigkeiten bis jetzt noch nicht beschafft werden konnte. Die Aufnahme des Schulbetriebes kann daher erst nach Beendigung des Krieges erfolgen."

Diese letzte Aussage hatte Folgen. Zum einen räumte die Reichs-Landhandelsschule damit gleichsam selbst das Feld für eine andere Nutzung der Burg, wie es dann durch die Inanspruchnahme der Wehrmacht als Lazarett auch geschah. Zum andern setzte sie damit in Gang, dass ihr ihre eigene Geltung, sogar ihre Existenz als Schule überhaupt abgesprochen wurde.

Selbst die Umbenennung durch den Verwaltungsrat am 20.5.1942 in „Landhandelsschule e.V."[22] geht dem nun auf Reichsebene eingreifenden „Reichsminister für Wissenschaft, Erziehung und Volksbildung" nicht weit genug, er ordnet über die untergeordnete Ebene an, dass die Landhandelsschule aufgrund der Situation sogar ihren Status als Schule zu verlieren habe:

„Nach meinem Erlaß vom 23. August 1938 ... können Schulungseinrichtungen für den Landhandel nicht als Landhandelsschulen bezeichnet werden. Das gilt auch für die neu errichtete ‚Landhandelsschule Burg Warberg' in Braunschweig. Es handelt sich hier nach Ihrem Bericht lediglich um ‚Lehrgänge im Landhandel'. Sie wollen dem Verein Landhandelsschule e.V. in Berlin SW 11, Dessauer Str. 27 aufgeben, für seine Schulungseinrichtungen und ihre Träger (Vereine) im Reichsgebiet eine entsprechende Namensänderung herbeizuführen."[23] Es folgte ebenfalls noch 1942 die Umbenennung in „Lehranstalt des Deutschen Landhandels e.V."

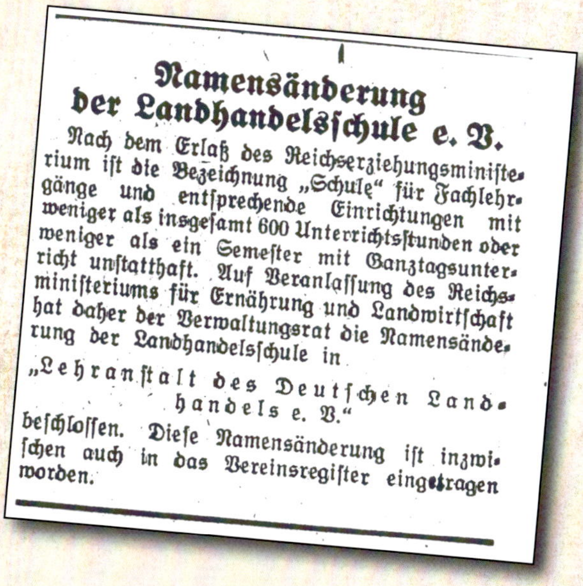

Namensänderung der Landhandelsschule e.V.

Nach dem Erlaß des Reichserziehungsministerium ist die Bezeichnung „Schule" für Fachlehrgänge und entsprechende Einrichtungen mit weniger als insgesamt 600 Unterrichtsstunden oder weniger als ein Semester mit Ganztagsunterricht unstatthaft. Auf Veranlassung des Reichsministeriums für Ernährung und Landwirtschaft hat daher der Verwaltungsrat die Namensänderung der Landhandelsschule in

„Lehranstalt des Deutschen Landhandels e.V."

beschlossen. Diese Namensänderung ist inzwischen auch in das Vereinsregister eingetragen worden.

1938 -1945

Schulungsansätze im Reich

Die Burg wird Wehrmachts-Lazarett

Die Mitgliederzahl des Vereins Reichs-Landhandelsschule hatte am 22. August 1940 den Stand von 6.273 Mitgliedern erreicht.[24] Andererseits war die Burg zu diesem Zeitpunkt als Schulungsstätte noch nicht fertiggestellt, und mit der Beschlagnahmung durch die Wehrmacht sollte sie auch bis 1945 nicht zur Verfügung stehen. Was also konnte der Verein seinen Mitgliedern überhaupt bieten?

Es blieb von den ursprünglichen Zielen der halb- oder ganzjährigen Kurse für den Nachwuchs im Landhandel und der Wochenkurse für Landhandelskaufleute zu aktuellen Themen nur ein drittes Ziel übrig, das nicht an die Burg gebunden war:
„Örtliche Schulungs- oder Vortragsveranstaltungen in den Landes- und Kreisfachschaften".

Der Geschäftsbericht des Vereins vom 25. August 1940 weist aus, ohne konkrete Zahlen zu nennen, dass die „im Auftrage der Fachschaften im Einvernehmen mit den Marktverbänden" vom Verein durchgeführte „örtliche Schulungsarbeit" „bereits einen erheblichen Umfang erreicht" habe. Thematisch im Mittelpunkt der Veranstaltungen stand dabei die Vermittlung der „Marktordnung", also der Neu-Organisation der Landhandelsarbeit durch den Reichsnährstand der Nationalsozialisten. Daneben wurden auch Vorträge gehalten zu „Steuerfragen des Landhandels, Getreidebehandlung und -lagerung, Saatgutfragen, Fragen des Rechnungswesens und der Buchführung u.a.m." Die Liste der Orte, an den Veranstaltungen der Reichs-Landhandelsschule, teils auch mehrfach, bis 1940 durchgeführt wurden, umfasst 62 Ortsnamen, wobei mit Städtenamen wie u.a. Salzburg, Posen, Kattowitz und Litzmannstadt auffällt, dass die örtlichen Schulungen der Expansion des Reiches bis 1940 (Anschluss Österreich, Protektorat Böhmen und Mähren, Krieg gegen Polen) entsprechen und dies auch bewusst erfolgte. Für eine einheitlichere und planmäßigere Fortführung dieser Schulungen vor Ort wurde im Juni 1940 der frühere Abteilungsleiter der Hauptvereinigung der deutschen Getreide- und Futtermittelwirtschaft Dr. Krause „berufen", auch „um im Einvernehmen mit den Hauptvereinigungen und den Marktverbänden die geeigneten Kräfte für die Vorträge heranzuziehen..."
Im Grunde deutet sich auch an, dass und wie der

Landhandel insgesamt in die Politik der angeschlossenen und okkupierten Gebiete einbezogen werden würde, zumal bereits 1940 bilanziert wird: „Seit Beginn des Krieges hat diese Art der Schulungsarbeit im Altreich fast aufgehört."

Aus der geplanten Schulungsstätte wurde ein Lazarett der Wehrmacht. Als sichtbares äußeres Zeichen wurde auf dem Dach des Wirtschaftsgebäudes auf weißem Grund ein großes rotes Kreuz aufgemalt, um die Burg vor Luftangriffen zu schützen. Nach den Ausarbeitungen des Warberger Heimatforschers Hermann Koerber wurde das Reserve-Lazarett in der Burganlage für 300 bis 400 Personen eingerichtet. Als leitende Ärzte fungierten zwei Landärzte aus den umliegenden Orten Süpplingen und Frellstedt, auch die Stationsschwestern kamen aus Warberg und Umgebung.

Nur Leicht-Verwundete wurden zu Arbeiten herangezogen (u.a. Bewachung, Grabung einer neuen Wasserzuführung). Hermann Koerber nennt weiterhin die Namen von sieben Verwundeten, die im Dorf Warberg blieben und dort auch heirateten.[25]

Insgesamt betrachtet erwies sich bis 1945 die Vorstellung, auf Burg Warberg etwas für die Nachwuchsbildung und Stärkung des privaten Landhandels abseits des Reichsnährstandes tun zu können, als Illusion. Man war – gewollt oder ungewollt – ein Teil des Systems und trug es dadurch mit.

So bedeuteten das Fast-Verschwinden des Vereins 1945, die Nichtzulassung mit dem drohenden Verlust seines Vermögens, der Burg und des Restgutes, aus heutiger Sicht einen heilsamen Bruch, der dem Verein gut getan hat. Die Burg mit dem Landwirtschaftsbetrieb, die von den Mitgliedern selbst finanziert waren, waren da, und sie bildeten das Fundament und die Klammer für die Zukunft des Vereins und die Schulung des Landhandels. Der Erfolg stellte sich gleichsam auf seinem zweiten Bildungsweg ein, als der Verein mit neuer demokratischer Satzung und Gesinnung und schließlich auch mit seiner eigenen Schulungsstätte antreten konnte und seine glänzende Arbeit für den privaten Landhandel und darüber hinaus erfolgreich entwickeln konnte.

Displaced Person Camp Erfolge Rückschläge Wan
nioren Displaced Person Camp Erfolge Rückschl
Wege Junioren 1945 - 1955 Displaced Person Cam
Sackgassen Neue Wege Junioren Displaced Person
Heim Sackgassen Neue Wege Junioren 1945 - 195

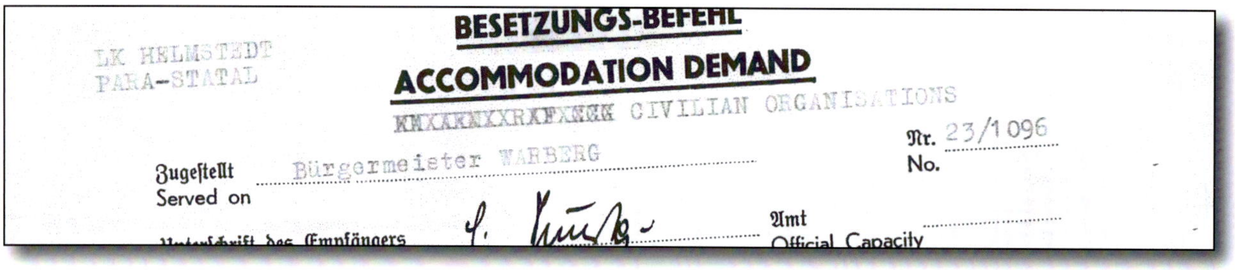
LK HELMSTEDT
PARA-STATAL

BESETZUNGS-BEFEHL

ACCOMMODATION DEMAND

CIVILIAN ORGANISATIONS

Nr. / No. 23/1096

Zugestellt / Served on: Bürgermeister WARBERG

Unterschrift des Empfängers

Amt / Official Capacity

derlehrgänge TBC-Heim Sackgassen Neue Wege Ju
Wanderlehrgänge TBC-Heim Sackgassen Neue We
folge Rückschläge Wanderlehrgänge TBC-Heim Sac
Erfolge Rückschläge Wanderlehrgänge TBC-Heim
placed Person Camp Erfolge Rückschläge Wanderle
Displaced Person Camp Erfolge Rückschläge Wan
nioren 1945 - 1955 Displaced Person Camp Erfolge
sen Neue Wege Junioren Displaced Person Camp
Sackgassen Neue Wege Junioren 1945 - 1955 Dis
lehrgänge TBC-Heim Sackgassen Neue Wege Jun
Wanderlehrgänge TBC-Heim Sackgassen Neue We
folge Rückschläge Wanderlehrgänge TBC-Heim Sac
Erfolge Rückschläge Wanderlehrgänge TBC-Heim
placed Person Camp Erfolge Rückschläge Wanderle

2.
Verzögerter Neubeginn

Lehranstalt des deutschen Landhandels e.V.

Trübe Aussichten

Die Burg als Displaced Person Camp

Mit dem Ende des NS-Herrschaft und der neuen Situation im besetzten Deutschland sah sich der Verein mit einer äußerst schwierigen Situation und einigen grundsätzlichen Fragen konfrontiert, die insgesamt die folgenden zehn Jahre bestimmen würden. Wie sollte es weitergehen, besser: Wie konnte es weitergehen?

Denn unter verschiedenen Gesichtspunkten erschien die Situation für den Schulverein nach Kriegsende fast aussichtlos.

Die Geschäftsstelle des Vereins war in einem Bombenangriff Anfang 1945 zerstört worden. Der aus München stammende Berliner Geschäftsführer Dr. Egid Obermüller versuchte letztlich vergeblich, auf Burg Warberg unterzukommen. Auch durfte der Vorsitzende Georg Kugler auf Grund seiner NS-Vergangenheit keine leitende Funktion mehr in dem Verein ausüben.[1] Im Verein war ein Machtvakuum entstanden. Dazu kam, dass, bevor sich auf Vereinsseite etwas regen konnte, die Briten bereits eine neue Situation geschaffen hatten, nämlich den Verein nicht mehr zuzulassen und die Burg und das weitere Vereinsvermögen zu beschlagnahmen.

Erst ein Jahr später begann der Versuch, durch engagierte Mitglieder, deren politische Fragebögen durch die Besatzungsmacht akzeptiert wurden, den Verein neu aufzubauen.

Die Beharrlichkeit, mit der der sich neu gründende Verein um seinen Status, um das Vereinsvermögen und damit um eine zukünftige Schulungsstätte Burg Warberg kämpfte, ist beachtenswert und soll im Anschluss ausführlich dargestellt werden. Zunächst ordneten die Briten jedoch an, in der Burg das aufgelöste Wehrmachtslazarett fortan als Displaced Person Hospital und dann als DP Camp zu nutzen.

Die Burg hatte als militärische Einrichtung gedient, und so bestand von 1945 bis 1948 auf der Burg ein Displaced Person Camp (DP), das in der Bevölkerung Ausländerkrankenhaus genannt wurde. Bei Kriegsende waren sehr viele Menschen ohne ein Zuhause, in dieser Region frei gekommene Zwangsarbeiter, Kriegsgefangene, politische Häftlinge und Überlebende der KZs. Viele der Insassen des Camps waren unterernährt, hatten Tuberkulose oder andere Krankheiten. Zahlreiche Personen überlebten nicht, häufig sollen Verstorbene auf offenen Bahren zum Warberger Friedhof getragen worden sein.[2]

Auf dem Warberger Friedhof ist inzwischen in der Regie des Volksbundes Deutsche Kriegsgräberfürsorge eine eigenes Feld für die Toten des DP Camps angelegt worden, das vierzig Gräber umfasst. Ihrer Herkunft nach liegen hier 17 Russen, 16 Polen, jeweils ein Belgier, Ungar, Niederländer, eine Deutsche, zwei Unbekannte sowie der bei einem Verkehrsunfall ums Leben gekommene staatenlose Arzt des Camps, Dr. Hussein Arabatschi. Die Zahl der Toten ist aber höher, da teilweise namenlos bestattet wurde und einige der Toten (Franzosen und Belgier) später umgebettet und in ihren Heimatländern bestattet wurden.

Dass die häufig geschundenen und teilweise orientierungslosen Menschen sich hier im Camp auf der Burg nicht durchweg als gute und gesittete Menschen aufführten, kann man sich vorstellen. Der Zustand der Burg im Innern hatte sich in diesen drei Jahren sehr verschlechtert. Seit Mai 1948 war die Burg dann zunächst nicht mehr belegt.

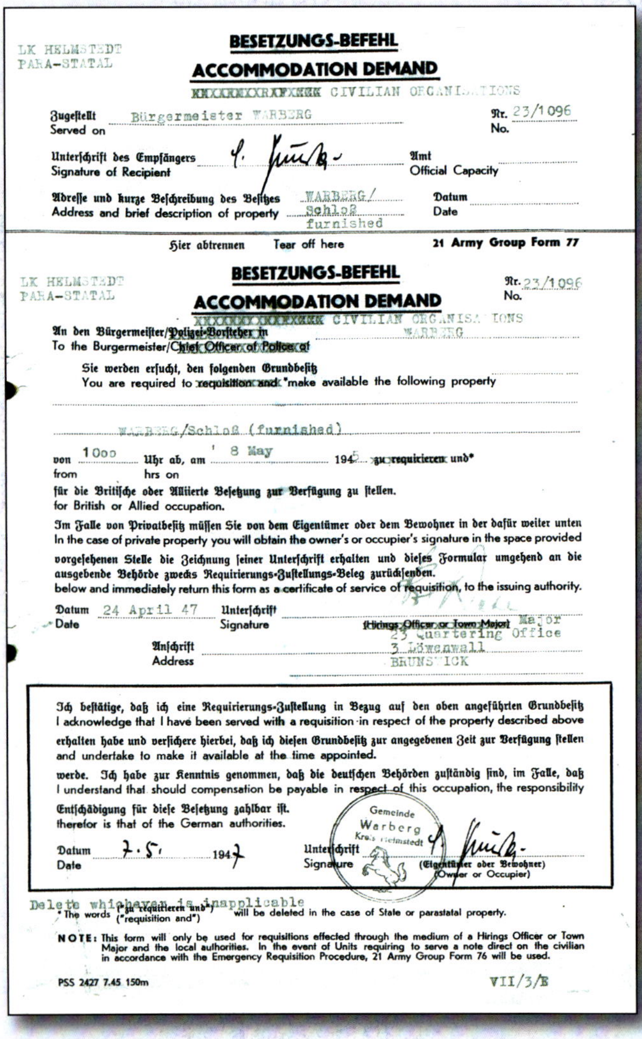
LK HELMSTEDT
PARA-STATAL

BESETZUNGS-BEFEHL
ACCOMMODATION DEMAND
XXXXXXXXXXXXXXX CIVILIAN ORGANISATIONS

Zugestellt / Served on: Bürgermeister WARBERG — Nr. / No. 23/1096
Unterschrift des Empfängers / Signature of Recipient — Amt / Official Capacity
Adresse und kurze Beschreibung des Besitzes / Address and brief description of property: WARBERG/ Schloß furnished — Datum / Date

Hier abtrennen — Tear off here — 21 Army Group Form 77

LK HELMSTEDT
PARA-STATAL

BESETZUNGS-BEFEHL
ACCOMMODATION DEMAND
XXXXXXXXXXXXXXX CIVILIAN ORGANISATIONS
Nr. / No. 23/1096

An den Bürgermeister/~~Polizei-Vorsteher in~~ WARBERG
To the Burgermeister/~~Chief Officer of Police of~~

Sie werden ersucht, den folgenden Grundbesitz
You are required to ~~requisition and~~ *make available the following property

WARBERG/Schloß (furnished)

von 1000 Uhr ab, am 8 May 1945 ~~zu requirieren~~ und*
from hrs on

für die Britische oder Alliierte Besetzung zur Verfügung zu stellen.
for British or Allied occupation.

Im Falle von Privatbesitz müssen Sie von dem Eigentümer oder dem Bewohner in der dafür weiter unten vorgesehenen Stelle die Zeichnung seiner Unterschrift erhalten und dieses Formular umgehend an die ausgebende Behörde zwecks Requirierungs-Zustellungs-Beleg zurücksenden.
In the case of private property you will obtain the owner's or occupier's signature in the space provided below and immediately return this form as a certificate of service of requisition, to the issuing authority.

Datum / Date 24 April 47 — Unterschrift / Signature — ~~(Hirings Officer or Town Major)~~ Major
Anschrift / Address: 23 Quartering Office, 3 Löwenwall, BRUNSWICK

Ich bestätige, daß ich eine Requirierungs-Zustellung in Bezug auf den oben angeführten Grundbesitz erhalten habe und versichere hierbei, daß ich diesen Grundbesitz zur angegebenen Zeit zur Verfügung stellen werde. Ich habe zur Kenntnis genommen, daß die deutschen Behörden zuständig sind, im Falle, daß Entschädigung für diese Besetzung zahlbar ist.
I acknowledge that I have been served with a requisition in respect of the property described above and undertake to make it available at the time appointed. I understand that should compensation be payable in respect of this occupation, the responsibility therefor is that of the German authorities.

Datum / Date 7.5. 1947 — Unterschrift / Signature (Eigentümer oder Bewohner) (Owner or Occupier)

Delete whichever is inapplicable
* The words ("zu requirieren und") ("requisition and") will be deleted in the case of State or parastatal property.

NOTE: This form will only be used for requisitions effected through the medium of a Hirings Officer or Town Major and the local authorities. In the event of Units requiring to serve a note direct on the civilian in accordance with the Emergency Requisition Procedure, 21 Army Group Form 76 will be used.

PSS 2427 7.45 150m — VII/3/B

Eine schwere Zeit

Landwirtschaft und Landhandel nach dem Krieg

Wenn im Verein sich im ersten Jahr nach Kriegsende gar nichts regte, stand das natürlich auch im Zusammenhang mit der allgemeinen schwierigen politischen und wirtschaftlichen Nachkriegssituation und der Situation des Landhandels im Besonderen.
Immerhin lag die Burg in dem in Besatzungszonen aufgeteilten Deutschland gerade noch in der britischen Zone westlichen der Zonengrenze zur Ostzone. Hätten sich die Gründer für eine der anderen Alternativen zu Warberg (in Mecklenburg oder Sachsen) entschieden, wäre die Schulungsstätte in jedem Fall verloren gewesen, so konnte man wenigstens hoffen und um sie kämpfen. Gleichzeitig wurde aber auch klar, dass knapp die Hälfte der Mitglieder vor 1945 östlich des sich bald herabsenkenden „Eisernen Vorhangs" ansässig und somit auch für den neuen Verein gleichsam verloren waren.
Durch die Aufteilung Deutschlands in zunächst getrennte Besatzungszonen konnte sich auch im Westen Vereinsarbeit für die Ausbildung im Landhandel neu erst regional entwickeln, in diesem Fall 1946 in der britischen Besatzungszone.
Die schwierige politische und wirtschaftliche Situation nach Kriegsende betraf alle, auch die Landwirtschaft und den Landhandel.

Die deutsche Landwirtschaft hatte vor dem Krieg nahezu 80 % des Eigenbedarfs abgedeckt, durch den Verlust der agrarischen Flächen jenseits der Zonengrenze im Osten bestand (1947) in den Westzonen noch ein Selbstversorgungsgrad von 35%. Dabei waren auch über acht Millionen Vertriebene und Flüchtlinge aus dem Osten und aus der Sowjetischen Besatzungszone (SBZ) zu versorgen. Ein Standard von 2000 Kalorien pro Tag und Person wurde erst 1948 wieder erreicht, zwischenzeitlich war dieser im Hungerwinter des Krisenjahres 1947, das auch zu einer Transport- und Energiekrise führte, im Ruhrgebiet auf 700-800 Kalorien abgesenkt worden. Das Zuteilungssystem mit Lebensmittelkarten endete dann erst 1949.[3]

Der Landwirtschaft fehlte es an Maschinen, Kraftstoffen und vor allem an Düngemitteln, zunächst aber auch an Arbeitskräften. Neben der unzureichenden Ernährung waren vor allem die gesunkenen Reallöhne, die überhöhte Besteuerung und der Verfall der Währung Ursachen der wirtschaftlichen Misere. Außerdem gab es für Erzeuger in der Landwirtschaft wie auch im Landhandel wenig Anreize, im Rahmen der bestehenden Vorschriften zu produzieren und zu verkaufen.
Auch für den Landhandel galt es, mit der Situation zu leben und zu improvisieren.
Denn tatsächlich bestanden die von oben gelenkte Wirtschaftsform („Marktordnung") und der Reichsnährstand erstaunlicherweise auch nach dem Krieg bis 1948 weiter. „Die amerikanischen und britischen Besatzungsbehörden hatten dies ausdrücklich gebilligt, weil sie befürchteten, die Versorgung der Bevölkerung bräche ohne den Reichsnährstand zusammen. In der Praxis funktionierte der Nahrungsmittel- und Güteraustausch aber nicht einmal innerhalb der Zonen."[4]
Verzweifelte Versuche des deutschen Wirtschaftsrates, durch Gesetze und Nothilfegesetze eine gleichmäßige und gerechte Erfassung und Verteilung der Ernte zu steuern, schlugen fehl.
Ein Aufschwung, auch für den Landhandel, setzte erst im Sommer 1948 ein. Neben den guten Impulsen durch Währungsreform mit der Einführung der DM bedeutete das Gesetz zur Auflösung des Reichsnährstandes (vom 21.1.1948, noch in der Bizone), dass auch alle sonstigen auf Zwangsmitgliedschaft oder Zwangsbeitragspflicht beruhenden Zusammenschlüsse von reichsnährstandszugehörigen Betrieben und Personen im gesamten Wirtschaftsgebiet aufgelöst waren. Zeitgleich erfolgte der Ansatz einer neuen Aufgabenverteilung zwischen dem Staat und den Organisationen der berufsständischen Selbstverwaltung.

Für den Landhandel wie für die Landwirtschaft setzte dann der endgültige Abbau der Zwangswirtschaft in der 1949 gegründeten Bundesrepublik ein, als Bundeskanzler Adenauer mit seinem Wirtschaftsminister Erhardt die Wirtschaft in Richtung der sozialen Marktwirtschaft entwickelten und dies im Agrarbereich mit vier großen Marktordnungsgesetzen der Jahre 1950/51 konkretisierten, dem Getreidegesetz, dem Zuckergesetz, dem Milch- und Fettgesetz und dem Vieh- und Fleischgesetz. „Preisbestimmungen ergänzten den organisatorischen Rahmen, doch sollte nach Möglichkeit mit ‚marktkonformen Mitteln' der Wirtschaftsablauf gesteuert werden."[5]

Der „Kampf“ um die Burg

Die Lehranstalt des deutschen Landhandels

Das war also das extrem schwierige Umfeld, in dem sich der Landhandel nach 1945 wieder aufstellen musste und das dazu führte, dass es ein Jahr dauerte, bis Mitglieder des Vereins in der britischen Zone wieder aktiv wurden. (In der amerikanischen und in der französischen Zone begann die Vereinsarbeit erst im Jahre 1948.)

Die ersten Versammlungen waren u.a. von folgenden Fragen bestimmt:

- Wie konnte der Verein im geteilten Deutschland weiterexistieren?
- Wie musste die Satzung geändert werden, um als Verein (wieder) zugelassen zu werden?
- Wie konnte man das Vereinsvermögen in Form von Guthaben, in Form der Burg Warberg und des landwirtschaftlichen Betriebes retten, wiederbekommen, für sich und seine Ziele nutzen?
- Wie konnte man die Mitglieder, wenigstens der Westzonen, wiedergewinnen?

Erst nach der Klärung dieser Fragen würde der Verein sein eigentliches Ziel, die Schulung des Landhandels, angehen können.

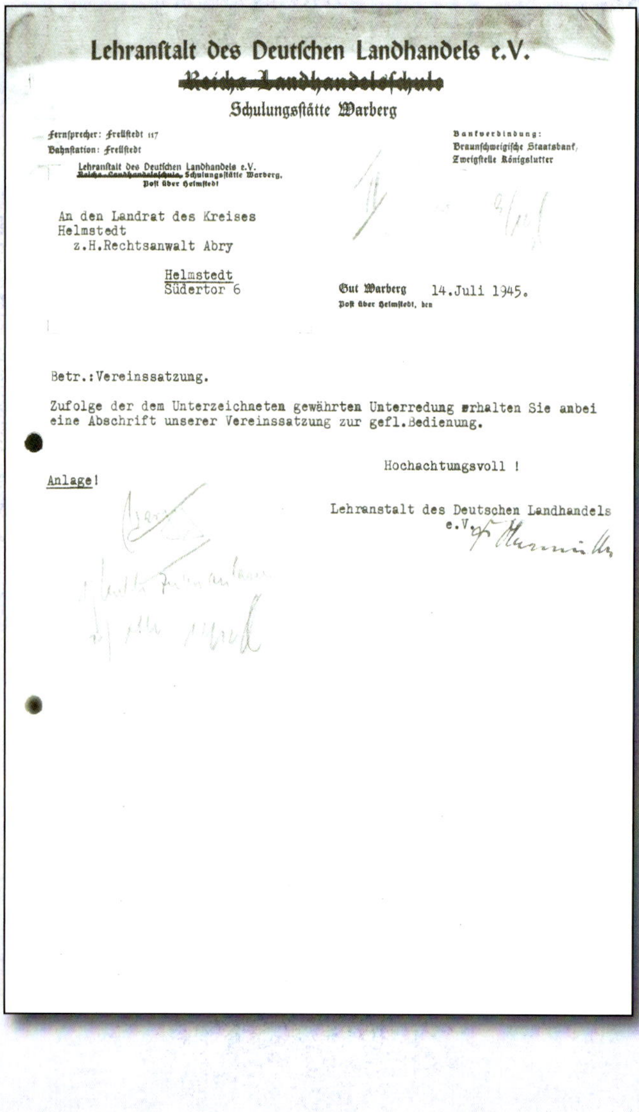

Lehranstalt des Deutschen Landhandels e.V.
~~Reichs-Landhandelsschule~~
Schulungsstätte Warberg

Fernsprecher: Frellstedt 117
Bahnstation: Frellstedt

Bankverbindung:
Braunschweigische Staatsbank,
Zweigstelle Königslutter

Lehranstalt des Deutschen Landhandels e.V.
~~Reichs-Landhandelsschule~~, Schulungsstätte Warberg,
Post über Helmstedt

An den Landrat des Kreises
Helmstedt
z.H.Rechtsanwalt Abry

Helmstedt
Südertor 6

Gut Warberg 14.Juli 1945.
Post über Helmstedt, den

Betr.:Vereinssatzung.

Zufolge der dem Unterzeichneten gewährten Unterredung erhalten Sie anbei eine Abschrift unserer Vereinssatzung zur gefl.Bedienung.

Hochachtungsvoll !

Anlage!

Lehranstalt des Deutschen Landhandels
e.V.

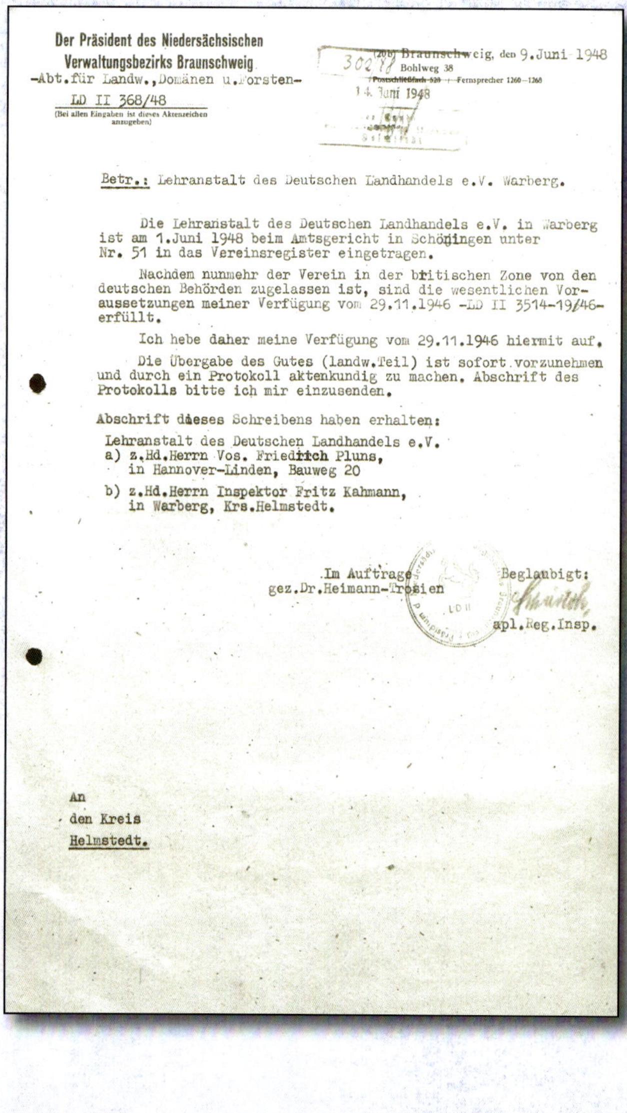

Der Präsident des Niedersächsischen
Verwaltungsbezirks Braunschweig
-Abt.für Landw.,Domänen u.Forsten-
LD II 368/48
(Bei allen Eingaben ist dieses Aktenzeichen anzugeben)

(20b) Braunschweig, den 9.Juni 1948
Bohlweg 38
Postschließfach 520 / Fernsprecher 1260–1268

14. Juni 1948

Betr.: Lehranstalt des Deutschen Landhandels e.V. Warberg.

Die Lehranstalt des Deutschen Landhandels e.V. in Warberg ist am 1.Juni 1948 beim Amtsgericht in Schöningen unter Nr. 51 in das Vereinsregister eingetragen.

Nachdem nunmehr der Verein in der britischen Zone von den deutschen Behörden zugelassen ist, sind die wesentlichen Voraussetzungen meiner Verfügung vom 29.11.1946 -LD II 3514-19/46- erfüllt.

Ich hebe daher meine Verfügung vom 29.11.1946 hiermit auf.

Die Übergabe des Gutes (landw.Teil) ist sofort vorzunehmen und durch ein Protokoll aktenkundig zu machen. Abschrift des Protokolls bitte ich mir einzusenden.

Abschrift dieses Schreibens haben erhalten:

Lehranstalt des Deutschen Landhandels e.V.
a) z.Hd.Herrn Vos. Friedrich Pluns,
in Hannover-Linden, Bauweg 20

b) z.Hd.Herrn Inspektor Fritz Kahmann,
in Warberg, Krs.Helmstedt.

Im Auftrage
gez.Dr.Heimann-Trosien

Beglaubigt:
apl.Reg.Insp.

An
den Kreis
Helmstedt.

Am 2. Juni 1946 konnte eine Versammlung als Verwaltungsrat eine neue Satzung beschließen, die völlig umgearbeitet und nach demokratischen Grundsätzen verfasst wurde. Einen Monat später wurde ein neuer Vorstand gewählt, mit dem Hannoveraner Kaufmann Friedrich Pluns als Vorsitzenden und seinen Stellvertretern Gustav Mammen, Carolinensiel, und Friedrich Hülzer, Köln, der dann aber sein Amt aus privaten Gründen doch nicht antrat.

Der Verein hieß „Lehranstalt des deutschen Landhandels e.V.", und während man in Warberg in der Zeit des raren Geschäftspapiers noch die alten Vorlagen mit der Aufschrift „Reichs-Landhandelsschule" schwärzte und den neuen Namen darübersetzte, zierte die neuen Mitgliedsausweise der Lehranstalt bald ein neues Logo, das zwei geschwungene Buchstaben „L" über drei Getreidehalme führte.

Die Überzeugungsarbeit gegenüber dem Braunschweigischen Staatsministerium konnte beginnen, so enthielt z.B. eines der ersten Schreiben (vom 3. Oktober 1946) an das Staatsministerium nicht weniger als fünf Anlagen, darunter die Abschrift der neuen Satzung des Vereins und die politischen Fragebögen des Vorsitzenden und seines Stellvertreters.

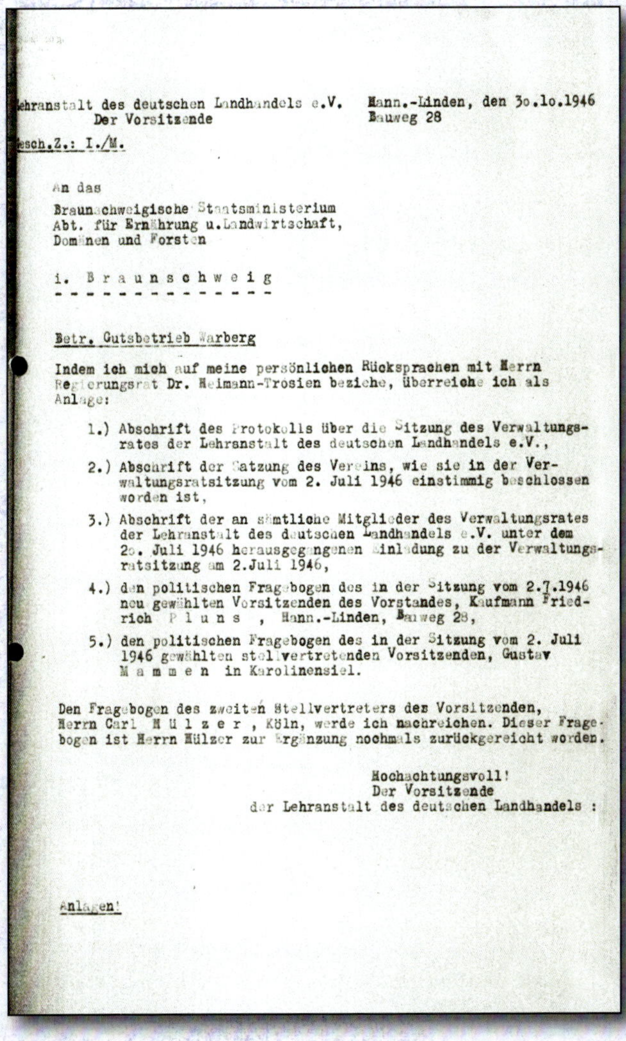

hranstalt des deutschen Landhandels e.V.
Der Vorsitzende

Hann.-Linden, den 3o.1o.1946
Bauweg 28

esch.Z.: I./M.

An das
Braunschweigische Staatsministerium
Abt. für Ernährung u.Landwirtschaft,
Domänen und Forsten

i. B r a u n s c h w e i g

Betr. Gutsbetrieb Warberg

Indem ich mich auf meine persönlichen Rücksprachen mit Herrn Regierungsrat Dr. Heimann-Trosien beziehe, überreiche ich als Anlage:

1.) Abschrift des Protokolls über die Sitzung des Verwaltungsrates der Lehranstalt des deutschen Landhandels e.V.,

2.) Abschrift der Satzung des Vereins, wie sie in der Verwaltungsratsitzung vom 2. Juli 1946 einstimmig beschlossen worden ist,

3.) Abschrift der an sämtliche Mitglieder des Verwaltungsrates der Lehranstalt des deutschen Landhandels e.V. unter dem 2o. Juli 1946 herausgegangenen Einladung zu der Verwaltungsratsitzung am 2.Juli 1946,

4.) den politischen Fragebogen des in der Sitzung vom 2.7.1946 neu gewählten Vorsitzenden des Vorstandes, Kaufmann Friedrich P l u n s , Hann.-Linden, Bauweg 28,

5.) den politischen Fragebogen des in der Sitzung vom 2. Juli 1946 gewählten stellvertretenden Vorsitzenden, Gustav M a m m e n in Karolinensiel.

Den Fragebogen des zweiten Stellvertreters des Vorsitzenden, Herrn Carl H ü l z e r , Köln, werde ich nachreichen. Dieser Fragebogen ist Herrn Hülzer zur Ergänzung nochmals zurückgereicht worden.

Hochachtungsvoll!
Der Vorsitzende
der Lehranstalt des deutschen Landhandels :

Anlagen!

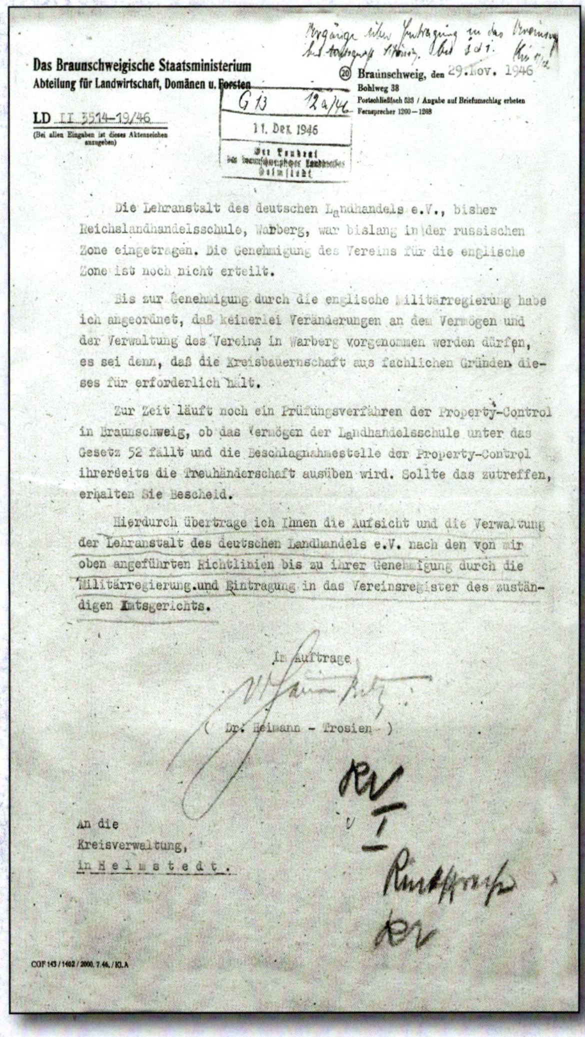

Das Braunschweigische Staatsministerium
Abteilung für Landwirtschaft, Domänen u. Forsten

(20) Braunschweig, den 29.Nov. 1946
Bohlweg 38
Postschließfach 528 / Angabe auf Briefumschlag erbeten
Fernsprecher 1260—1268

LD II 3514-19/46
(Bei allen Eingaben ist dieses Aktenzeichen anzugeben)

G 13 12a/46
11. Dez. 1946

Die Lehranstalt des deutschen Landhandels e.V., bisher Reichslandhandelsschule, Warberg, war bislang in der russischen Zone eingetragen. Die Genehmigung des Vereins für die englische Zone ist noch nicht erteilt.

Bis zur Genehmigung durch die englische Militärregierung habe ich angeordnet, daß keinerlei Veränderungen an dem Vermögen und der Verwaltung des Vereins in Warberg vorgenommen werden dürfen, es sei denn, daß die Kreisbauernschaft aus fachlichen Gründen dieses für erforderlich hält.

Zur Zeit läuft noch ein Prüfungsverfahren der Property-Control in Braunschweig, ob das Vermögen der Landhandelsschule unter das Gesetz 52 fällt und die Beschlagnahmestelle der Property-Control ihrerseits die Treuhänderschaft ausüben wird. Sollte das zutreffen, erhalten Sie Bescheid.

Hierdurch übertrage ich Ihnen die Aufsicht und die Verwaltung der Lehranstalt des deutschen Landhandels e.V. nach den von mir oben angeführten Richtlinien bis zu ihrer Genehmigung durch die Militärregierung.und Eintragung in das Vereinsregister des zuständigen Amtsgerichts.

Im Auftrage
(Dr. Heimann - Trosien)

An die
Kreisverwaltung,
in H e l m s t e d t .

COF 143 / 1402 / 2000. 7.46. / Kl.A

Die Burg, so wurde es dem neu gewählten Vorsitzende Friedrich Pluns zusammen mit seinem Rechtsanwalt Johannes Müller bald klar, würde man so schnell nicht wiederbekommen können. Zunächst konnte es nur darum gehen, als Voraussetzung dafür die Zulassung des Vereins zu erreichen, und überhaupt darum, die von den einstmals über 6.000 Mitgliedern die im Westen ansässigen wieder zu aktivieren.

Aus der dazu geführten umfangreichen Korrespondenz dieser Phase zwischen dem Verein und seinen Rechtsvertretern, der britischen Besatzungsmacht, dem Land Braunschweig und dem Kreis Helmstedt soll hier exemplarisch ein Brief des Braunschweigischen Staatsministeriums vom 29. November 1946 an die Kreisverwaltung in Helmstedt vorgestellt werden, das die Probleme des Vereins deutlich macht:

„An die Kreisverwaltung Helmstedt
Die Lehranstalt des deutschen Landhandels e.V., bisher Reichslandhandelsschule Warberg, war bislang in der russischen Zone eingetragen. Die Genehmigung des Vereins für die englische Zone ist noch nicht erteilt.
Bis zur Genehmigung durch die englische Militär-

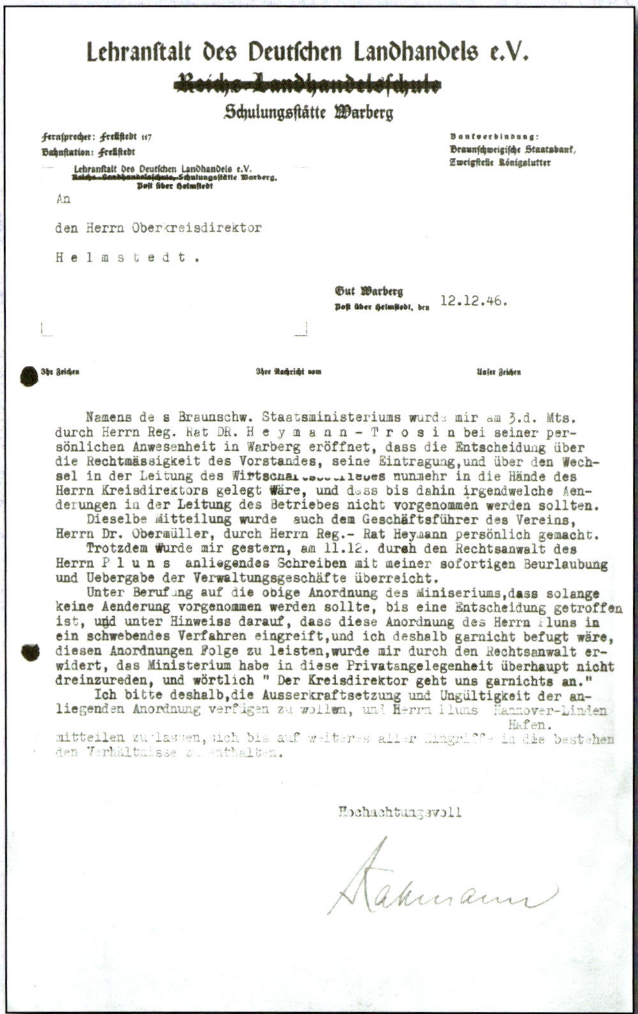
Lehranstalt des Deutschen Landhandels e.V.
~~Reichs-Landhandelsschule~~
Schulungsstätte Warberg

Fernsprecher: Frellstedt 117
Bahnstation: Frellstedt

Bankverbindung:
Braunschweigische Staatsbank,
Zweigstelle Königslutter

Lehranstalt des Deutschen Landhandels e.V.
~~Reichs-Landhandelsschule~~, Schulungsstätte Warberg,
Post über Helmstedt

An

den Herrn Oberkreisdirektor

H e l m s t e d t .

Gut Warberg
Post über Helmstedt, den 12.12.46.

Ihr Zeichen | Ihre Nachricht vom | Unser Zeichen

Namens de s Braunschw. Staatsministeriums wurde mir am 3.d. Mts. durch Herrn Reg. Rat DR. H e y m a n n - T r o s i n bei seiner persönlichen Anwesenheit in Warberg eröffnet, dass die Entscheidung über die Rechtmässigkeit des Vorstandes, seine Eintragung, und über den Wechsel in der Leitung des Wirtschaftsbetriebes nunmehr in die Hände des Herrn Kreisdirektors gelegt wäre, und dass bis dahin irgendwelche Aenderungen in der Leitung des Betriebes nicht vorgenommen werden sollten.
Dieselbe Mitteilung wurde auch dem Geschäftsführer des Vereins, Herrn Dr. Obermüller, durch Herrn Reg.- Rat Heymann persönlich gemacht.
Trotzdem wurde mir gestern, am 11.12. durch den Rechtsanwalt des Herrn P l u n s anliegendes Schreiben mit meiner sofortigen Beurlaubung und Uebergabe der Verwaltungsgeschäfte überreicht.
Unter Berufung auf die obige Anordnung des Miniseriums, dass solange keine Aenderung vorgenommen werden sollte, bis eine Entscheidung getroffen ist, und unter Hinweiss darauf, dass diese Anordnung des Herrn Pluns in ein schwebendes Verfahren eingreift, und ich deshalb garnicht befugt wäre, diesen Anordnungen Folge zu leisten, wurde mir durch den Rechtsanwalt erwidert, das Ministerium habe in diese Privatangelegenheit überhaupt nicht dreinzureden, und wörtlich " Der Kreisdirektor geht uns garnichts an."
Ich bitte deshalb, die Ausserkraftsetzung und Ungültigkeit der anliegenden Anordnung verfügen zu wollen, und Herrn Pluns Hannover-Linden Hafen. mitteilen zu lassen, sich bis auf weiteres aller Eingriffe in die bestehenden Verhältnisse zu enthalten.

Hochachtungsvoll

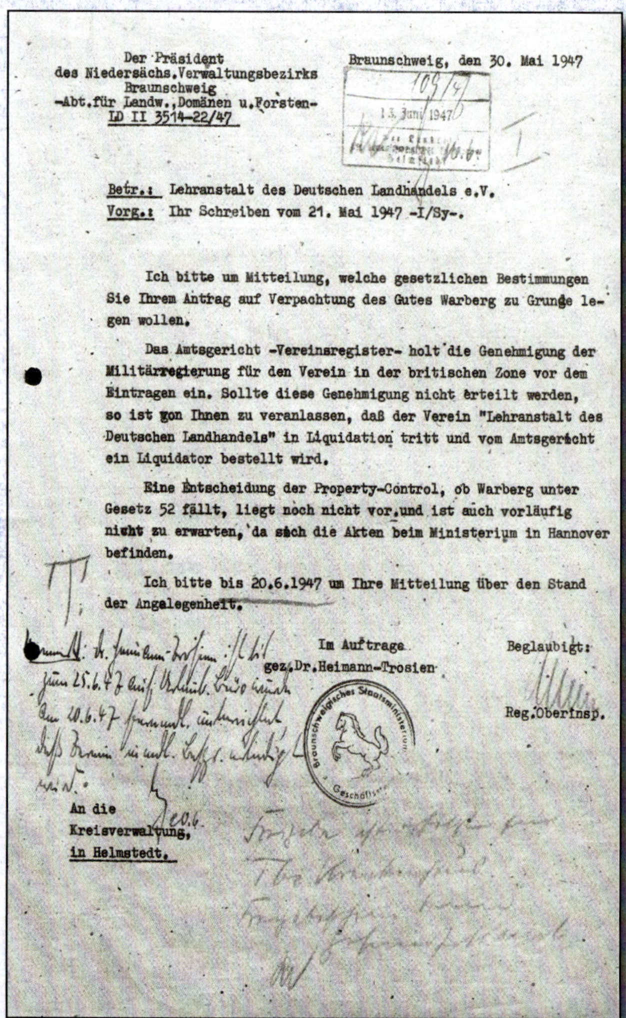
Der Präsident
des Niedersächs. Verwaltungsbezirks
Braunschweig
-Abt. für Landw., Domänen u. Forsten-
LD II 3514-22/47

Braunschweig, den 30. Mai 1947

13. Juni 1947

Betr.: Lehranstalt des Deutschen Landhandels e.V.
Vorg.: Ihr Schreiben vom 21. Mai 1947 -I/Sy-.

Ich bitte um Mitteilung, welche gesetzlichen Bestimmungen Sie Ihrem Antrag auf Verpachtung des Gutes Warberg zu Grunde legen wollen.

Das Amtsgericht -Vereinsregister- holt die Genehmigung der Militärregierung für den Verein in der britischen Zone vor dem Eintragen ein. Sollte diese Genehmigung nicht erteilt werden, so ist von Ihnen zu veranlassen, daß der Verein "Lehranstalt des Deutschen Landhandels" in Liquidation tritt und vom Amtsgericht ein Liquidator bestellt wird.

Eine Entscheidung der Property-Control, ob Warberg unter Gesetz 52 fällt, liegt noch nicht vor, und ist auch vorläufig nicht zu erwarten, da sich die Akten beim Ministerium in Hannover befinden.

Ich bitte bis 20.6.1947 um Ihre Mitteilung über den Stand der Angelegenheit.

Im Auftrage
gez. Dr. Heimann-Trosien

Beglaubigt:
Reg. Oberinsp.

Braunschweigisches Staatsministerium
Geschäftsstelle

An die
Kreisverwaltung,
in Helmstedt.

regierung habe ich angeordnet, daß keinerlei Veränderungen an dem Vermögen und der Verwaltung des Vereins in Warberg vorgenommen werden dürfen. Zur Zeit läuft noch ein Prüfungsverfahren der Property-Control in Braunschweig, ob das Vermögen der Landhandelsschule unter das Gesetz 52 fällt und die Beschlagnahmestelle ihrerseits die Treuhänderschaft ausüben wird.

Hiermit übertrage ich Ihnen die Aufsicht und die Verwaltung der Lehranstalt des dt. Landhandels e.V. nach den von mir oben angeführten Richtlinien bis zur Genehmigung durch die Militärregierung und Eintragung in das Vereinsregister des zuständigen Amtsgerichts."
Im Auftrage Dr. Heimann-Trosien
(Braunschweigisches Staatsministerium. Abt. für Landwirtschaft, Domänen u. Forsten)[6]

Eineinhalb Jahre nach Kriegsende war der Verein also noch nicht zugelassen, er hatte keinen Zugriff auf sein Vermögen, also auch nicht auf die Burg Warberg und den landwirtschaftlichen Betrieb, und der Verein musste zudem befürchten, sein Vermögen zu verlieren. (Immerhin war nun geklärt, dass Warberg nicht in der sowjetischen Zone lag.)

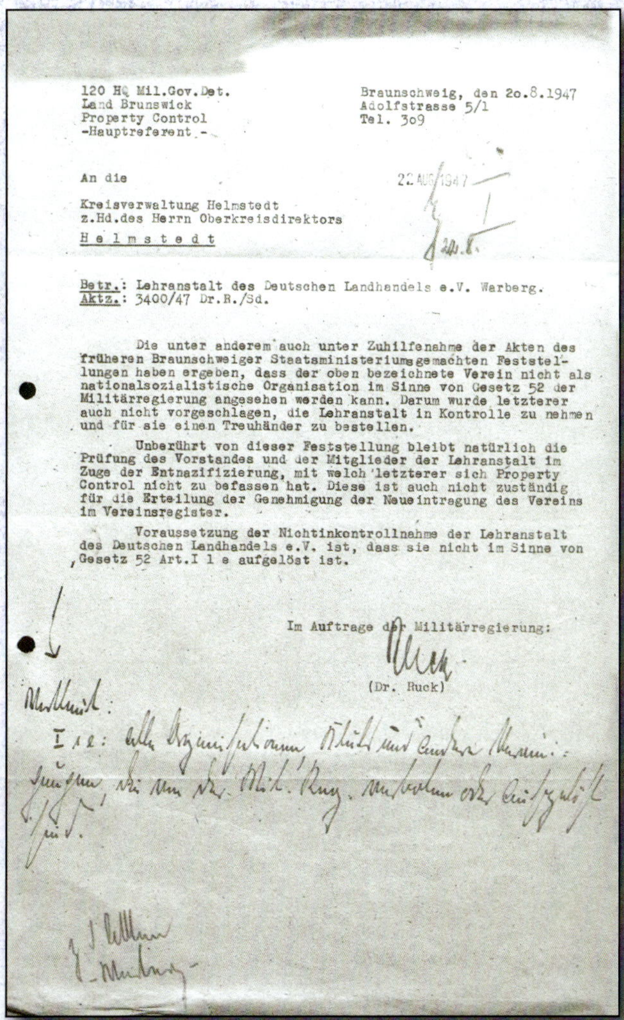
120 HQ Mil.Gov.Det.
Land Brunswick
Property Control
-Hauptreferent.-

Braunschweig, den 2o.8.1947
Adolfstrasse 5/1
Tel. 3o9

An die

Kreisverwaltung Helmstedt
z.Hd.des Herrn Oberkreisdirektors

H e l m s t e d t

22 AUG 1947

Betr.: Lehranstalt des Deutschen Landhandels e.V. Warberg.
Aktz.: 3400/47 Dr.R./Sd.

Die unter anderem auch unter Zuhilfenahme der Akten des früheren Braunschweiger Staatsministeriums gemachten Feststellungen haben ergeben, dass der oben bezeichnete Verein nicht als nationalsozialistische Organisation im Sinne von Gesetz 52 der Militärregierung angesehen werden kann. Darum wurde letzterer auch nicht vorgeschlagen, die Lehranstalt in Kontrolle zu nehmen und für sie einen Treuhänder zu bestellen.

Unberührt von dieser Feststellung bleibt natürlich die Prüfung des Vorstandes und der Mitglieder der Lehranstalt im Zuge der Entnazifizierung, mit welch letzterer sich Property Control nicht zu befassen hat. Diese ist auch nicht zuständig für die Erteilung der Genehmigung der Neueintragung des Vereins im Vereinsregister.

Voraussetzung der Nichtinkontrollnahme der Lehranstalt des Deutschen Landhandels e.V. ist, dass sie nicht im Sinne von Gesetz 52 Art.I 1 e aufgelöst ist.

Im Auftrage der Militärregierung:

(Dr. Ruck)

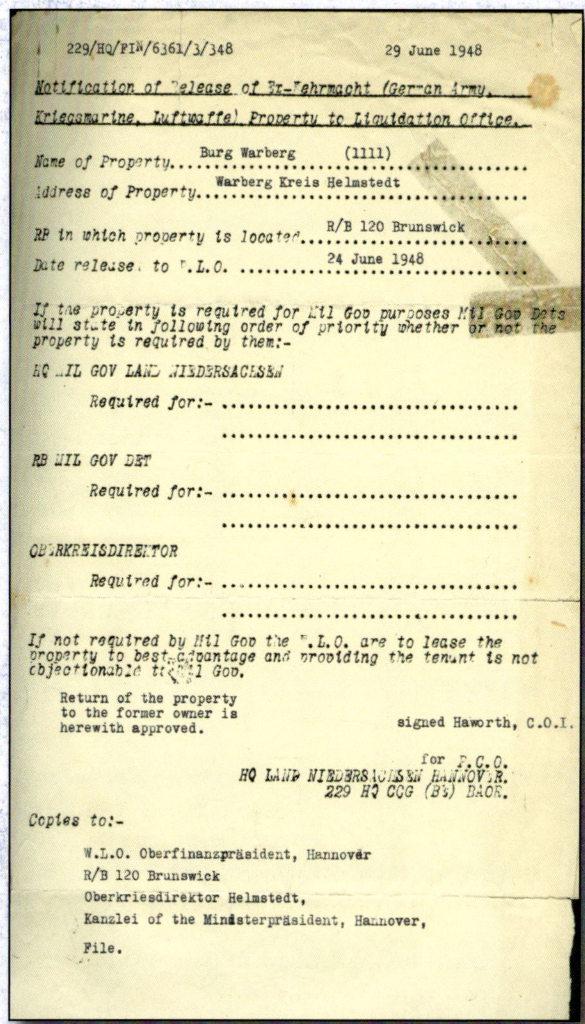
229/HQ/FIN/6361/3/348 29 June 1948

Notification of Release of Ex-Wehrmacht (German Army, Kriegsmarine, Luftwaffe) Property to Liquidation Office.

Name of Property........ Burg Warberg (1111)
Address of Property........ Warberg Kreis Helmstedt
RB in which property is located........ R/B 120 Brunswick
Date released to W.L.O. .... 24 June 1948

If the property is required for Mil Gov purposes Mil Gov Dets will state in following order of priority whether or not the property is required by them:-

HQ MIL GOV LAND NIEDERSACHSEN

Required for:- ....

RB MIL GOV DET

Required for:- ....

OBERKREISDIREKTOR

Required for:- ....

If not required by Mil Gov the W.L.O. are to lease the property to best advantage and providing the tenant is not objectionable to Mil Gov.

Return of the property to the former owner is herewith approved.

signed Haworth, C.O.I.

for F.C.O.
HQ LAND NIEDERSACHSEN HANNOVER.
229 HQ CCG (BE) BAOR.

Copies to:-

W.L.O. Oberfinanzpräsident, Hannover
R/B 120 Brunswick
Oberkriesdirektor Helmstedt,
Kanzlei of the Ministerpräsident, Hannover,
File.

Erfolge und Rückschläge

Mit neuer Satzung zur Anerkennung

LEHRANSTALT
DES DEUTSCHEN
LANDHANDELS E.V.
SITZ WARBERG

Der Vorsitzende Friedrich Pluns agierte auf verschiedenen Feldern und Ebenen, um die Dinge für den Verein voranzubringen. Seine unermüdlichen Anstrengungen zahlten sich aus, in einem vierseitigen eng beschriebenen Brief vom Ende des Jahres 1948 kann er die ansatzweise erfolgreiche Entwicklung des Vereins darstellen. Es ist über dreieinhalb Jahre nach Kriegsende der erste Brief an die (ehemaligen) Mitglieder, wofür er um Verständnis bittet: „Unser Schweigen hatte aber auch Gründe. Wir wollten nämlich erst dann an unsere Mitglieder herantreten, wenn wir Ihnen etwas von dem Erfolg unserer in den letzten Jahren geleisteten Arbeit berichten konnten."[7]

Friedrich Pluns berichtet dann ausführlich von den Bemühungen, zunächst die Handlungsfreiheit des Vereins wiederzugewinnen. Zu der neuen Satzung des Vereins führt er auch aus, dass hier den Mitgliedern in Form des neuen Organs der Delegiertenversammlung „das Schwergewicht der Beschlußfassung" übertragen wurde. „Die Satzung wurde völlig umgearbeitet und in ihrer Neufassung demokratischen Grundsätzen angepaßt." Nachdem er den Mitgliedern den neuen Vorstand vorgestellt hat, beschreibt er die zahlreichen Aktivitäten des Vorstands, währenddessen „ein wahres Kesseltreiben" gegen den Verein einsetzte.

Er stellt dann zusammenfassend dar, was die vorhandenen Quellen tatsächlich nicht als Übertreibung bestätigen:

„Es hat langwieriger Kämpfe und unzähliger Verhandlungen unter Erstattung verschiedener Rechtsgutachten bedurft, um diese Angriffe abzuschlagen. Es ist wirklich in keiner Weise übertrieben, wenn wir in diesem Zusammenhang bemerken, daß der neu gewählte Vorsitzende wie auch der von ihm beauftragte Rechtsanwalt Johannes Müller, Hannover, mehr als hundertmal bei der Militärregierung in Hannover, Braunschweig, Helmstedt und Wolfenbüttel, bei der Regierung in Braunschweig, bei dem Oberfinanzpräsidenten in Hannover, beim Landratsamt in Helmstedt, beim Gesundheitsamt in Helmstedt, beim Amtsgericht in Schöningen u.a.m. vorstellig geworden sind."

Aber der Verein kann nun auch mitteilen, dass diese Bemühungen von zwei wesentlichen Erfolgen gekrönt wurden:

1. Der Verein war als „Lehranstalt des deutschen Landhandels e.V." offiziell zugelassen worden, indem vorher die Änderung der Satzung und die neuen Vorstandsmitglieder beim bisher zuständigen Amtsgericht Berlin eingetragen worden waren und die „Lehranstalt des deutschen Landhandels e.V." dann am 1. Juni 1948 in das Vereinsregister beim Amtsgericht Schöningen eingetragen wurde.
2. Die Militärregierung hatte sich am 29. Juni 1948 mit der Rückgabe der Burg an die bisherigen Eigentümer einverstanden erklärt und die Burg dem „zuständigen Oberfinanzpräsidenten zum Zwecke der Rückgabe an die Lehranstalt freigegeben".

Bei den Verhandlungen, Gutachten und Prozessen spielte eine Rolle, dass der Verein sich auch strukturell und personell neu aufgestellt hatte und dass der Besitz von Mitgliedern und nicht von dem Staat aufgebracht worden war. Auch mit dem aufkommenden Ost-West-Konflikt veränderte sich die politische Lage in der Weise, dass wegen der neuen Ausrichtung nun bei der Aufarbeitung der Vergangenheit allgemein großzügiger im Sinne der Betroffenen verfahren wurde.

Im selben Brief musste allerdings auch schon der nächste Rückschlag für den Verein vermittelt werden. Zwar wurde am 18. Oktober 1948 ein Einspruch des Niedersächsischen Innenministeriums gegen die letzte Entscheidung abgelehnt, „an demselben Tage erhielt jedoch der Verein einen Beschlagnahmebescheid des Landkreises Helmstedt zugestellt, mit welchem der Landkreis die Burg Warberg für die Errichtung eines Tuberkulose-Krankenhauses nunmehr auf Grund der Bestimmungen des Reichsleistungsgesetzes in Verbindung mit der Verordnung 165 der Militärregierung beschlagnahmt hat."

Diese ungeklärte Situation um die Burg bis zur wirklichen Nutzung als Schulungsstätte und die Frage nach Alternativen sollte den Verein nun noch sechs weitere Jahre beschäftigen.

Natürlich kündigte man an, gegen den Kreis Helmstedt vorzugehen, musste aber bald darauf einem Vergleich des Verwaltungsgerichts zustimmen, der einerseits dem Kreis Helmstedt „die Verpachtung der Burg auf unbestimmte Dauer für TBC-Zwecke" einräumte und andererseits dem Verein ab November 1948 eine Mietentschädigung von

Sehr geehrtes Vereinsmitglied!

Lange Zeit hat der Verein nichts von sich hören lassen. Sie werden sich hierüber schon gewundert haben. Unser Schweigen hatte aber auch Gründe. Wir wollten nämlich erst dann an unsere Mitglieder herantreten, wenn wir Ihnen etwas von dem Erfolg unserer in den letzten Jahren geleisteten Arbeit berichten konnten.

Wie Ihnen vielleicht noch erinnerlich ist, wurde die Geschäftsstelle unseres Vereins in Berlin, Dessauer Str. 27, Anfang 1945 durch Bombenschaden zerstört. Die wichtigsten Unterlagen des

Wir können Ihnen heute mitteilen, daß der Verein am 1. Juni 1948 in das Vereinsregister des Amtsgerichts Schöningen eingetragen worden ist, nachdem bereits vorher die Änderung der Satzung und die neuen Vorstandsmitglieder in das Vereinsregister des bisher zuständigen Amtsgerichts Berlin eingetragen worden waren, und daß inzwischen auch die oben erwähnte Verfügung, mit welcher das Braunschweigische Staatsministerium die Verwaltung des Vereinsvermögens der Kreisverwaltung in Helmstedt übertragen hatte, wieder aufgehoben worden ist.

Darüber hinaus hat sich die Militärregierung unter dem 29. Juni 1948 mit der Rückgabe der Burg an den bisherigen Eigentümer einverstanden erklärt und die Burg dem zuständigen Herrn Oberfinanzpräsidenten zum Zwecke der Rückgabe an die Lehranstalt freigegeben

außerordentlich schlecht gewirtschaftet hat. Dies gilt insbesondere hinsichtlich der Instandhaltung der Wirtschaftsgebäude, der Geräte und des Nutzviehes.

Zur Fortführung des Kampfes um die Erhaltung seiner Vermögenswerte, insbesondere zur Durchführung des Einspruches gegen den Beschlagnahmebescheid und zur Durchführung der Klage im Verwaltungsstreitverfahren hat der Verein die Zuführung frischer Geldmittel dringend nötig.

Wir glauben, daß sich nicht zuletzt im Hinblick auf die bereits erzielten Erfolge die Fort-

schaften notwendig sein.

Wir glauben deshalb, daß die auf Warberg durchzuführenden Lehrgänge für den gesamten Land- und landwirtschaftlichen Großhandel ein wirksames Mittel in dem Kampf um die Sicherung seiner Existenz und die Anerkennung seiner Leistungen sein werden.

Die Eröffnung der Lehranstalt und die laufende Durchführung der Lehrgänge würde darüber

deutschen Landhandels" ausmacht.

Wir wären Ihnen besonders dankbar, wenn Sie Ihre Bereitwilligkeit zu einer weiteren Mitarbeit an unseren auch jedem einzelnen Mitgliedsbetrieb nützenden Aufgaben durch baldmöglichste Überweisung des Beitrages von DM. 20.— auf eines unserer im Briefkopf bezeichneten Konten und eine großherzige Bemessung Ihrer Spende zum Ausdruck bringen würden.

Für heute begrüßen wir Sie

mit kollegialer Hochachtung!

Lehranstalt des deutschen Landhandels e.V.

Friedrich Pluns
Vorsitzender

Gustav Mammen
stellv. Vorsitzender

1.500 DM einbrachte sowie die Verpflichtung des Kreises, „die Burg sofort freizugeben, wenn irgend eine andere Unterbringungsmöglichkeit vorhanden ist".[8]
Ebenso war es gelungen, eine „angemessene Entschädigung" für die Zeit davor zu erhalten, als die Burg als „Ausländerlazarett" und „DP-Lager" genutzt wurde.
Natürlich wollte der Verein „Burg Warberg so schnell wie möglich ihrem Bestimmungszweck zuführen". Für den Fall, dass das sich noch länger hinziehen würde, bestand 1949 zunächst die Vorstellung, „den Unterrichtsbetrieb in behelfsmäßigen, aber würdigen Unterkünften aufzunehmen, wozu „ansprechende" Barracken auf dem Gutsgelände errichtet werden sollten. Aus naheliegenden Gründen – Unterbringung und Schulung direkt neben oder gar im Kontakt mit einem Heim mit hoher Ansteckungsgefahr – organisierte man sog. Wanderlehrgänge, über die nun berichtet wird. Wie die höchst spannende Vereinsgeschichte weiterging, wird im Anschluss daran dargestellt.

Die Wanderlehrgänge

Der Verein kommt zum Landhandel vor Ort

Der Gedanke, die Schulung des Landhandels endlich zu beginnen, war stark.
Wanderlehrgänge bietet auch der Deutsche Alpenverein an. Bei dem hier verwendeten Begriff, der bereits in der Zeit der Reichs-Landhandelsschule verwendet wurde, geht es allerdings nicht darum, das Wandern zu erlernen. Vielmehr sollte er im Zusammenhang der Lehranstalt des deutschen Landhandels Folgendes zum Ausdruck bringen:
Wenn ihr nicht zum Lehrgang zu uns kommen könnt, weil unser Bildungszentrum, die Burg, uns nicht zur Verfügung steht, dann kommen wir zu euch, gehen auf Wanderschaft durch Westdeutschland und bringen euch an verschiedenen Orten in Westdeutschland den Landhandel näher.
Nach diesem Prinzip entschloss sich der Verein „Lehranstalt des deutschen Landhandels e.V." sechswöchige bzw. dreiwöchige „Wanderlehrgänge" durchzuführen. So konnte man mit der Schulungsarbeit wenigstens beginnen, zumal in der Aufbauphase der Bundesrepublik die (erweiterte) Ausbildung im Landhandel dringlicher denn je erschien.[9]
Der Beschluss dazu wurde auf der Delegiertentagung des Vereins am 25. Juni 1949 in Burg Warberg gefasst. Angesichts der gerade erfolgten Beschlagnahmung der Burg durch den Kreis Helmstedt heißt es: „Die Tagungsteilnehmer waren sich einig darüber, daß diese Beschlagnahme kein Grund dafür sein dürfe, den Beginn der Schulungsarbeit noch weiter hinauszuschieben. Es wurde deshalb der einstimmige Beschluß gefaßt, bis zur endgültigen Schaffung einer eigenen Schulungsstätte die Lehrgänge im Umgang in den einzelnen Ländern abzuhalten."[10]
Gleichzeitig wurde der neue Geschäftsführer des Vereins, Dipl.-Berufsschullehrer Werner Jürgens, beauftragt, einen „Lehrplan" dafür auszuarbeiten.

Der Inhalt der (ersten) Wanderlehrgänge lässt sich aus einer erhaltenen ausführlichen Themenübersicht des Jahres 1949 erkennen bzw. ableiten. Der Stoffplan gliederte sich in zwei Bereiche, einen kaufmännischen Teil mit fünf Themen von „Buchführung und Bilanz" bis zu „Vorschriftenlehre" und einen „Fachtechnischen Teil", zu dem die folgenden landwirtschaftlichen Themen gehörten:

- Bodenkunde, Saatgutkunde, Pflanzenzüchtung, Sortenwesen
- Pflanzenernährung und Düngung
- Tierernährung und Fütterung
- pflanzliche und tierische Schädlinge und ihre Bekämpfung in Landwirtschaft und Gartenbau
- landwirtschaftliche Maschinen und Gerätekunde, Arbeitskunde

In Verbindung mit den Lehrgängen wurde Ende 1949 vom Alfred Strothe Verlag auch eine „ED-Schriftenreihe zur Nachwuchsschulung" mit (zunächst) zehn Titeln angekün-

Wanderlehrgänge der Lehranstalt des deutschen Landhandels e.V.[11]

Ort	Zeit
Triesdorf bei Ansbach / Bayern	08.08. – 15.09.1949
Buoch bei Stuttgart / Württemberg	15.11. – 22.12.1949
Bilstein im Sauerland / Westfalen	23.01. – 02.03.1950
Hatzenport an der Mosel / Rheinland-Pfalz	18.04. – 25.05.1950
Dangast bei Varel / Weser-Ems	18.07. – 24.08.1950
Oberau bei Berchtesgaden / Bayern	1951
Hatzenport an der Mosel / Rheinland-Pfalz	1951
Karlshafen an der Weser / Hessen	1951
Bernhausen a. d. Fildern / Baden-Württemberg	nicht bekannt
Triesdorf bei Ansbach / Bayern	1954
Maderhalm im Allgäu / Bayern	1954
Triesdorf bei Ansbach / Bayern (Planung belegt)	1954
Hennef, Nordrhein-Westfalen	1954/55
Rhöndorf, Nordrhein-Wetfalen	1955

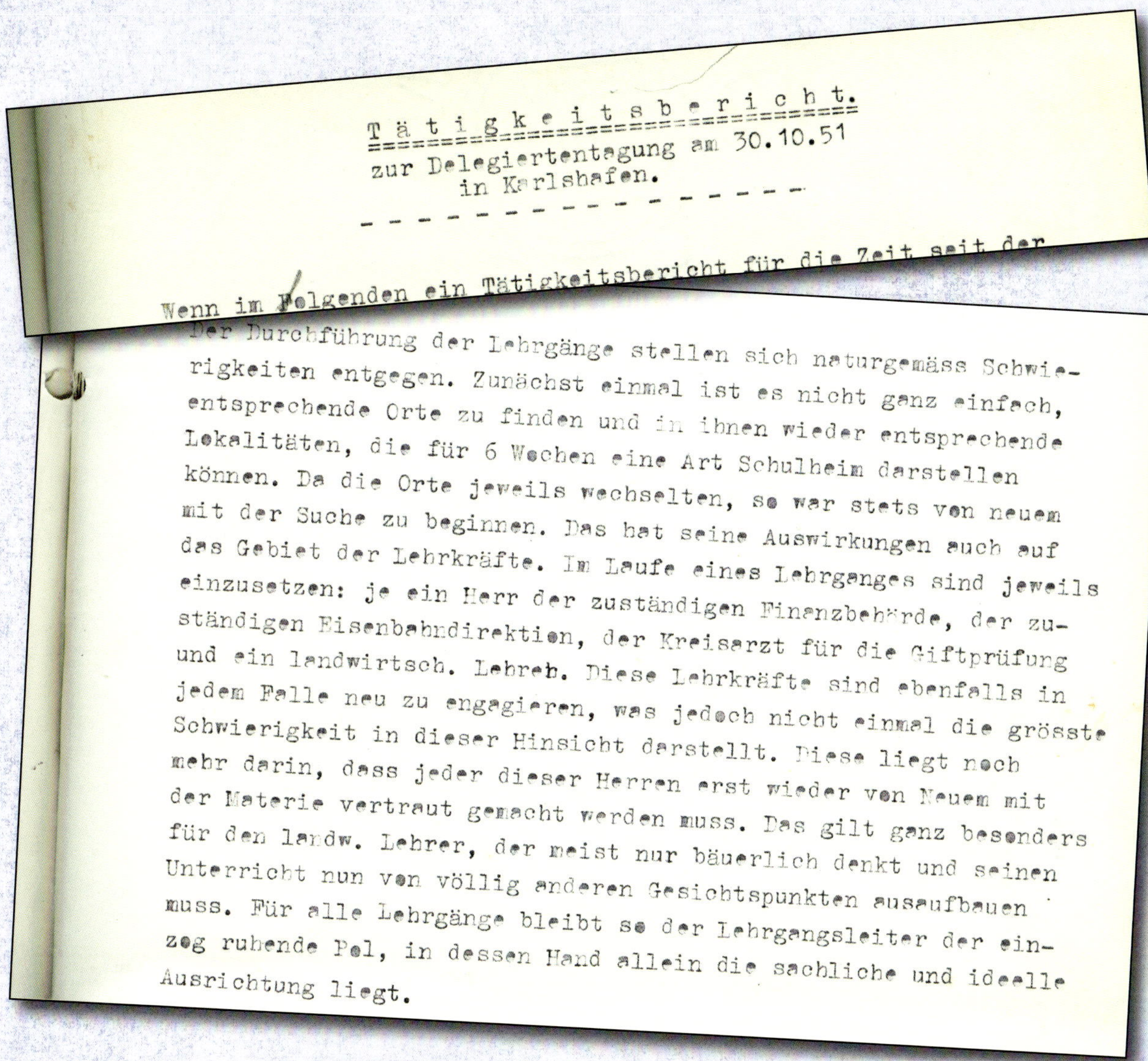

Tätigkeitsbericht.
zur Delegiertentagung am 30.10.51
in Karlshafen.

Wenn im Folgenden ein Tätigkeitsbericht für die Zeit seit der

Der Durchführung der Lehrgänge stellen sich naturgemäss Schwierigkeiten entgegen. Zunächst einmal ist es nicht ganz einfach, entsprechende Orte zu finden und in ihnen wieder entsprechende Lokalitäten, die für 6 Wochen eine Art Schulheim darstellen können. Da die Orte jeweils wechselten, so war stets von neuem mit der Suche zu beginnen. Das hat seine Auswirkungen auch auf das Gebiet der Lehrkräfte. Im Laufe eines Lehrganges sind jeweils einzusetzen: je ein Herr der zuständigen Finanzbehörde, der zuständigen Eisenbahndirektion, der Kreisarzt für die Giftprüfung und ein landwirtsch. Lehrer. Diese Lehrkräfte sind ebenfalls in jedem Falle neu zu engagieren, was jedoch nicht einmal die grösste Schwierigkeit in dieser Hinsicht darstellt. Diese liegt noch mehr darin, dass jeder dieser Herren erst wieder von Neuem mit der Materie vertraut gemacht werden muss. Das gilt ganz besonders für den landw. Lehrer, der meist nur bäuerlich denkt und seinen Unterricht nun von völlig anderen Gesichtspunkten aufbauen muss. Für alle Lehrgänge bleibt so der Lehrgangsleiter der einzig ruhende Pol, in dessen Hand allein die sachliche und ideelle Ausrichtung liegt.

Von den Schwierigkeiten, die mit den Wanderlehrgängen verbunden waren, berichtet der Ausschnitt aus dem Protokoll des Tätigkeitsberichts der Delegiertentagung vom 30.10.1951 in Karlshafen.[12]

digt, die als Grundlage für den Unterricht in den Lehrgängen und zur weiteren Fortbildung bereits beworben wurden.[13]

Unter der Leitung des Geschäftsführers Werner Jürgens fanden zwischen 1949 und 1954 zwölf Lehrgänge statt, zwei weitere wurden durch den späteren Geschäftsführer der BLA, Dr. Otheinrich Schulze, im Winter 1954/55 durchgeführt.

Natürlich fiel dieser Schulungsbeginn im Ein-Mann-Betrieb, bei dem jeweils auch Dozenten vor Ort hinzugezogen wurden, recht bescheiden aus. Das zeigte sich auch daran, dass nach dem Ausscheiden von Werner Jürgens der Lehrgangsbetrieb für einige Zeit verwaiste, bis er durch Dr. Otheinrich Schulze noch einmal kurz aufgenommen wurde.

In der Nachbetrachtung erscheint die Bedeutung dieser Wanderlehrgänge nicht nur auf der berufsfachlichen Schulungsebene von einer gewissen Bedeutung, die 1960 so gewürdigt wurde:

„Diese Lehrgänge verhalfen immerhin einigen hundert Lehrlingen und Jungkaufleuten des Landhandels zu einer für die Umstände recht beachtlichen, dankbar begrüßten und anerkannten Verbesserung ihrer Grund- und Branchenkenntnisse, die naturgemäß durch die Zeitumstände besonders eingeschränkt waren."[14]

Darüber hinaus entwickelte sich besonders bei ehemaligen Kursteilnehmern – neben den Vereinsmitgliedern – die Forderung, die Schulungsarbeit fortzuführen und dafür endlich die Burg Warberg wiederzugewinnen und entsprechend auszubauen. Wir werden sehen, wie dieser Impuls der ehemaligen Kursteilnehmer, der jungen Landwarenkaufleute, schon 1951 in eine rege und letztlich erfolgreiche Aktivität fortgeführt wurde.

Wenn man nun nach Warberg und auf den Verein blickt, zeichnen sich in der ersten Hälfte der 50er Jahre zwei Stränge ab, die nun nacheinander dargestellt werden sollen:

zum einen die Nutzung der Burg als TBC-Heim, und zum andern die turbulente Vereinsgeschichte, bei der sogar die Existenz der Burg als Schulungsstätte infrage gestellt wurde.

Erneuter Tiefschlag

Die Burg wird Tuberkulose-Heim

Bevor das Tbc-Krankenhaus für den Kreis Helmstedt auf der Burg in Betrieb genommen werden konnte, waren zahlreiche Reparatur- und Umbaumaßnahmen erforderlich.

Die Warberger Bevölkerung stand dem Vorhaben, in unmittelbarer Nähe ihres Ortes mit der ansteckenden und lebensbedrohlichen Krankheit konfrontiert zu werden, skeptisch oder ablehnend gegenüber. In einer einstimmigen „Entschließung" nach einer Protestkundgebung der gesamten Einwohnerschaft richtet sich die Gemeinde mit ihren Sorgen am 7. März 1948 an den Niedersächsischen Landtag.[15]

Die Verbreitung von Tuberkulose in dieser Zeit bestand nicht zufällig. Unzureichende Ernährung (bei real gesunkenen Einkommen und dem Verfall der Währung vor der Währungsreform), dazu ein Mangel an Heizmaterial und Bekleidung und die desolaten Wohnverhältnisse führten zu einer erheblichen Zunahme von Infektionskrankheiten, sodass sich auch Tuberkulose in allen Besatzungszonen verstärkt verbreitet hatte.[16]

Auch der Bedarf für dieses Tbc-Heim war durch die Mangelsituation der Nachkriegszeit entstanden.

Um die Ansteckungsgefahr für die Bewohner des Dorfes zu vermindern, wurde unter großem Kostenaufwand nicht nur ein neuer Brunnen gebohrt, sondern es wurden die Abwässer durch eine neue Klärgrube und dann in einem separaten Graben um das Dorf herumgeleitet.

Der Kreis Helmstedt investierte kräftig, 70.000 Reichsmark vor der Währungsreform und etwa 120.000 DM waren für die Zeit nach der Einführung der D-Mark geplant, es bestand nach der Aufgabe des DP-Camps erheblicher Sanierungsbedarf. Es „mußte zunächst einmal gründlich die Installation überholt werden, allein 90 Prozent der Anlagen waren zerstört. Über 25 Kiliometer Lichtleitungen wurden neu verlegt und 65 qm Fenster verglast."[17]

Als die Burg, als Heilanstalt renoviert, ergänzt um eine große Liegehalle hinter der Burg, ausgestattet mit moderner medizinischer Einrichtung, in Betrieb genommen werden konnte und die 80, später 120 Betten belegt waren, stellten sich bald gute Heilerfolge ein. Bis zur Auflösung des Tbc-Krankenhauses im Jahr 1954 waren 1.300 Kranke hier aufgenommen worden, und die letzten 80 kranken Personen wurden auf andere Krankenhäuser verteilt.

Wie sich die Lehranstalt des deutschen Landhandels schließlich mit dem Kreis Helmstedt einigte, ist nur ein Teil der nun folgenden turbulenten Vereinsgeschichte der frühen 50er Jahre.

Burg Warberg wird Tbc-Krankenhaus

Sinn und Zweck eines Besuches der Burg Warberg durch Vertreter des Kreistages und der Kreisverwaltung [illegible] sich an Ort und Stelle von dem Fortschritt der Ausbauarbeiten zu überzeugen. Seit ungefähr vier Monaten [illegible] hier die Handwerker — Maurer, Installateure, Maler — an dem Umbau der Burg zum Tbc-Krankenhaus des K[illegible] Helmstedt. Bis zum 15. September sollen diese Arbeiten beendet sein. Zunächst ist an die Aufnahme von 80 Pat[illegible] gedacht, später soll die Zahl auf 120 erhöht werden.

26. 8. 48

Ueber die Vorgeschichte der Burg bis zur Errichtung des Tbc-Krankenhauses ist zu berichten, daß die Domäne Warberg 1936 aufgesiedelt und das Restgut von 400 Morgen und das Herrschaftshaus von dem Reichs-Landhandelsschulverein Berlin aufgekauft wurden. Etwa 800 000 Mark wandte diese Gesellschaft für den Ausbau des Herrschaftshauses und für Neubauten auf. 1941 beendete die Wehrmacht diese Arbeiten und richtete eine Abteilung des Reserve-Lazaretts Helmstedt für 300 bis 400 Patienten in der Burg ein. Nach Beendigung des Krieges fanden zunächst Fremdarbeiter, später ein DP-Lazarett Aufnahme. Seit August 1947 war die Burg nicht mehr belegt. Verhandlungen der Kreisverwaltung mit den Regierungsstellen in Braunschweig und Hannover führten zu [...] Ausbau veranschlagt. Für die Wasserversorgung des zukünftigen Krankenhauses mußte ein neuer Brunnen gebohrt werden, da die Wassermenge, die sonst aus einer Quelle entnommen wurde, für den Gesamtbedarf nicht ausreicht. Be- und Entwässerung machten allein die Ausgabe von 56 000 D-Mark erforderlich. Die Abwässer werden jetzt durch eine neuangelegte Klärgrube geleitet, so daß das Wasser nicht mehr in die vor der Burg liegende Pferdeschwemme abfließen kann. Sie werden in einem besonderen Abflußgraben um das Dorf herumgeleitet.

Mit der Errichtung des Tbc-Krankenhauses in Warberg wird die Tuberkulose-Station in Langeleben geräumt und wieder als Kinderheim eingerichtet. Die ursprüngliche Burg Warberg, die unter

Sackgassen und neue Wege

Der Verein ringt um seinen Standort

Da der Vorsitz des Vereins ehrenamtlich geführt wurde und Warberg nicht zur Verfügung stand, erscheint es sogar vernünftig, dass die Geschäftsstelle des Vereins nach Berlin, vorübergehend Warberg und Hannover nun ihren vierten Ort in München fand, dem Ort des neu gewählten Vorsitzenden Georg Mack.
Für den am 25. Mai 1949 neu gewählten Vorstand mit dem Vorsitzenden Georg Mack, Leiter der Lagerland und Mitglied des Bayerischen Landtages, eröffneten sich die unterschiedlichsten Arbeitsfelder, von denen hier nicht alle vorgestellt werden können.
Da klagten zum Beispiel die ehemaligen Berliner Mitarbeiter der Geschäftsstelle, der Dozent Dr. Hermann Krause und eine Angestellte auf Fortführung ihrer Bezüge, da ihnen nicht gekündigt worden wäre. Der Streit um die (auch personelle) Führung des Restgutes wird bei der Darstellung des landwirtschaftlichen Betriebs der BLA berücksichtigt. Ein Dauerthema, besonders in dieser Phase des Vereins, stellte die Frage dar, wie die Mitglieder angesprochen und wieder zu gewinnen wären und wie auf ausbleibende Mitgliedsbeiträge zu reagieren sei. Mitglieder, Finanzen und Beiträge, das wird später auch als eigenes Thema vorgestellt.[18]

Für diesen Zeitraum standen für den Verein zwei noch wichtigere Fragen im Vordergrund:

- Wo sollte angesichts der „besetzten" Burg Warberg das Schulungszentrum sein – Ausharren bis zum Tag X oder anderswo eine zentralere, städtische, regierungsnahe Alternative suchen und dort tatsächlich beginnen können?
- Ebenso stand damit verknüpft zur Diskussion, wie und auf welchem Niveau die Schulung des Landhandels anzusetzen sei, nämlich auf praktisch orientierter Lehrlingsebene oder eher auf Universitätsniveau.

Um diese zentralen Fragen wurde intensiv und kontrovers gerungen. Aus dem ganzen Konvolut der Aktivitäten filtern sich zwei bezeichnende und entscheidende Ereignisse heraus, nämlich die Vorstandssitzung am 29. Oktober 1951 in Karlshafen an der Weser und die Delegiertenversammlung am 9. Juli 1953 in München.[19]
In dem Protokoll aus Karlshafen 1951 wird deutlich, dass der Vorsitzende Georg Mack die Standortfrage vorsichtig anspricht, es sei von Gerüchten die Rede, die eine eventuelle Verlagerung der geplanten Schule von Warburg weg beinhalten. Es sei nach dem Protokoll dieser Sitzung unter verschiedenen Gesichtspunkten tatsächlich „zu überlegen, ob nicht in Bonn, wo sich die beste landw. Fakultät befindet, eine Schulungsmöglichkeit zu finden wäre. Damit wäre auch die schwierige Personalfrage gelöst, da dort entsprechende Fachlehrkräfte zur Verfügung gestellt werden könnten, was bereits zugesagt wäre, und zwar ohne Vergütung.

Aus den Ausführungen ergeben sich folgende Vorschläge:
1. Die Lehranstalt ist in Bonn anzusiedeln.
2. Die Kurse wie bisher weiterführen, aber mit Bildung von zwei (örtlichen, M.R.) Schwerpunkten die eine Planung auf längere Sicht möglich machen.
3. Die Erwachsenenbildung im Einvernehmen mit den Verbänden in die Vereinsarbeit zusätzlich aufnehmen."

In der sich anschließenden Debatte des Vorstands wird auch zu bedenken gegeben, dass die universitäre Ausrichtung eine Überforderung der jungen Landhändler darstellen könnte (Vorstandsmitglied Köhler), Geschäftsführer Werner Jürgens aus Warberg und Friedrich Pluns problematisierten die Kosten, und Senior Gustav Mammen plädierte noch dafür, dass Burg und Gut in jedem Falle zu erhalten seien.
Es folgen dann aber nach dem Protokoll jeweils einstimmige Beschlüsse zur Fortführung der ehemaligen Wanderlehrgänge an zwei bis drei festen Orten und zur Entwicklung von anspruchsvolleren Aufbaukursen. Und dann heißt es wörtlich:
„Das Endziel der jetzt einsetzenden Arbeit sei die Schaffung einer repräsentativen Sache in Bonn. Dazu stellt Herr Rautenschlein, der inzwischen als Gast eingetroffen ist, den Antrag: Die Lehranstalt soll den Zentralverband veranlassen, Pläne für ein repräsentatives Haus des deutschen Landhandels in Bonn zu machen, in dem auch die Lehranstalt selbst unterzubringen wäre. Die Lehranstalt selbst wolle sich an der Mittelbeschaffung beteiligen und Träger des Unternehmens sein.
Dieser Antrag fand einstimmige Annahme."

In weiteren Vorstandssitzungen der Jahre 1952 und 1953 bleibt die Standortthematik und die Ausrichtung der Schulungsstätte ein viel diskutiertes Thema. Zuweilen wird auch eine Anbindung an die Hochschule Stuttgart-Hohenheim favorisiert und eine Verpachtung oder der Verkauf von Burg und Restgut Warberg diskutiert, um den Neubau der Schulungsstätte zu finanzieren. Die Suche nach einer neuen Schulungsstätte ist davon geleitet, dass man sich kaum vorstellen kann, Warberg in absehbarer Zeit als Schulungsstätte zur Verfügung und einsatzbereit zu haben.[20]
Die entscheidende Delegiertenversammlung stimmte dem Antrag, Burg Warberg aufzugeben, allerdings nicht zu.

Die Junioren weisen den Weg

Erneute Entscheidung für Burg Warberg als feste Schulungsstätte

Der Bedarf an Schulung für den Landhandel konnte mit den Wanderlehrgängen nur ansatzweise abgedeckt werden. Der Druck des Landhandels gegenüber dem Verein, eine feste Schulungsstätte einzurichten, nahm zu. Innerhalb des Vereins bildeten sich bis 1953 zwei Lager heraus, die beide eine feste Schulungsstätte vor Augen hatten, allerdings an unterschiedlichen Orten, nämlich Bonn und Burg Warberg.
Die Gegner des (auch noch nicht vom Kreis Helmstedt freigegebenen) Standorts Burg Warberg kamen aus dem Süden und Westen der Bundesrepublik und wollten das ganze Anwesen verkaufen, um in Bonn neu zu beginnen. Erwin Fromme erinnert sich an deren Argumentation: „Warberg liegt völlig fern und dann noch an der Grenze zur russischen Besatzungszone, wer will dahin reisen? Für eine Wiedervereinigung gab es nur ein Lächeln."[21]

Ein wesentlicher Impuls für den Erhalt der Burg Warberg ging von der Juniorengruppe des Vereins aus. Mit ihrem Sprecher Erwin Fromme (Salzgitter) waren als Mitstreiter Eugen Völlm (Münchingen), Gustav Mammen jr. (Carolinensiel) und Dieter Greth (Berlin) zur Delegiertentagung am 9. Juli 1953 nach München gekommen, um sich für den Standort Burg Warberg einzusetzen. Der Antrag, Warberg zu verkaufen, wurde mit einer Stimme Mehrheit abgelehnt. Dafür sorgten die Delegierten aus Schleswig-Holstein, Niedersachsen und Hessen sowie Ferdinand Irnich sen. aus Nordrhein-Westfalen. „Dafür bin ich Sen. Irnich heute noch sehr dankbar, seine Stimme rettete Warberg."[22]

Es gab nun auch eine Bewegung auf der Seite des Pächters der Burg. Der Kreis Helmstedt signalisierte, dass Warberg als Tbc-Krankenhaus aus Kostengründen frei gemacht werden könne.[23] Tatsächlich endete das Pachtverhältnis dann mit dem 30. Juni 1955 – die Burg war frei für ihre ab 1938 geplante Nutzung als Schulungsstätte des privaten Landhandels.

Nach der Abstimmungsniederlage in München trat der Vereinsvorsitzende Georg Mack (MdL, München) nicht mehr zur Vorstandswahl an. Die Neuwahlen im Jahre 1954 ergaben folgende neue Führungsspitze:

Vorsitzender: Rudolf M. Michelsen (Mölln, zugleich Präsident des Zentralverbandes des Deutschen Getreide-, Futter- und Düngemittelhandels e.V., Bonn),
Geschäftsführer: Wilhelm Brunotte (Wolfenbüttel),
Stellv. Geschäftsführer: Christian Dunker (zugleich Geschäftsführer des Landhandelsverbandes Hannover),
Leiter der Lehranstalt Burg Warberg:
Dr. Otheinrich Schulze.

Mit dieser neuen personellen Konstellation und mit der erneuerten Perspektive für Burg Warberg wurde auch die Geschäftsstelle des Vereins von München wieder zunächst nach Hannover und schließlich nach Warberg verlegt.

Erneuter Umbau zu Schulungsstätte

Eine Burg, die man beziehen darf, nachdem dort ein Krankenhaus untergebracht war, ist in einem besseren Zustand, als wenn sie zuvor als Displaced Person Camp gedient hat. Der Betreiber des Krankenhauses, der Kreis Helmstedt, verließ eine Burg, in die er beträchtlich für die Krankenhausnutzung investiert hatte, die äußerlich also in einem guten Zustand war und im Innern einem Krankenhausbetrieb genügte. Für einen Schulbetrieb jedoch waren vor allem im Innern andere Voraussetzungen gefragt. Also ergaben sich für den Verein mit der neuen Funktionszuweisung Lehrbetrieb mit Unterbringung der Teilnehmer neben einer völligen Renovierung doch einige Veränderungen. Dazu kam der Bedarf an Einrichtung und Lehr- und Lernmitteln.

All dies wurde sofort in Angriff genommen, als die Burg der Lehranstalt des deutschen Landhandels am 1. Juli 1955 wieder zur Verfügung stand. (Spenden und Mitgliedsbeiträge ermöglichten, dass u.a. der Ausbau 1957 mit dem Laboratorium und 1958 mit dem Aulasaal fortgeführt und die Einrichtung vervollkommnet wurde.)

Die Unterbringung der Lehrgangsteilnehmer in den ersten Jahren entsprach keinesfalls einem Hotelstandard, erst recht darf man nicht von der heutigen Qualität des Burghotels ausgehen, sondern man sollte für die ersten Jahrzehnte eher von Unterkünften auf einem damaligen Jugendherbergs- oder Landschulheimniveau sprechen. Aber es kann in den folgenden Kapiteln auch aufgezeigt werden, wie man seit der Eröffnung 1955 ständig erfolgreich versucht hat, den Standard der Unterbringung im Sinne der Teilnehmer zu verbessern.

Anwesenheitsliste
München, am 9.7.1953, Neue Börse

X Michelsen, Rudolf M. Mölln — Ehrenmitglied — *Michelsen*

Vorstand X Mack, Georg, M.d.L. — Auerbach — Vorsitzer

Entwurf zum Protokoll über die Delegiertentagung der Lehranstalt des deutschen Landhandels e.V. am 9.Juli 1953 in München, Gaststätte "Neue Börse"

- -

Anwesend: (lt. Anwesenheitsliste)

... Delegiertentagung der Lehranstalt

X Köhler, Wilhelm, Hofgeismar — "

Beirat X Leyhausen, Johann — Reusrath — Beirat

X Zirn, Anton — Giengen — " — *anwesend /Z.*

X Rautenschlein, Georg — Schöningen — "

Als erster der "Ehemaligen" spricht Eugen V ö l l m , Münchingen. Rund 50 ehemalige Landhandelsschüler seien nach Warberg gekommen von dem Gedanken beseelt, sich Burg und Gut Warberg anzuschauen. Burg und Gut hatten einen tiefen Eindruck hinterlassen und man war sich einig, daß Warberg das darstelle, was die Landhandelsjugend brauche. Darüberhinaus drängte sich der Gedanke auf, daß hier in Warberg die Lehrgänge durchgeführt werden müßten. Völlm führt weiter aus, daß die heutige Jugend, auch die Jugend des Landhandels mehr oder weniger von der Landwirtschaft entfernt sei; die Geschäfte würden wohl abgewickelt, aber die Verbindung zur Scholle und dem natürlichen Wachsen und Gedeihen fehlten. Dies alles könne durch das Gut wieder-gegeben werden. Weiter sei als günstig anzusehen, daß in Warberg in dieser Abgeschiedenheit junge Leute auch wieder innerlich vom menschlichen Standpunkt her zu wahren Persönlichkeiten und Menschen erzogen werden könnten. Durch eine Schule in der Stadt sei diese Möglichkeit völlig genommen. Bezüglich des Gutes würde von den Lehrgangsteilnehmern schon mehr Interesse bei einer Gutsbesichtigung vorhanden sein, wenn man sagen könne: "Das ist unser Gut" . Abschliessend bekannt Völlm, daß Warberg und seine Umgebung, fern von der Stadt, die Möglichkeit biete, mit dem nötigen Ernst zu den Dingen, die im Einzelnen im Landhandelsberuf wichtig sind, Stellung zu nehmen.
(Beifall)

Erwin F r o m m e , Ringelheim verliest anschliessend die anlässlich des 1. Treffens der "Ehemaligen" in Schöningen am 4.7. gefasste Resolution, die folgende Punkte vorsieht:

1.) Dringende Empfehlung Gut Warberg nicht zu verpachten, schon gar nicht zu veräussern. Es müssen vielmehr alle Möglichkeiten erschöpft werden, Warberg 1958 spätestens freizubekommen, zumal Warberg gute Möglichkeiten bietet, die entsprechenden Fachkräfte (Völkenrode und Biologische Bundesanstalt Braunschweig) zu gewinnen.

X Reichert, Rudolf — Wiesbaden — " — *anwesend /Z.*

Westfalen X Laurenzis, Fritz — Letmathe — " — *Entschuldigt*

X Haase, Hermann — Lengerich — " — *Hermann Haase*

1945 - 1955

Koch, Robert Hamm Delegierter

- 5 -

2.) Wenn nicht freizubekommen, sollen Lehrgänge ausschliesslich in Gegend Warberg stattfinden, damit die landwirtschaftliche Abteilung für die Teilnehmer zum Tragen kommt. Evtl. muß aus den vorhandenen Mitteln der Kauf eines kleinen Unterbringungsheimes in Erwägung gezogen werden.

3.) Es wird gebeten, aus Mitteln des Gutes Gelder für bedürftige Teilnehmer bereitzustellen.

4.) Einige Lehrgangsteilnehmer in den Beirat oder Delegierten-Ausschuß mit Stimmrecht, notfalls durch Satzungsänderung, zu berufen.

5.) Ständig und regelmässig Kurse für 1 Jahr im voraus festzulegen, wobei darauf Rücksicht zu nehmen ist, den Termin zeitlich passend zu legen.

Erwin Fromme bekräftigt die Resolution nochmals mit dem Wunsch der "Ehemaligen" wenigstens in der Nähe von Warberg einen festen Sitz zu haben, im Falle es nicht möglich sein sollte, in die Burg hereinzukommen. Fromme gibt weiter zu bedenken, daß Warberg zentral liege, wenn auch nicht zum jetzigen Zeitpunkt, so müsse aber doch an den großen Gedanken gedacht werden, daß einmal die Zonengrenze wieder fallen wird und Warberg dann wieder zentral liegen würde.

Brunatte, Wilhelm Wolfenbüttel "

Zu Punkt 1) - Der Sitz der Lehranstalt des deutschen Landhandels bleibt Warberg; es soll angestrebt werden, im Benehmen mit der Kreisverwaltung Helmstedt den Pachtvertrag so bald als möglich zu lösen unter .... der gesetzlichen Notwendigkeiten.

Vor Beschlußfassung über Punkt 2) bittet Herr M a c k , die seinerzeit ins Auge gefasste Interimslösung, die Lehranstalt evt. nach Hohenheim in die Nähe der Landwirtschaftlichen Hochschule zu verlegen, nochmals durchzusprechen. Herr G u l d e steht diesem Gedanken nicht abwehrend gegenüber, dagegen ist Herr S i e g unter allen Umständen dafür, auch den Schulbetrieb wieder nach Warberg zu bringen. Herr M a c k bittet auch Herrn Zirn, der wiederholt mit Hohenheim in dieser Angelegenheit in Verbindung getreten ist, sich zu äussern.

Herr Z i r n gibt zu, daß er sich aufgrund des Gehörten von den Plänen mit Hohenheim zurückziehen müsse, daß er dies aber umso lieber tue, nachdem der 1. Beschluß schon gebracht habe, daß Warberg erhalten bleibt und die jungen Berufskollegen sich so sehr für Warberg eingesetzt hatten. Im Falle aber in späterer Zeit die Lehranstalt in Warberg so stark ausgebaut werden könne, daß die Räumlichkeiten dort nicht mehr ausreichten, empfiehlt Herr Zirn, sich an Hohenheim zu erinnern.

Zu Punkt 2) der Resolution wird nun beschlossen:
Alle zukünftigen Kurse sollen in Warberg stattfinden; die Vorstandschaft wird beauftragt und ermächtigt, im Rahmen der vorhandenen Mitteln und Vermögensverhältnisse die geeigneten Räumlichkeiten hiefür zu mieten oder zu schaffen.

1955-1964

3.
Der frühe Lehrbetrieb auf Burg Warberg

Bundeslehranstalt Burg Warberg e.V.

Der Tag ist gekommen

Die Eröffnung der Burg für den Landhandel

So konnte nun die Lehranstalt des deutschen Landhandels auf der Burg Warberg am 5. Oktober 1955 tatsächlich mit einem Festakt eröffnet werden. Die zweitägige Veranstaltung war verknüpft mit einer Sitzung des Vorstands und der jährlichen Mitglieder- und Delegiertenversammlung des Vereins, dem inzwischen wieder 1260 Mitglieder angehörten. Wie die Rednerliste des Programms zeigt, hatte sich für den Festakt auch viel Prominenz auf der Burg angesagt. Zudem fand die Eröffnung der Burg und des Schulbetriebes auch eine breite Resonanz in den regionalen Zeitungen sowie in den Fachzeitschriften. Auch hier trugen Repräsentanten der Lehranstalt wie Geschäftsführer Dr. Otheinrich Schulze, Gutsinspektor Ernst Eberhardt und der Gründervater Georg Kugler ihre Vorstellungen vor, die wie die Vertreter aus Politik und Wirtschaft insgesamt ihre Freude darüber zum Ausdruck brachten, dass viele Schwierigkeiten überwunden werden konnten, und gleichzeitig hoffnungsvoll ihre Erwartungen an die zukünftige Arbeit zum Ausdruck brachten. Auch der Aspekt, dass die Lehranstalt eine deutschlandweit tätige Einrichtung war, die sich trotzdem auf der Burg in unmittelbarer Nähe zur Zonengrenze niedergelassen hatte, wurde gewürdigt. Gleichzeitig dokumentierte eine ganze Fotoseite im „Ernährungsdienst" die neu hergerichteten Räumlichkeiten der Burg.[1]

Natürlich war die Eröffnung der Lehranstalt Grund genug, auch das Selbstverständnis des Vereins zu reflektieren, der sich bald darauf in „Bundeslehranstalt Burg Warberg e.V." umbenennen würde. In verschiedenen Artikeln wie in einem eigenen Informationspapier wurde dies unter der Überschrift „Aufgabe und Ziel" dargestellt. Zunächst wird die Frage der Träger des Vereins bzw. die der Zielgruppe angesprochen, die nicht mit dem zu der Zeit eng gefassten Begriff des selbstständigen Landhandels zu beantworten sei, sondern den „freien Agrarhandel" in einer umfassenderen Vorstellung anspreche. So bezeichnet sich der Verein zum einen als selbstständig, und die Firmen bilden dessen Mitgliederkreis. Und zum anderen stellt er heraus, dass die Arbeit in Verbindung zu den berufsständischen Fachverbänden erfolgen wird. Namentlich genannt wird die Verbindung zum „Verband des Deutschen Mehlgroßhandels e.V., Bonn" und zum „Zentralverband des Deutschen Getreide-Futter- und Düngemittelhandels e.V., Bad Godesberg". In zehn programmatischen Zeilen zusammengefasst, folgt dann der damalige bildungspolitische Auftrag:
„Die Lehranstalt bietet unserem Nachwuchs vom Lehrling bis zum jungen Betriebsführer Studienmöglichkeiten für ab-

Bundeslehranstalt Burg Warberg

Während der zweitägigen Veranstaltungen wurde auch gegessen, getrunken und geraucht, die Abrechnung über jede der 1650 gerauchten Zigaretten liegt vor. Und es gab Zigarren, neun Sorten im Angebot, darunter so markante Sorten wie „Matter-Pura", „Hirtenflöte", „Neger-Finger" oder „Heinrich der Löwe".
Auf Bildern der Anfangszeit sieht man zum Beispiel junge Leute beim Tischtennis Spielen, zwei spielen, alle anderen stehen herum und rauchen.
So lautete dann auch ein „Weihnachtswunsch" der frühen BLA in einem der ersten Merkur-Hefte:
„Aschenbecher"
Unser Vorrat an Aschenbechern verkleinert sich beständig. Wir wären dankbar für Nachschub. Denken Sie bitte auch an uns, wenn Sie wieder Aschenbecher zu Werbezwecken verschicken."

Es gab anfangs bei den Mehrbettzimmern getrennte Schlafbereiche auf der Burg für männliche und weibliche Gäste. Aus dem Schrifttum zur Einweihungsfeier 1955 geht auch hervor, dass Damen anwesend waren, aber dass die Zimmer der Herren hier im Haupthaus und die der Damen separat in einem anderen Trakt untergebracht waren. So schreibt dann der Ehrenvorsitzende Gustav Mammen, der mit seiner Schwester anreist: „Quartierbeschaffung: ... Wenn es sich ermöglichen läßt, bitte ich Sie, mich mit Erwin Fromme zusammen zu legen, während Sie meine Schwester bei Helga Lütje einquartieren können."

gerundete Sach- und Fachkunde. Sie stellt das einzige Institut dieser Art in Deutschland dar. Insoweit betonte Fachschule, ist ihr Ziel, Fachkenntnisse und Fachwissen einzuordnen in die größeren Zusammenhänge der allgemeinen wirtschaftlichen, politischen und geistigen Probleme unserer Zeit.

Damit ist die Burg Warberg ein Sammelpunkt für den gesamten Berufsstand. In der Pflege der Grundlagen des freien und selbstverantwortlichen Agrarkaufmanns soll die Begegnungsstätte dieser Kreise mit der übrigen Wirtschaft, insbesondere der Landwirtschaft und der Wissenschaft sein."[2]

In seiner Betrachtung zur Eröffnung am 6./7. Oktober 1955 äußert sich der erste Geschäftsführer auf der Burg, Dr. Otheinrich Schulze, auch zu der Frage, welcher Geist die Lehranstalt charakterisieren sollte, und das mit Blick auf die Vergangenheit und das idyllische Umfeld der Burg: „Hier wird weder an Begeisterung appelliert noch mit Schlagworten gearbeitet: Es wird den Dingen sachlich und kritisch auf den Grund gegangen. Vor allem ist zu beachten, daß wir es mit Menschen zu tun haben, deren Beruf auf freier, selbstverantwortlicher und selbständiger Betätigung beruht. Wir meinen auch, daß man an Stelle eines ‚kommissigen Internatsbetriebes' sehr wohl Takt und gegenseitige Rücksichtnahme regieren lassen kann. ... Wir meinen weiter, daß Schablonen und Schlagworte und der Versuch, Unklarheiten durch Überzeugungskraft zu beseitigen, besser durch kritische Schärfe und exakte Klarheit ersetzt werden."[3]

Man durfte gespannt sein, wie konkret dieser insgesamt sehr anspruchsvolle Ansatz in die praktische Arbeit umgesetzt werden konnte.

P
Bundeslehranstalt
150 m rechts

- 1 -

Das Getreidekorn.

Bei einem Längsschnitt durch ein Weizenkorn erkennt man folgende Einzelheiten :

1. den Bart. Die einzelnen Haare sind aus den Epidermiszellen ausgewachsen. Die Wanddicke ist beim Weizenhaar gleich, meist sogar größer als die lichte Weite (mit Ausnahme des zwiebelförmigen Grundes), beim Roggenhaar immer kleiner als die lichte Weite (mit Ausnahme der Spitze).

Samenschale zusammen-

2. d … Organe der Zell-

gewa…

wänd… t an Querzellfet-

Tüpf… findet auch gelbe

zen … ingeschlossener

Klei…

Samer… g und der wenig

Die e… en des Weizens sind

entwi… laufende Rechtecke.

a. di…

längli… rlaufen senkrecht

b. Epi… lung. Die Stoß-

zu den…

stelle… maßige schlauch-

c. End…

förmig… sind farblos und

Diese d…

durchsc…

ut:

Es folg… tegumenten des

d. Die … vollstandig zu-

Fruchtk… rgrößerung nur

sammenge…

als stru… bis zu Temperaturen von

e. Die … ca 50° wasserundurchlassig und ist nur durch Quellen mit Lauge sichtbar zu machen. Sie umgibt den Keim nicht mit.

DIE LEHRANSTALT DES DEUTSCHEN LANDHANDELS E. V.

erbittet für einige Minuten Ihre Aufmerksamkeit

Das erste Schulungskonzept

Ausbildung und Fortbildung für den Landhandel

Das umfassende Angebot, das entwickelt wurde, ging weiterhin von dem Gedanken aus, nicht zuletzt auch im Wettbewerb mit den landwirtschaftlichen Genossenschaften bestehen zu können. In einer Reihe von wesentlichen Zügen – wie wir sehen werden – hat das in den ersten Jahren entwickelte Angebot bis heute Bestand.

In der Vereinszeitschrift „Warberger Merkur" (Heft 10, 1959) heißt es dazu:
„Die Bundeslehranstalt Burg Warberg führt Lehrgänge und Kurse durch, an denen alle Berufsangehörigen des Agrarhandels, Inhaber, Junioren, Angestellte und Lehrlinge – beiderlei Geschlechts – aus dem In- und Ausland teilnehmen können. Den Schwerpunkt der Warberger Arbeit bilden die Hauptlehrgänge, die dem jungen Kaufmannsgehilfen für seine Tätigkeit im Beruf eine unentbehrlich zu nennende Ergänzung seiner allgemeinen und Fachausbildung vermitteln. Sie sind in einen sechswöchigen Grundkursus A und einen vierwöchigen Aufbaulehr-

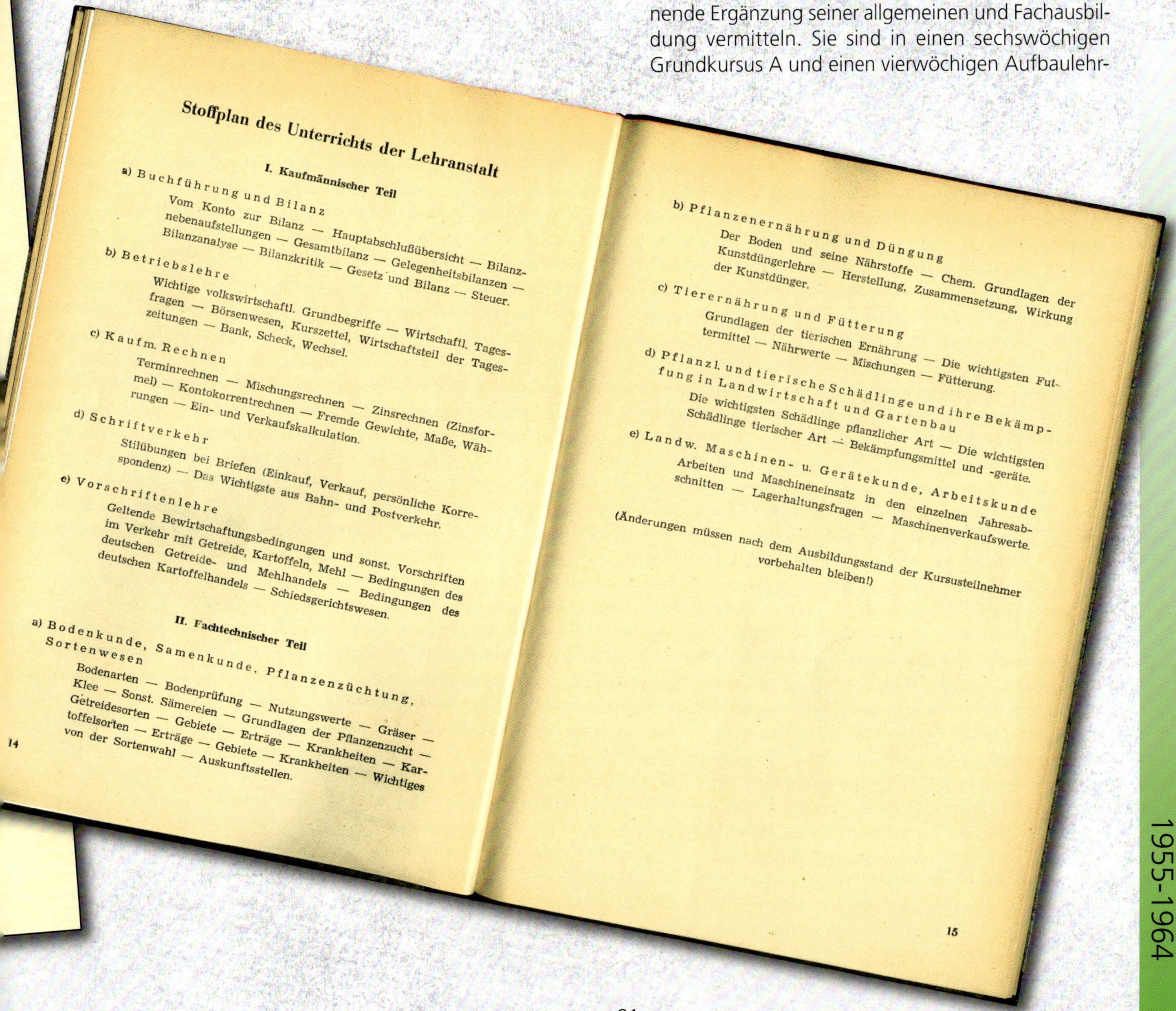

Stoffplan des Unterrichts der Lehranstalt

I. Kaufmännischer Teil

a) Buchführung und Bilanz

Vom Konto zur Bilanz — Hauptabschlußübersicht — Bilanznebenaufstellungen — Gesamtbilanz — Gelegenheitsbilanzen — Bilanzanalyse — Bilanzkritik — Gesetz und Bilanz — Steuer.

b) Betriebslehre

Wichtige volkswirtschaftl. Grundbegriffe — Wirtschaftl. Tagesfragen — Börsenwesen, Kurszettel, Wirtschaftsteil der Tageszeitungen — Bank, Scheck, Wechsel.

c) Kaufm. Rechnen

Terminrechnen — Mischungsrechnen — Zinsrechnen (Zinsformel) — Kontokorrentrechnen — Fremde Gewichte, Maße, Währungen — Ein- und Verkaufskalkulation.

d) Schriftverkehr

Stilübungen bei Briefen (Einkauf, Verkauf, persönliche Korrespondenz) — Das Wichtigste aus Bahn- und Postverkehr.

e) Vorschriftenlehre

Geltende Bewirtschaftungsbedingungen und sonst. Vorschriften im Verkehr mit Getreide, Kartoffeln, Mehl — Bedingungen des deutschen Getreide- und Mehlhandels — Bedingungen des deutschen Kartoffelhandels — Schiedsgerichtswesen.

II. Fachtechnischer Teil

a) Bodenkunde, Samenkunde, Pflanzenzüchtung, Sortenwesen

Bodenarten — Bodenprüfung — Nutzungswerte — Gräser — Klee — Sonst. Sämereien — Grundlagen der Pflanzenzucht — Getreidesorten — Gebiete — Erträge — Krankheiten — Kartoffelsorten — Erträge — Gebiete — Krankheiten — Wichtiges von der Sortenwahl — Auskunftsstellen.

14

b) Pflanzenernährung und Düngung

Der Boden und seine Nährstoffe — Chem. Grundlagen der Kunstdüngerlehre — Herstellung, Zusammensetzung, Wirkung der Kunstdünger.

c) Tierernährung und Fütterung

Grundlagen der tierischen Ernährung — Die wichtigsten Futtermittel — Nährwerte — Mischungen — Fütterung.

d) Pflanzl. und tierische Schädlinge und ihre Bekämpfung in Landwirtschaft und Gartenbau

Die wichtigsten Schädlinge pflanzlicher Art — Die wichtigsten Schädlinge tierischer Art — Bekämpfungsmittel und -geräte.

e) Landw. Maschinen- u. Gerätekunde, Arbeitskunde

Arbeiten und Maschineneinsatz in den einzelnen Jahresabschnitten — Lagerhaltungsfragen — Maschinenverkaufswerte.

(Änderungen müssen nach dem Ausbildungsstand der Kursusteilnehmer vorbehalten bleiben!)

15

landw. Nutzfläche
102,27 ha:

30 % Weizen
30 % übriges Getreide
25 % Zuckerrüben
10 % Ackerfutter
5 % Grünland

Der Landwirtschaftsbetrieb

Zur Demonstration der Praxis

Mechanisierung – 92,3 Gradzahlen nach Woermann

starke Veredelung

auf 100 ha LN = 100 GVE

250 Mastschweine
35 Mastbullen
35 Milchkühe
250 Mutterschafe
2000 Legehennen

Jeder Unternehmer

des Berufsstandes sollt
artigen Möglichkeiten
lichen Fortbildung

nutzen,

für sich, für seine Mi
seine Nachwuchskräft

bildet seit 1955 jährlich mehr als
1000 Lehrgangsteilnehmer aus

Kern

der Warberger Arbeit ist de

Warberger Lehrgang

für **Jungkaufleute**
(grundlegende fachliche Berufsfortbildung)

Agrarmark
Spezielle War
Spezielle Hande
Landwirtschaftsku

Dauer 5 Wochen
Abschlußprüfung
Warberger Grundzeugnis

einzig-
beruf-
eiter, für
BUNDES-
LEHR-
ANSTALT
Burg
Warberg
Die vom Landhandel
begründete
und unterhaltene
Lehranstalt
des Getreide-,
Futter- und
Düngemittelhandels,

Schließlich
für Lehrlinge
Förderungslehrgänge
zur fachlichen Vorbereitung auf die Kaufmannsgehilfenprüfung
Dauer
3 Wochen
Außerdem
spezielle fachliche
Berufsfortbildung für
Nachwuchs und leitende Kräfte
auf
Spezialkursen
Dauer 1 Woche
Die Teilnehmer aller Lehrgänge und Kurse finden Unterkunft und Verpflegung auf Burg Warberg (Aufnahmekapazität 75 Personen). 3 Hörsäle, Fachbibliothek, Laboratorium, Aufenthaltsräume, Sportplatz in Warberg, Hallenbad in Nachbargemeinde Offleben.

gang B gegliedert. Den Nachwuchskräften des Agrarhandels soll mit diesen Lehrgängen jene ergänzende Fachausbildung vermittelt werden, die er in Berufsschulen und Handelsschulen deshalb nicht erwerben kann, weil diese Schulen ihrer Natur nach auf eine allgemeine kaufmännische Ausbildung ausgerichtet sind. Hier jedoch wird eine Ausbildung vermittelt, deren wesentliche Komponenten die spezielle Warenkunde, die spezielle Handelskunde und die spezielle ‚Kundenkunde', mit anderen Worten, die Getreide-, Kartoffel-, Düngemittel- usw. -kunde, die Kunde von den Agrarmärkten und die auf den Landhandel angewandte Landwirtschaftslehre sind."[4]

Ergänzt wird diese Beschreibung mit dem Hinweis auf die begleitende Praxis des lebendigen Anschauungsunterrichts auf dem Gutshof und die Arbeit im Laboratorium, die dazu führe, dass der Teilnehmer diese Kenntnisse als Berater des Landwirts zu seinem und seiner Kunden Vorteil nutzen könne.

„Wochenlehrgänge bieten daneben nicht nur jungen Kaufmannsgehilfen und den Junioren in den Landhandelsbetrieben, sondern auch leitenden Kräften und Betriebsinhabern die Möglichkeit, sich in besonderen fachlichen Fragen gründlich zu unterrichten. So gibt es Methodenlehrgänge für Getreidequalitätsfeststellung, Lagerung, Trocknung und Transport, Sonderkurse für den Mehlgroßhandel, für Futtermittelkaufleute, über Braugerste, über Pflanzenschutz, Schädlingsbekämpfung, Saatgutwesen, insbesondere Feldsaaten, über Kundenpsychologie und Verkaufskunde für den Landhandel und ähnliche für den Importhandel, Großhandel sowie Verkäufer und landwirtschaftliche Berater der Futtermittelindustrie, und nach Bedarf noch weitere."

Außerdem wurden für Lehrlinge dreiwöchige Vorbereitungslehrgänge auf die Kaufmannsgehilfenprüfung eingerichtet, die vor allem die markt- und warenkundliche Ausbildung ergänzen sollten. Wichtig war hierbei, dass der unabhängige Charakter der Schule nicht ausschloss, mit staatlichen Stellen bindende Vereinbarungen zu treffen, die für die Beteiligten von Vorteil waren. In diesem Falle wurden die Kurse in den meisten Bundesländern bereits als „Freie Unterrichtseinrichtung" anerkannt, was bedeutete, dass die Teilnehmer für die Dauer des Kursusbesuches von der Berufsschule freigestellt wurden.[5]

Die Darstellung des bereits mehrfach angesprochenen landwirtschaftlichen Betriebes ist ein späteres, eigenes und zeitübergreifendes Kapitel wert, hier werden, bevor die Personalstruktur für die ersten Schulungen vorgestellt wird, zunächst zwei Schulungseinrichtungen in den Blickpunkt gerückt, die 1955 neu eingerichtet wurden: die Bibliothek und das chemische Labor.

Die Bibliothek

Als Bücher noch dazugehörten

Mit der Aufnahme des Schulungsbetriebs auf der Burg war 1955 die „Alfred-Strothe-Bibliothek" eingerichtet worden, die in den ersten Jahren weiter aufgebaut und auch rege genutzt wurde. Der ursprüngliche Bestand aus fachlicher und schöngeistiger Literatur war vom Fachverlag Alfred Strothe, Hannover, zur Verfügung gestellt worden. Ergänzend wurde auch eine Schülerbibliothek eingerichtet, mit Leitfäden und Schriften, die in Klassensätzen angeschafft wurden und in den Lehrgängen als Lehrbücher für jeden Teilnehmer zur Verfügung standen.

In dem Leseraum lagen in der Anfangszeit regelmäßig 27 Tageszeitungen, Wirtschaftszeitungen, Fachzeitungen und Fachzeitschriften aus, die von den Verlagen zum Teil vergünstigt oder kostenlos zur Verfügung gestellt wurden. Jeder Teilnehmer bekam damals zusätzlich von den Verlagen ein Exemplar der Fachzeitschriften „Ernährungsdienst", „Bauernfreund" und „Kartoffelwirtschaft". Auch in der ab 1956 verlegten Zeitschrift „Agros" fanden sich Beiträge zu vielen der (aktuellen) Themen, die dann in den Kursen aufgenommen werden konnten.

Ein ebenfalls ausführliches Angebot der Bibliothek umfasste Literatur und Material zum Thema Zonengrenze. Insgesamt hatte die Fachbibliothek zu dieser Zeit einen Bestand von rund 1.300 Titeln.[6]

Die anfangs rege genutzte Bibliothek erlebte zuletzt eher ein Schattendasein. Das Aufkommen neuer Medien, die Möglichkeiten, Unterricht individuell medial vorzubereiten, die Nutzung des Internets zur Informationsbeschaffung in Verbindung mit verminderter Leselust der jungen Leute, das alles führte zu einer sehr reduzierten Nutzung der Bibliothek. Als zusätzlich unter dem Aspekt der Aufsicht Personalstunden gebunden wurden und zudem mit der Öffnung der Burg der Raum für Veranstaltungen erweitert werden sollte, wurde die Bibliothek aufgelöst und der Bestand in Teilen eingelagert. Möglicherweise kann eine neue Nutzung aktuell werden, wenn in Verbindung mit der Burg als einem erweiterten Kompetenzzentrum Arbeitsmöglichkeiten mit dem Zugriff auf Fachliteratur des Agrarbereiches (und auf allgemeine Literatur) sinnvoll erscheinen.

Das Labor

„Kernstück des warenkundlichen Unterrichts"

„Warenkundlicher Unterricht ohne Demonstration und Experimente ist eine Halbheit. Wir sind glücklich, mit dem nunmehr in Betrieb befindlichem Laboratorium über das wichtigste Kernstück des warenkundlichen Unterrichts verfügen zu können."[7]

Ein gutes Jahr nach der Eröffnung des Lehrbetriebes auf der Burg konnte auch das neu errichtete Labor in Betrieb genommen werden, das in den zeitgenössischen Quellen wie auch oben noch stets Laboratorium genannt wird. Seine Funktion innerhalb des Bildungsangebotes der BLA war (und ist) durch drei Merkmale charakterisiert:

1. Alle Vorgänge im Zusammenhang mit Warenkunde, insbesondere mit der Qualitätsfeststellung von Getreide, Saatgut, Mehl, Futter- und Düngemitteln, müssen demonstriert werden können.
2. Die Präzision der Qualitätsbestimmung muss einen gutachterlichen Standard aufweisen.
3. Die Ausstattung des Labors muss so angelegt sein, dass für die Lehrgangsteilnehmer die Praxis des eigenen Experimentierens ermöglicht wird.

Um das Labor entsprechend einzurichten, holte man wissenschaftlichen Rat z. B. bei der Bundesforschungsanstalt für Getreide ein. Aber wie konnte der Verein ein derart aufwändiges Projekt angesichts der sonstigen laufenden Umbaukosten schultern? Der entsprechende Tätigkeitsbericht macht deutlich, dass der Verein die Herrichtung der Räumlichkeiten und das Mobiliar mitfinanzierte, sich daneben aber bei etlichen Förderern bedanken konnte, die den Hauptteil der Kosten übernommen hatten. So war bei den oben genannten Posten wesentlich die Stiftung des Mehlgroßhandels beteiligt, während die Geräte und Apparate überwiegend mit öffentlichen Mitteln finanziert wurden, die vom Bundeswirtschaftsministerium und in Teilen auch vom Land Niedersachsen gestellt wurden. So war ein Labor entstanden, das bereits zu Beginn für die Kursteilnehmer ein umfassendes Leistungsangebot bereithielt:

„Das Laboratorium verfügt heute über alle wesentlichen Apparate, die zur Probenahme, Probeteilung, Verwiegung, Hektolitergewichtsfeststellung, Feuchtigkeitsfeststellung und Backfähigkeitsfeststellung einschließlich Veraschung von Getreide und Mehl notwendig sind; ferner sind Apparate zur Stärke- und Eiweißbestimmung von Getreide, Mehl und Futtermitteln, eine Versuchsbäckerei und Apparate zur Saatgutuntersuchung angeschafft worden. Besonderer Wert wird auf die Feuchtigkeitsbestimmung von Getreide gelegt, die zur Zeit in der Getreidewirtschaft eine überdurchschnittliche Rolle spielt."[8]

Die heutige Leiterin des Labors, Renate Kocourek, die seit zehn Jahren in dieser Funktion tätig ist, hat sich als Fachfrau auch außerhalb Warbergs ein Namen gemacht. So wird sie u. a. von auswärtigen Unternehmen häufig bei der Anwendung spezieller Analysemethoden zu Rate gezogen.

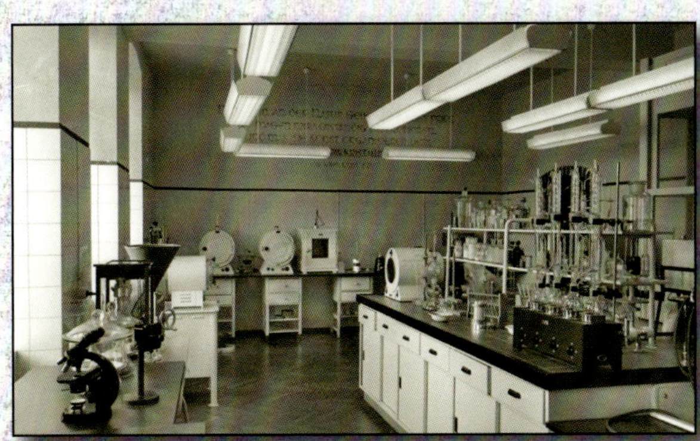

1955-1964

Die ersten Dozenten

Aus der Praxis für die Praxis

Der Warberger Dozentenstab wurde so zusammengesetzt, dass (ab 1957) nur zwei Dozenten der Bundeslehranstalt dort hauptberuflich tätig waren, nämlich der Leiter und sein jüngerer Assistent. Daneben entwickelte man eine Struktur, die bei der Vielfalt der Themen in den Lehrgängen auf dem partiellen Einsatz von Fachkräften aus der Branche und aus anderen Kreisen aufbaute.[9]

Im (zweiten) Tätigkeitsbericht der Bundeslehranstalt Burg Warberg für 1956/57 heißt es dazu: „Hieran ist auch im Berichtsjahr festgehalten worden. Wir legen Wert darauf, daß für die einzelnen Fächer vor allem Herren aus der Praxis zu Wort kommen."[10]

Das nicht zu vernachlässigende Argument, dass keine professionellen Pädagogen am Werk seien und dass damit gewisse methodische Standards vielleicht nicht erreicht würden, ist der damaligen Leitung bewusst, und sie kommt abwägend zu der Auffassung:

„Dieser Nachteil wird aber mehrfach wettgemacht durch die Fülle der praktischen Lebenserfahrungen auf dem Fachgebiet. Mit diesem Prinzip haben wir ausgesprochen gute Erfahrungen gesammelt." Weiterhin wird der Vorteil angesprochen, sich direkt und persönlich mit Fachexperten auseinandersetzen zu können: „Die Lehrgangsteilnehmer wissen es zu schätzen, daß sie Gelegenheit finden, mit profilierten Praktikern auch in persönlichen Gedankenaustausch treten zu können."

In einer Übersicht werden alle Bereiche des damaligen Angebots dargestellt, und diese zeigt auch, dass die Zahl der von auswärts kommenden Dozenten (Anzahl in Klammern) von Beginn an beträchtlich war:

- Landwirtschaftliche Bodenkunde (1)
- Landwirtschaftliche Betriebslehre (1)
- Getreidemarktordnung und Getreidepreisgesetz (3)
- Getreideweltmarkt (2)
- Geschichte des deutschen Getreide- und Landhandels (1)
- Publizistik und Pressewesen (3)
- Düngemittelkunde I (1)
- Saatzucht und Saatgut I und II (2)
- Futtermittelkunde (2)
- Betriebliches Rechnungswesen und Steuern (1)
- Bankwesen, Geld und Kreditwesen (1)
- Getreidekunde (2)
- Kartoffelkunde (1)
- Einheitsbedingungen im deutschen Getreidehandel und Schiedsgerichtswesen (1)
- Kartoffelgeschäftsbedingungen und Schiedsgerichtswesen (1)
- Getreidetrocknung (1)
- Lohntechnische Landarbeiten (1)
- Feldsaatenkunde (1)
- Braugerstenkunde, C-Lehrgänge (1)

Dazu kommen auch schon in den ersten Jahren spezielle Dozenten für besondere Veranstaltungen. „Gastvorträge, zum Teil mit Lichtbildern und Filmen, hielten Herren der Düngemittelindustrie, der Pflanzenschutzindustrie, der Futtermittelindustrie und der Einfuhr- und Vorratsstelle für Getreide."

Der Leiter der Schule, Dr. Otheinrich Schulze, übernahm in der Regel die Fächer:

- Politische Geschichte und Wirtschaftsgeschichte
- Staatsbürgerkunde, Rechtskunde
- Agrargeschichte und Agrarpolitik
- Genossenschaftswesen
- Düngemittelkunde II
- Saatgutkunde II
- Pflanzenschutzkunde
- weitere Nebenfächer

Kurzlehrgang 129: Verkaufskunde für Landhandel vom 27.10.-31.10.68

Datum	Std.Nr.	Dozent	Fach	Behandelte Themen
28.10.	1+2	Cabus	Verkaufskunde und Kundenpsych.	Allgemeine Einführung und Vorstellung der Teilnehmer.
	3+4	"	"	Was braucht der Kaufmann im Landhandel an Kenntnissen und Fähigkeiten. Wie liegen seine Erfahrungen
	5-7	"	"	Grundlagen der Menschenkenntnis Aufbau des Seelischen. Liederabend
29.10.	1-4	"	"	Grundlagen der Menschenkenntnis Fortsetzung.
	5-7	"	"	Ausdruckskunde Zonengrenzfahrt abends
30.10.				…bildung … …ng Lehrgangsfeier

33. V-Lehrgang vom 20.10. - 18.11.58 2. Woche
Dozent
Fach
Behandelte Themen
3. Woche
Verkaufe richtig!
Ratgeber für den Futtermittelkaufmann
SORTENLISTE 1952
Übersicht
über die zur Saatguterzeugung zugelassenen, im Bundesgebiet angebauten Sorten
DAS BUNDESSORTENAMT
Aufgaben
Organisation
Grundsätze und Gemeinschafts-Richtlinien
für das
Rechnungswesen
SPEZIALAUSGABE GROSSHANDEL
mit Buchungsschlüssel
AID
145
Herausgegeben im Auftrag des Bundesministeriums für Ernährung, Landwirtschaft und Forsten, Bonn
Das Saatgutgesetz
Was der Landwirt davon wissen muss

Erste Bilanz der Arbeit

Die Bundeslehranstalt kommt an

Anscheinend hatte die Lehranstalt mit ihrem Angebot von Anfang an den Bedarf des privaten Landhandels richtig eingeschätzt. Die Beteiligung an den mehrwöchigen Kursen lag in den ersten Jahren bereits bei 25 bis 35 Teilnehmern, die an den Wochenkursen bei 20 bis 45 Teilnehmern. Bei der Bundeslehranstalt etablierte sich das System eines festen Jahresprogramms, das bis heute jeweils im Frühherbst veröffentlicht wird und ein Verzeichnis der vorgesehenen Lehrgänge vorstellt. Dabei stieg in der ersten Phase die Zahl der jährlich durchgeführten Kurse von Jahr zu Jahr. Sie beträgt für 1959/60 allein 25 ein- und mehrwöchige Kurse. (Eine Darstellung zu Zahlen der Teilnehmer und Mitglieder findet sich im Schlussteil des Buches). Fast noch bedeutender erscheinen die übergeordneten Gesamtbetrachtungen, die nach fünf Jahren Schulungsarbeit oder zum 25-jährigen Jubiläum des Schulvereins angestellt wurden und die insgesamt ausdrücken, dass diese erste Aufbauphase erfolgreich verlaufen war.

„Die Bedeutung der Bundeslehranstalt geht über ihr Arbeitsprogramm und ihre Einrichtungen weit hinaus. Jährlich werden nicht nur nahezu 1.000 Kursusteilnehmer erfaßt; mit Warberg ist vielmehr ein geistiger Mittelpunkt für die gesamte berufsständische Arbeit entstanden. Die Anstalt ergänzt die Arbeit der Landhandelsverbände und Zentralverbände in wirksamer Weise. Warberg ist ein Verbindungsglied des Berufsstandes zur Landwirtschaft, zur Industrie, zur Öffentlichkeit und vor allem zur Wissenschaft. Warberg macht sichtbar und dokumentiert, daß der selbständige Agrarhandel einen unübersehbaren Faktor der mittelständischen Unternehmerwirtschaft darstellt."[11]

Auch der Gedanke, sich gegenüber den Genossenschaften behaupten zu können, bleibt ein beständiges Thema.

„Der Landhandel steht im Wettbewerb mit anderen Wirtschaftsformen. Die von ihm geübte private Unternehmerinitiative bildet eines der Lebenselemente freiheitlicher Staatsgesinnung, ohne die Volk und Staat im Strudel kollektivistischer Planwirtschaft untergehen würde. Der Landhandel hat alles in Warberg aufgeboten, um seine Jugend auf die Verantwortung, die an einen selbständigen Unternehmer gestellt wird, gehörig vorzubereiten."

Wer eine Bilanz zieht, blickt zurück. Bei der BLA war es schon früh Tradition, dabei auch immer den Blick in die Zukunft zu richten. In seiner Rede „Warberg im Wandel der Zeiten" (30.03.1963) entwickelt Geschäftsführer Dr. Otheinrich Schulze sein Bild von der Landwirtschaft der Zukunft. Dazu gehöre der Blick nach vorn und dabei Ei-

Sieben Prozent mehr Lehrgangsteilnehmer

In der Bundeslehranstalt des Deutschen Landhandels in Burg Warberg (Kreis Helmstedt) erhöhte sich im vergangenen Jahr die Zahl der Lehrgangsteilnehmer im Vergleich zu 1965 um sieben Prozent. An Lehrgängen der verschiedensten Art nahmen insgesamt 607 Interessenten aus dem In- und Ausland teil.

Das geht aus dem Jahresbericht

hörte auch ein deutsch-fran scher Gemeinschaftslehrgang kurzem begann ein Grund gang für Jungkaufleute des schen Agrarhandels.

Seit zehn Jahren verans auch das Institut für die n sächsische Wirtschaft Mitarb seminare in Burg Warberg nahmen rund 900 Personen teil. Diese Mitarbeitersen

BUNDESLEHRANSTALT BURG WARBERG E. V.

Verzeichnis der Lehrgänge 1958/59

Hauptlehrgänge

		Seite
V - 33, 35, 38		8
A - 34, 37		9
B - 36		11

Kurzlehrgänge

Getreidequalität	- 74a, 84, 94, 104, 114, 124	13
Kundenpsychologie	- Landhandel - 99, 129, 149, 159	14
	- Großhandel pp - 119, 169	14
	- Oberlehrgang - 139	15
Kartoffelwirtschaft	- 45, 65 -	15
Mehlgroßhandel	- 18 -	16
Braugerste	- 17 -	17
Düngemittel	- 11	17
Rednerschulung	- 33, 43 -	18
Studienwoche		18
Juniorenwoche		19

Für die Teilnahme von Ausländern sind besonders die nachstehenden Kurse geeignet, bei denen neben deutsch die französische und die englische Sprache zur Anwendung kommen:

Getreidequalität . . . Nr. 104
Kartoffelwirtschaft (ohne englisch) . . . Nr. 65
Braugerste . . . Nr. 17
Düngemittel . . . Nr. 11
Studienwoche . . . Nr. 11

Besondere Hinweise für Ausländer Seite 6

genverantung zu übernehmen, „und es ist vor allem eine Bildungsfrage."

Weiterhin sieht er es als notwendig an, sich zu spezialisieren und dabei „Meister seiner Sparte und seiner Spezialität (zu) sein." Und er sieht 1963 genau das voraus, was sich heute als Realität darstellt: „Der Bauernhof der Zukunft, ob klein oder groß, wird ein wirtschaftliches Unternehmen sein und der Bauer folglich der landwirtschaftliche Typ des Unternehmers werden müssen."[12]

Über den Tellerrand blicken

Burg Warberg erweitert früh den Blick nach Europa

Die Bilanz der ersten Jahre wäre unvollständig, würden nicht auch die früh einsetzenden international ausgerichteten Aktivitäten der BLA berücksichtigt werden. Der erste Geschäftsführer, Dr. Otheinrich Schulze, wie auch sein Mitarbeiter Hans-Joachim Schade sahen die BLA nicht nur in nationaler Funktion als „geistige(n) Mittelpunkt des Berufsstandes", sondern hoben diese mit ihren vielfältigen Aktivitäten „als einzige Institution ihrer Art nicht nur im Bundesgebiet, sondern darüber hinaus in der EWG" hervor.[13] Noch optimistischer war die Einschätzung des ersten Geschäftsführers nach vier Jahren Arbeit (1959): „Unsere Bundeslehranstalt Burg Warberg ist auf dem Wege, die Lehranstalt für den gesamten europäischen Landhandel zu werden."[14]
Ein derartiges absolutes Alleinstellungsmerkmal ist heute kaum mehr aufrecht zu erhalten – die Konkurrenz im In- und Ausland schläft nicht –, aber hier geht es zunächst um die Entwicklung seit 1955, bei der die internationale Ausrichtung der BLA über erste Ansätze hinaus zunehmend an Bedeutung gewinnt. Und dies geschieht in zwei Richtungen. Die BLA will sich mit ihren Mitgliedern in Europa umsehen, um Anregungen zu bekommen, und umgekehrt weckt die Arbeit der BLA europaweit Interesse, und man reist an, um sich zu informieren, zu lernen und um sich auszutauschen.

Von deutscher Seite aus werden seit 1959 (bis heute) Studienfahrten für Mitglieder und Freunde zunächst ins europäische Ausland durchgeführt, die erste führte nach Schweden. Damals hieß es zur Zielsetzung, die Studienfahrten ins Ausland sollen „den Gesichtskreis des im und auf dem Lande verwurzelten Kaufmanns erweitern und Verständnis für den künftigen europäischen Markt fördern."[15] So sind in den fünfziger und sechziger Jahren einige Fahrten nach Schweden und Frankreich unternommen worden. Es wird später in einem eigenen Kapitel zu sehen sein, wie die ab 1972 jährlich, teilweise sogar zweimal im Jahr durchgeführten Studienreisen mit europäischen und zunehmend außereuropäischen Zielen eine besondere Bedeutung für die BLA entwickelten.

Auf der anderen Seite konnte man in den ersten Jahren bereits vermelden, dass die Arbeit und die Angebote der BLA auf ein großes Interesse im Ausland stießen. Dies führte dazu, dass „Besucher aus aller Welt, Kommissionen, Delegationen und größere Studiengruppen aus Frankreich, den Niederlanden, Großbritannien, Schweden, Dänemark, der Schweiz, Jugoslawien, der Türkei" sich einfanden. Mit dem Hinweis auf zahlreiche ausländische Teilnehmer an der Lehrgängen geht der damalige Berichterstatter der Deutschen Bauernzeitung in seiner Einschätzung noch einen Schritt weiter: „Eigentlich verdiente Burg Warberg inzwischen den Namen ‚Europäische Lehranstalt'."[16] Wenngleich die Statistik dieser Jahre mit einem Anteil von 0,5% ausländischer Teilnehmer eine andere Sprache spricht, darf man die in dem Zitat zum Ausdruck kommende gefühlte Aufbruchstimmung dieser Zeit nicht unterschätzen.
Dies war auch auf dem ersten deutsch-französischen Gemeinschaftslehrgang junger Landhandelskaufleute spürbar, der 1964 20 Franzosen und 16 Deutsche sowie einen Schweden und einen Österreicher auf die Burg Warberg führte. Nach einem Studienbesuch von jeweils 40 Landhändlern in Frankreich und einem Gegenbesuch auf der Burg Warberg hatte man diese gemeinsame zweiwöchige Nachwuchsschulung geplant und organisiert. Im Grunde bewegte man sich bei der Planung bereits im Geiste des Deutsch-Französischen Freundschaftsvertrags, der 1963 von de Gaulle und Adenauer unterzeichnet wurde und das Ende einer jahrhundertelangen „Erbfeindschaft" einleitete.

Das Programm umfasste u.a. Agrarmarktlehre und Agrarpolitik in der EWG, warenkundliche Fächer mit praktischer Laborarbeit, Futtermittel- und Düngemittelkunde; zudem wurden am Beispiel des landwirtschaftlichen Betriebes der BLA strukturelle und betriebswirtschaftliche Aspekte vermittelt und zur Diskussion gestellt. Einen Höhepunkt bildete eine Exkursion zur DLG-Ausstellung in Hannover, die zusätzlich durch einen offiziellen Empfang aufgewertet wurde. Um allgemein das Gelingen zu sichern, waren stets drei Dolmetscher, auch außerhalb der Lehrgangseinheiten, im Einsatz.
Bei diesem Gemeinschaftslehrgang hatte man, um das Kennenlernen und Miteinander zu erleichtern, die noch „internatsmäßig" ausgestatteten Zimmer national gemischt belegt, was auch dazu führte, dass „es nicht ein einziges Mal zu einer nationalen Gruppenbildung kam".

So fiel das abschließende Resümee auch entsprechend positiv aus:
„Dieser 1. deutsch-französische Gemeinschaftslehrgang wurde zu einem großen Erfolg und für die Bundeslehranstalt Burg Warberg ein besonderer Höhepunkt ihrer

Tätigkeit." ... Die BLA hat „nicht nur Wissen vermittelt, sondern darüber hinaus Kontakt und Verbindungen geschaffen, die das Zusammenwachsen der Nationen in einem großen Europa sowohl in menschlicher als auch berufsständischer Hinsicht fördern werden."[17]

Auch an den regulären Warberger Kursen nahmen zu der Zeit Nachwuchskaufleute aus Dänemark, Holland und Frankreich teil, ein Vorgang, der nicht nur unter wirtschaftlichen Gesichtspunkten zu sehen ist, sondern angesichts der gerade vergangenen NS-Zeit auch anzeigte, dass im Rahmen von EWG und europäischer Annäherung auch junge internationale Wettbewerber einen respektvollen, gar freundschaftlichen Umgang miteinander versuchen wollten.
Die internationale Komponente wird weiter ganz bewusst von Bedeutung für die BLA bleiben und später unter Akzentverschiebungen verstärktes Gewicht erlangen.

1955-1964

Sprachrohr der Jugend

Vom Arbeitskreis junger Landwarenkaufleute zu den Agrarhandelsjunioren

Alle, die einmal „Ehemalige" genannt werden, waren einmal jung. Besonders schwierig wird es, wenn sich junge Landwarenkauflaute bereits „Ehemalige" nennen. Aber genau das taten die ersten jungen Absolventen der „Wanderlehrgänge" Anfang der 50er Jahre. Erst später, als sie sich gefunden und organisiert hatten, drückte sich im Namen auch wieder ihre Jugendlichkeit aus, sie nannten sich Interessengemeinschaft der jungen Landwarenkaufleute oder später, etwas freundlicher klingend, Arbeitskreis junger Landwarenkaufleute.

Ausgangspunkt für diese Arbeitsgemeinschaft war der Wunsch der Teilnehmer, nach den Wanderlehrgängen den Kontakt untereinander nicht abreißen zu lassen. Ein Treffen ehemaliger Kursteilnehmer im Umfeld der Burg Warberg 1953 verstärkte nicht nur die Aktivität, sich erfolgreich für Burg Warberg als Schulungsstätte einzusetzen (s. dazu die Ausführungen zum Delegiertentag 1953) , sondern nach weiteren Treffen reifte der Entschluss, sich in einer organisierten Gemeinschaft regelmäßig zu treffen.

Die damaligen Ziele waren neben der „Erhaltung und (dem) Einsatz der Burg" der Zusammenschluss „auf persönlicher Basis", was bedeutete, dass der jährliche persönliche Erfahrungsaustausch im Vordergrund stand, wo aus Begegnungen durchaus auch wirtschaftliche Beziehungen werden konnten. Dies sollte auch im Kontakt mit führenden Wirtschaftsexperten und Politikern geschehen, wobei hier der Aspekt der aktuellen Information und Fortbildung im Vordergrund stehen sollte. Dazu wollte der Arbeitskreis auch mit Blick auf die Basis im Einklang mit den Verbänden regionale Aktivitäten zur Nachwuchsförderung der jungen Landwarenkaufleute entwickeln.

In einem Artikel des „Ernährungsdienstes"[18] weist der „Ehemalige" Gustav Mammen jr. auch auf den Aufruf zur Spardosenaktion im Mai 1954 hin. „Die junge Generation will hiermit beweisen, daß sie gewillt ist, unter persönlichen Opfern ihr Scherflein zur Ausstattung der Burg beizutragen und den uneigennützigen Bemühungen der Werber und Verfechter der Lehranstalt moralische Unterstützung zu geben."

Der anfängliche Elan ist nicht verpufft. Über Jahre und Jahrzehnte ist der Arbeitskreis junger Landwarenkaufleute eine beständige Größe, der sich alle zwei Jahre zum dreitägigen Bundestreffen an unterschiedlichen Orten versammelt und dort fachspezifische Exkursionen, Vorträge und Gemeinschaft erlebt.

Nachdem es in den letzten Jahren ruhig um die organisierte Jugend geworden war, haben sich am 09. März 2013 als Arbeitskreis der Bundeslehranstalt die „Agrarhandelsjunioren" (AHJ) neu formiert. Bisher 23 junge Leute wollen mit dem gewählten Sprecher Stefan Eilers, Emsdetten (Stellvertretende Sprecherin Ricarda Moss, Scharnebeck) neue Impulse für junge Leute im Agrarhandel geben. Bei einer Vernetzung der Teilnehmer untereinander und verschiedenen gemeinsamen Aktivitäten wollen sie sich so noch besser für künftige Führungsaufgaben gerüstet sehen. Sie knüpfen bei der gemeinsamen Arbeit organisatorisch und thematisch an die Erfahrungen des früheren Arbeitskreises an. Neben jährlichen Treffen auf der Burg Warberg sollen Tagungen an fachlich interessanten Orten durchgeführt werden, die Betriebsbesichtigungen, Seminarveranstaltungen etc. beinhalten und zugleich die Kontakte verbessern und vertiefen. Erwähnenswert ist das breite professionelle Spektrum, das die Agrarhandelsjunioren als Mitglieder ansprechen wollen. Nicht nur Personen der Agrarhandelsbetriebe, sondern auch Junioren oder junge Führungskräfte der Wertschöpfungskette Agrar sowie Dienstleister sollen mitarbeiten.

Juniorenarbeitskreis
im Landhandelsverband Niedersachsen

6. Arbeitstagung

am 24. und 25.1.1959 auf Burg Warberg

Z e i t p l a n

Sonnabend

8.30 Uhr Begrüssung und Eröffnung
9.00-10.45 Uhr Carl Pretzel, Hamburg: "Die Herkunft … discher, ölhaltiger Futtermittel und … Eigenschaften" mit Aussprache
Aula

11.00-13.00 Uhr ~~Dr. Siebentopf~~, … wissenschaftlic… terung von Milc…
Aula

13.00 Uhr Mittagessen im …

15.00 Uhr Aussprache über …

15.45 Uhr Kaffeepause (Sp…

16.00 Uhr Carl Pretzel, H… ler vom Hamburg…
Aula

19.00 Uhr Abendessen im S…

20.00 Uhr Halle: Filmvorf… (politische Sat…
bis 24.00 Uhr Bierabend im Sp…

Sonntag

8.15 Uhr Frühstück im Sp…

9.00 Uhr Bericht von der … biets und allge…

10.00 Uhr Prof. Dr. G. Di… Landhändler ein… für den Rindvie…
Aula

13.00 Uhr Mittagessen im …

Bundestagung des jungen Landhandels

Auf der Bundestagung des jungen Landwarenhandels werden, wie in den Vorjahren, etwa 300 bis 400 Junioren aus dem Inland und zum ersten Male auch ausländische Gäste in größerer Zahl erwartet, vor allem aus Frankreich, Österreich, den Niederlanden und der Schweiz. Der Präsident des Zentralverbandes des deutschen Getreide-, Futter- und Düngemittelhandels, Rolf Schwarze, Bremen, sowie Direktor Georg Kugler, München, sprechen auf der öffentlichen Kundgebung am 30. Mai um 11 Uhr im Aula-Saal der Alten Universität zu Helmstedt. Die Kundgebung steht unter Leitung des Obmanns des jungen Landhandels, Franz Heming, Darfeld (Westfalen). Ein Referat über das Thema „Landhandel zwischen Steuerpolitik und Wettbewerb“ hat Dr. Hans M. Müller, München, übernommen. Dieser Kundgebung geht ein Auto-Korso entlang der Zonengrenze und durch Helmstedt voraus. Der Nachmittag des 30. Mai ist einer Diskussions-

Alle jungen Landwarenkaufleute und die ehemaligen Lehrgangsteilnehmer von **Warberg** treffen sich zur

Bundestagung 1964 der Arbeitskreise junger Landwarenkaufleute am 29. und 30. Mai 1964 in Helmstedt

Anmeldung sofort durch Überweisung von DM 10,— pro Person auf eines der Sonderkonten: Bank für Landwirtschaft Köln Nr. 1744, Getreide-Kreditbank Hamburg Nr. 1727.

Franz Heming
Bundessprecher

1955-1964

Mehr Information und mehr Kommunikation

Der Warberger Tag (1958) - Der Warberger Merkur, Heft Nr. 1

Die Bundeslehranstalt ist ihrem Selbstverständnis nach mehr als eine fachliche Bildungseinrichtung für den Landhandel. Sie hat immer auch eine Plattform für den Austausch aktueller Fragestellungen zwischen Landhandel, Landwirtschaft, Wissenschaft und Politik sein wollen. Zum Austausch gehören Information und Kommunikation, und zwar in beiden Richtungen, aufnehmend und verarbeitend, von draußen kommend in Richtung Burg – und von der Burg zurück in der Verbreitung an die Beteiligten und Interessierten.

Zwei frühe Beispiele, die dieses heute wesentlich stärker ausgeformte Prinzip verkörpern, sollen diesen Ansatz der BLA exemplarisch belegen:

- Der Warberger Tag (1958)
  und
- der Warberger Merkur, Heft Nr. 1

Bald nach der Aufnahme des eigentlichen Lehrbetriebs entwickelte die BLA unter dem Anspruch, diese aktuelle Plattform vorzuhalten, ein derartiges Angebot, das in Verbindung mit der Delegiertenversammlung unter der Bezeichnung „Warberger Tag" auf der Burg durchgeführt wurde. So entstand eine Veranstaltungsreihe, die zum Beispiel 1958 im Zeichen der Diskussion um grundlegende Fragen des privaten Landhandels stand und insbesondere die Position gegenüber dem in diesen Jahren übermächtig erscheinenden Genossenschaftswesen beleuchtete. Stark beachtet wurde hier der Beitrag des Leiters des Instituts für Handelsfragen, Dr. agr. Jakob Jörissen, der in seinem „grundlegenden und zielweisenden" Vortrag „Der Landwarenkaufmann in unserer Zeit"[19] die Bedeutung und den Wert des privaten Landhandels unter der Perspektive des vorteilbringenden Wettbewerbs eines selbstständigen Unternehmertums herausarbeitete.
Die zahlreiche Beteiligung von Mitgliedern und einer großen Zahl an Gästen der Behörden und der Politik, der Verbände und der Presse ermunterte zum positiven Resümee: „Es war die bisher größte und wohl auch bedeutendste Veranstaltung der Bundeslehranstalt, bedeutend vor allem deshalb, weil nicht Hoffnungen und Wünsche, sondern Tatsachen ausgesprochen wurden, die Tatsache vor allem, daß am Ende des dritten Jahres ihrer Tätigkeit der Aufbau der Bundeslehranstalt vollzogen ist und die Bundeslehranstalt einen festen Platz innerhalb des Berufsstandes der Agrarwirtschaft bezogen hat."

Auf der anderen Seite wollte die Bundeslehranstalt über die Dinge, die auf der Burg erarbeitet wurden, informieren und Ergebnisse auch denen zur Verfügung stellen, die nicht an den aktuellen Veranstaltungen teilgenommen hatten. Daneben sah es der Vorstand des Schulvereins als selbstverständliche Pflicht an, seine Mitglieder über allgemeine und besondere Entwicklungen auf der Burg zu informieren. So entstand aus den ursprünglichen jährlichen Geschäftsberichten ein zunächst kleines und bescheiden aufgemachtes Magazin, der „Warberger Merkur". Der Vorschlag von Dr. Otheinrich Schulze (am 26.11.1956), „eine Hauszeitung ,Warberger Merkur' zu beginnen", wird bald darauf durch die Initiative des Verlegers und Mitglieds Alfred Strothe aktuell. Er macht den Vorschlag „gegen Entbindung von seiner Beitragsverpflichtung" alle Erstellungskosten „für ein Mitteilungsblatt der Bundeslehranstalt" zu übernehmen. Anfangs waren sogar zwölf Ausgaben mit acht bis zwölf Seiten pro Jahr geplant. Die BLA sollte die Texterstellung und den Versand übernehmen. Gleichzeitig sollte der „Warberger Merkur" als „Organ des Junioren-Arbeitskreises des deutschen Landhandels" fungieren.[20]

Das erste kleinformatige Heft beinhaltete unterschiedliche Themen wie die Darstellung und Erläuterung des Programms, einen Bericht über Verkaufskunde und Kundenpsychologie, den Aufbau der Burg, Teilnehmerverzeichnisse und Kurznachrichten für die Junioren. In flotter Ausdrucksweise gibt er auch einführend Auskunft darüber, warum das Blatt ein „Merkur" ist: „Die Bezeichnung Merkur entlehnen wir der antiken Götterwelt, nachdem wir feststellten, daß diese Götterfirma gegenüber ihrer Konkurrenz die größten und dauerhaftesten Umsätze zu erzielen vermochte. Der Inhaber, Herr Merkur, ist nicht der herrschende, sondern der dienende Gott. Eine zweckmäßige Empfehlung!"[21]

Der eingangs erwähnte Vortrag wurde natürlich auch durch den „Warberger Merkur" verbreitet, als Heft Nummer 7 und als Sonderdruck. Der ursprünglich angedachte Ansatz, bis zu zehn Hefte im Jahr herauszubringen, wurde bald durch die eher realistische Zahl von etwa drei Ausgaben pro Jahr korrigiert, bis man später auf einen jährlichen Rhythmus wechselte und Sonderausgaben zu bestimmten Themen bei Bedarf das Spektrum ergänzten.

Warberger Merkur

MITTEILUNGSBLATT DER BUNDESLEHRANSTALT BURG WARBERG E. V.
ORGAN DER JUNIOREN-ARBEITSKREISE DES DEUTSCHEN LANDHANDELS

Nr. 1
April 1957

Burg allein auf weiter Flur

Ist die Bundeslehranstalt historisch einzigartig?

Gab es, als die BLA gegründet wurde, eine organisierte Schulung des Landhandels oder so etwas wie eine Landhandelsschule anderswo oder gar vorher?
Ja und nein, so lautet die Antwort, je nachdem, welche Kriterien man anlegt. Aber eine spezielle zentrale Schulungsstätte mit dem Schwerpunkt für den privaten Landhandel eines ganzen Landes, das hatte es weder in Deutschland und wohl auch nicht in Europa zuvor gegeben. Und dies gilt nicht nur für den Zeitpunkt, als die Reichs-Landhandelsschule 1937 gegründet wurde, es galt auch noch 1955, als der Schulbetrieb für den Landhandel auf der Burg Warberg endlich erstmalig gestartet wurde.
So findet sich zum Beispiel in der Bibliographie des deutschen landwirtschaftlichen Bildungswesens (bearbeitet bis März 1957) kein Titel bei etwa 4000 Aufsätzen oder Buchtiteln, bei dem Landhandelsschulen thematisiert werden.[22]

Andererseits wäre es verkehrt anzunehmen, dass es Formen der Ausbildung im Landhandel und berufliche Fachschulen an sich nicht schon vorher gegeben hätte. Wenn man sich die Geschichte des ländlichen Bildungswesens insgesamt vor Augen hält, kann man einerseits konstatieren, dass schulische und fach(hoch-)schulische Ausbildung in der Landwirtschaft allgemein und in unterschiedlichen Formen hier eine viel längere Tradition beanspruchen kann und dass auch andererseits fachliche Ausbildungsstätten für Spezialgebiete im Agrarbereich durchaus früher initiiert wurden als die Reichs-Landhandelsschule bzw. die Bundeslehranstalt. Mit anderen Worten, die Idee, etwas für die Aus- und Fortbildung des eigenen Berufsstandes, auch nur im Agrarbereich, in Form einer Fachschule aufzubauen, gab es bereits lange vorher.
Wenn - je nach Definition - die Zahl der Spezialschulen im Agrarbereich (gilt für 1965) mit etwa 177 allein schon erstaunen lässt, so haben einzelne Spezialausbildungsstätten eine wesentlich längere Geschichte. Als Beleg sei hier nur die Veröffentlichung „Die landwirtschaftlichen Lehranstalten Europas..."[23] aus dem Jahr 1848 genannt, in der für das Deutsche Reich „vier Wiesenbauschulen, sieben Flachsbauschulen, eine Flachsspinnschule, eine Schäferlehranstalt, drei Akademien für Forst- und Landwirthe, eine Gartenbauschule, eine Unterrichtsanstalt für Obstbau und eine Schule für die Anfertigung landwirthschaftlicher Geräte" aufgeführt werden.
Und dennoch, betrachtet man noch 1963 die Struktur der Berufsausbildung in den landwirtschaftlichen Berufen, so findet sich auch hier bei 177 aufgeführten Spezialschulen nur eine „Landhandelsschule", und damit ist die Bundeslehranstalt Burg Warberg gemeint. Einen Eindruck von dem Charakter der anderen Schulen vermitteln Zahlen ehemals teilweise bis heute bestehender Einrichtungen: 17 Fachschulen für Weinbau, 35 Fachschulen für Gemüse-, Obst- und Gartenbau, 21 Landmaschinenschulen, 17 Viehhaltungs- und Melkerschulen, 7 Lehranstalten für Grünlandwirtschaft und Futterbau, 3 Ausbildungsstätten für Schweinezucht und Schweinehaltung, eine Ausbildungsstätte für Schafhaltung, usw. Zum Schluss dieser Liste seien noch genannt: eine Viehhandelsschule, zwei Korrespondenzschulen, eine Lehranstalt für tropische und subtropische Landwirtschaft, fünf Beraterschulen. Auch die Anbindung eines Schulbetriebs an Musterbetriebe für die Praxis ist kein neues, sondern ein weit verbreitetes Phänomen bei diesen Spezialschulen im Agrarbereich.[24]

Für den Bereich des Agrarhandels soll nicht unerwähnt bleiben, dass bei den Spezialschulen der Landwirtschaft 1963 auch zwölf Genossenschaftsschulen, zum Teil mit längerer Tradition, angeführt werden, von denen bekannt ist, dass inhaltlich einzelne Themen parallel zu denen der Bundeslehranstalt gestaltet werden.

Gemeinsam ist hier beiden Systemen, dass für die Aus- und Weiterbildung die entsprechenden Verbände als Träger der Schulen fungieren, also Raiffeisen bei den

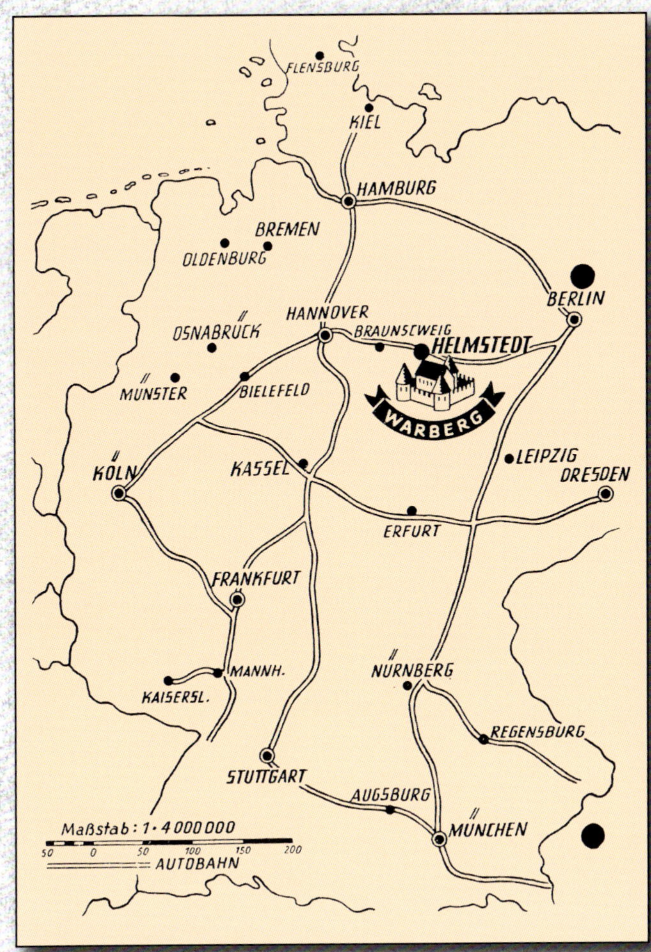

Genossenschaften und ein vom privaten Landhandel getragener eingetragener Schulverein bei den privaten Landkaufleuten.
Immerhin wird in dem Handbuch des ländlichen Bildungswesens unter den Ausführungen zu der Überschrift „Landhandel" für die 60er Jahre nur die Bundeslehranstalt Burg Warberg als (einzige) Institution für die Schulung des Landhandels angeführt und beschrieben.[25]

Eine andere Frage lautet, wie im Landhandel allgemein vor der Gründung des Schulvereins ausgebildet wurde. Es gab zwar zum Teil bis in das 18. Jahrhundert zurückgehende eher wissenschaftliche Untersuchungen und Darstellungen zum Landhandel, aber einen Ort, wo speziell eine Ausbildung für den privaten Landhandel praktiziert wurde, gab es nicht. Insgesamt wurden die jungen Leute des privaten Landhandels durch eine allgemein landwirtschaftliche oder durch eine praktische Ausbildung in ihrem Betrieb geprägt. Es gab besonders in den dominierenden Kleinstbetrieben, die oft Bauern- oder Müllersöhne führten, keine spezifizierte berufliche Schulung auf den Landhandel.

In größeren Landhandelsbetrieben, in denen eine Arbeitsteilung zwischen Hand- und Kopfarbeit bestand, konnten die jungen Leute im Büro zumeist eine allgemein kaufmännische Ausbildung durchlaufen.
Dies galt auch für den Landhandel, den Juden betrieben, die aufgrund der geschichtlichen Bedingungen (Verbot des Landbesitzes für Juden vor der Judenemanzipation) durchweg nicht aus der Landwirtschaft kamen, sondern eher über praktische, dazu über allgemein kaufmännische und oft über bankenspezifische Kenntnisse verfügten.

Mit anderen Worten: Privaten Landhandel hat es, vereinfacht gesagt, als eigene Form des Wirtschaftens seit der Arbeitsteilung auf dem Lande gegeben, aber mit der Entwicklung eines speziellen Aus- und Fortbildungsangebots für den privaten Landhandel an einem zentralen Ort, noch dazu allein auf weiter Flur – mit einer Burg, das scheint auch weiterhin ein Alleinstellungsmerkmal für die Bundeslehranstalt Burg Warberg zu sein.

Es scheint sich sogar abzuzeichnen, wenn es nach den Vorstellungen der heute Verantwortlichen auf der Burg geht, dass der 1955 bei der Gründung geäußerte Gedanke eines Schulungszentrums für den Agrarhandel, der auch auf Europa ausgerichtet ist, verstärkt und konkreter ins Blickfeld einer zukünftigen Entwicklung der BLA gerückt wird.

Der Schulverein und seine Namen

Sich einen Namen geben – sich einen Namen machen

Namen sind manchmal Schall und Rauch, meistens will man aber auch exakt ausdrücken, wofür sie stehen. Manchmal ist aber gerade das ein Problem, zumal Vereinsnamen eher griffig und nicht zu lang sein sollen. Seit 1955 nennt sich der Schulverein „Bundeslehranstalt Burg Warberg e.V." Der Verein hat sich damit in den letzten Jahren einen Namen gemacht, und jeder aus der Branche weiß, wofür er steht. Aber ansonsten?

Klar ist für Außenstehende auf jeden Fall, dass der Verein eingetragen ist, dass er auf der Burg Warberg seinen Sitz hat und dass es sich bei ihm um etwas handelt, was mit Lehre und Schule zu tun hat, obwohl der Begriff Anstalt heute ja nicht gerade nur positiv besetzt ist. Und dann ist es ein Verein, der den Anspruch hat, bundesweit zu agieren. Aber dürfen das nicht eigentlich nur (halb-)staatliche Organisationen? Bundestag, Bundeswehr, Bundesverfassungsgericht, Bundesbahn? Nein, staatlich muss nicht sein, es gibt ja auch die Bundesliga.
Und was lehrt sie nun, die bundesweit agierende Schule als Verein auf Burg Warberg – darüber erfährt der Unwissende nichts.
Und wo bleibt der Landhandel? Aber auch das ist ein Begriff, der bei unterschiedlichen Nutzern zu unterschiedlichen Zeiten mit unterschiedlichen Inhalten gefüllt wurde und wird.

Vor diesen und ähnlichen Fragen standen auch die Namensgeber des Vereins, als sie 1955 nach der Eröffnung der Burg und mit dem Beginn des eigentlichen Lehrbetriebs neu über die Namensgebung des Vereins „Lehranstalt des deutschen Landhandels e.V." – so hieß der Verein seit 1942 – nachdachten.

Als der Geschäftsführende Vorstand 1955 diese Thematik diskutierte, wollte man es bei der Frage der angesprochenen Zielgruppe besonders gut machen. Man wollte sich breit aufstellen und kam, um möglichst niemanden potenziell auszuschließen, auf die folgende einstimmig beschlossene Namensgebung: Lehranstalt Warberg e.V. Aber dann folgte der Zusatz: Schulungsstätte des deutschen Landhandels, des Getreide-, Futter- und Düngemittel- sowie Groß- und Importhandels, des Mehlgroßhandels und des Kartoffelhandels.[26]

Als dieser Name auf der folgenden Delegiertenversammlung zur Abstimmung gestellt wurde, fand er in dieser Ausführlichkeit keine Zustimmung. Im Gegenteil, man einigte sich dort auf „Lehranstalt Burg Warberg e.V." und beschloss, „von einem den künftigen Namen erläuternden Zusatz abzusehen, weil hierin eine Verengung der Basis erblickt wird."[27]

Zum Namen des Vereins, der bis heute Gültigkeit hat, führte die Ergänzung „Bundes" zur Bundeslehranstalt, weil man hoffte, dadurch stärker den bundesweiten Anspruch der Schulungsangebote betonen zu können. Die Bezeichnung „Bundeslehranstalt Burg Warberg e.V." wurde am 6. Oktober 1955 auf der Burg Warberg von der Delegiertenversammlung beschlossen.

Gleichzeitig gab man zur Registrierung beim damaligen Amtsgericht in Schöningen vorsichtshalber mit auf den Weg, falls es Probleme mit der Bundesbezeichnung gäbe, sollte man dann darauf verzichten.

Die Schulungsstätte des Landhandels auf Burg Warberg hatte bekanntlich vorher unterschiedliche Bezeichnungen geführt. Mit der Gründung des Vereins am 11.11.1937 fungierte sie als „Reichs-Landhandelsschule e.V." Im Jahre 1942 wurde ihr, weil es sich nicht um eine Institution des Reiches handele, der Begriffsteil „Reich" entzogen und der Verein umbenannt in „Landhandelsschule e.V." Als letzten Schritt hatte das Reichserziehungsministerium dem Verein per Erlass auch auferlegt, den Begriff „Schule" aus dem Namen zu entfernen, da dies „für Fachlehrgänge ... unstatthaft" sei. So habe „der Verwaltungsrat die Namensänderung in ‚Lehranstalt des Deutschen Landhandels e.V.' beschlossen."[28]

Bei der Wiederzulassung des Vereins nach dem Krieg, am 1. Juni 1948, als Deutsch nicht mehr so groß geschrieben wurde, wurde es die „Lehranstalt des deutschen Landhandels". Dieser Vereinsname wurde also 1955 abgelöst und durch die Benennung „Bundeslehranstalt Burg Warberg e.V." ersetzt.

Namen sind also nicht Schall und Rauch. Manchmal stehen sie aber auch eher durch jahrzehntelange erfolgreiche Arbeit für das, was sie beinhalten.

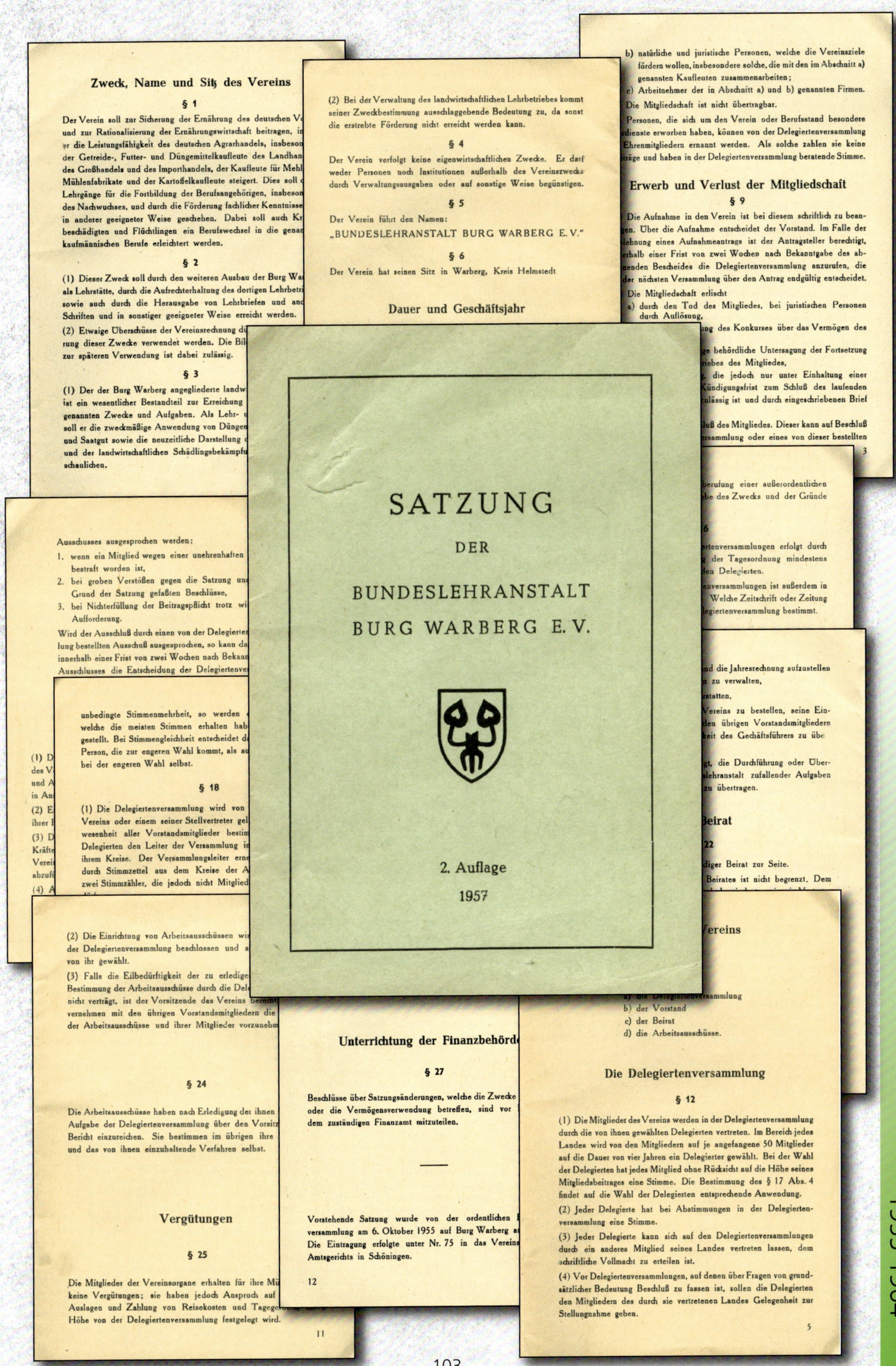

Zweck, Name und Sitz des Vereins

§ 1

Der Verein soll zur Sicherung der Ernährung des deutschen V
und zur Rationalisierung der Ernährungswirtschaft beitragen, in
er die Leistungsfähigkeit des deutschen Agrarhandels, insbeson
der Getreide-, Futter- und Düngemittelkaufleute des Landhan
des Großhandels und des Importhandels, der Kaufleute für Mehl
Mühlenfabrikate und der Kartoffelkaufleute steigert. Dies soll
Lehrgänge für die Fortbildung der Berufsangehörigen, insbeson
des Nachwuchses, und durch die Förderung fachlicher Kenntnisse
in anderer geeigneter Weise geschehen. Dabei soll auch Kr
beschädigten und Flüchtlingen ein Berufswechsel in die genan
kaufmännischen Berufe erleichtert werden.

§ 2

(1) Dieser Zweck soll durch den weiteren Ausbau der Burg Wa
als Lehrstätte, durch die Aufrechterhaltung des dortigen Lehrbetri
sowie auch durch die Herausgabe von Lehrbriefen und and
Schriften und in sonstiger geeigneter Weise erreicht werden.

(2) Etwaige Überschüsse der Vereinsrechnung du
rung dieser Zwecke verwendet werden. Die Bil
zur späteren Verwendung ist dabei zulässig.

§ 3

(1) Der der Burg Warberg angegliederte landw
ist ein wesentlicher Bestandteil zur Erreichung
genannten Zwecke und Aufgaben. Als Lehr-
soll er die zweckmäßige Anwendung von Dünger
und Saatgut sowie die neuzeitliche Darstellung
und der landwirtschaftlichen Schädlingsbekämpfu
schaulichen.

(2) Bei der Verwaltung des landwirtschaftlichen Lehrbetriebes kommt seiner Zweckbestimmung ausschlaggebende Bedeutung zu, da sonst die erstrebte Förderung nicht erreicht werden kann.

§ 4

Der Verein verfolgt keine eigenwirtschaftlichen Zwecke. Er darf weder Personen noch Institutionen außerhalb des Vereinszwecks durch Verwaltungsausgaben oder auf sonstige Weise begünstigen.

§ 5

Der Verein führt den Namen:
„BUNDESLEHRANSTALT BURG WARBERG E.V."

§ 6

Der Verein hat seinen Sitz in Warberg, Kreis Helmstedt

Dauer und Geschäftsjahr

b) natürliche und juristische Personen, welche die Vereinsziele fördern wollen, insbesondere solche, die mit den im Abschnitt a) genannten Kaufleuten zusammenarbeiten;
c) Arbeitnehmer der in Abschnitt a) und b) genannten Firmen.
Die Mitgliedschaft ist nicht übertragbar.
Personen, die sich um den Verein oder Berufsstand besondere
dienste erworben haben, können von der Delegiertenversammlung
Ehrenmitgliedern ernannt werden. Als solche zahlen sie keine
träge und haben in der Delegiertenversammlung beratende Stimme.

Erwerb und Verlust der Mitgliedschaft

§ 9

Die Aufnahme in den Verein ist bei diesem schriftlich zu bean-
en. Über die Aufnahme entscheidet der Vorstand. Im Falle der
lehnung eines Aufnahmeantrags ist der Antragsteller berechtigt,
erhalb einer Frist von zwei Wochen nach Bekanntgabe des ab-
nenden Bescheides die Delegiertenversammlung anzurufen, die
der nächsten Versammlung über den Antrag endgültig entscheidet.
Die Mitgliedschaft erlischt
a) durch den Tod des Mitgliedes, bei juristischen Personen durch Auflösung,
ung des Konkurses über das Vermögen des
ge behördliche Untersagung der Fortsetzung
iebes des Mitgliedes,
, die jedoch nur unter Einhaltung einer
Kündigungsfrist zum Schluß des laufenden
zulässig ist und durch eingeschriebenen Brief
luß des Mitgliedes. Dieser kann auf Beschluß
rsammlung oder eines von dieser bestellten
3

SATZUNG
DER
BUNDESLEHRANSTALT
BURG WARBERG E. V.

2. Auflage
1957

Ausschusses ausgesprochen werden:
1. wenn ein Mitglied wegen einer unehrenhaften
bestraft worden ist,
2. bei groben Verstößen gegen die Satzung un
Grund der Satzung gefaßten Beschlüsse,
3. bei Nichterfüllung der Beitragspflicht trotz wi
Aufforderung.
Wird der Ausschluß durch einen von der Delegierten
lung bestellten Ausschuß ausgesprochen, so kann da
innerhalb einer Frist von zwei Wochen nach Bekann
Ausschlusses die Entscheidung der Delegiertenver

unbedingte Stimmenmehrheit, so werden
welche die meisten Stimmen erhalten hab
gestellt. Bei Stimmengleichheit entscheidet d
Person, die zur engeren Wahl kommt, als au
bei der engeren Wahl selbst.

§ 18

(1) Die Delegiertenversammlung wird von
Vereins oder einem seiner Stellvertreter gel
wesenheit aller Vorstandsmitglieder bestim
Delegierten den Leiter der Versammlung i
ihrem Kreise. Der Versammlungsleiter erne
durch Stimmzettel aus dem Kreise der A
zwei Stimmzähler, die jedoch nicht Mitglied

berufung einer außerordentlichen
be des Zwecks und der Gründe
6
rtenversammlungen erfolgt durch
der Tagesordnung mindestens
den Delegierten.
nversammlungen ist außerdem in
Welche Zeitschrift oder Zeitung
legiertenversammlung bestimmt.

nd die Jahresrechnung aufzustellen
zu verwalten,
statten,
Vereins zu bestellen, seine Ein-
den übrigen Vorstandsmitgliedern
eit des Geschäftsführers zu übe
t, die Durchführung oder Über-
lehranstalt zufallender Aufgaben
zu übertragen.

Beirat

22

diger Beirat zur Seite.
Beirates ist nicht begrenzt. Dem

(2) Die Einrichtung von Arbeitsausschüssen wi
der Delegiertenversammlung beschlossen und a
von ihr gewählt.
(3) Falls die Eilbedürftigkeit der zu erledige
Bestimmung der Arbeitsausschüsse durch die Dele
nicht verträgt, ist der Vorsitzende des Vereins berech
vernehmen mit den übrigen Vorstandsmitgliedern die
der Arbeitsausschüsse und ihrer Mitglieder vorzunehm

§ 24

Die Arbeitsausschüsse haben nach Erledigung der ihnen
Aufgabe der Delegiertenversammlung über den Vorsitz
Bericht einzureichen. Sie bestimmen im übrigen ihre
und das von ihnen einzuhaltende Verfahren selbst.

Vergütungen

§ 25

Die Mitglieder der Vereinsorgane erhalten für ihre Mi
keine Vergütungen; sie haben jedoch Anspruch auf
Auslagen und Zahlung von Reisekosten und Tageg
Höhe von der Delegiertenversammlung festgelegt wird.
11

Unterrichtung der Finanzbehörd

§ 27

Beschlüsse über Satzungsänderungen, welche die Zwecke
oder die Vermögensverwendung betreffen, sind vor
dem zuständigen Finanzamt mitzuteilen.

Vorstehende Satzung wurde von der ordentlichen
versammlung am 6. Oktober 1955 auf Burg Warberg a
Die Eintragung erfolgte unter Nr. 75 in das Vereins
Amtsgerichts in Schöningen.

12

Vereins

b) der Vorstand
c) der Beirat
d) die Arbeitsausschüsse.

Die Delegiertenversammlung

§ 12

(1) Die Mitglieder des Vereins werden in der Delegiertenversammlung durch die von ihnen gewählten Delegierten vertreten. Im Bereich jedes Landes wird von den Mitgliedern auf je angefangene 50 Mitglieder auf die Dauer von vier Jahren ein Delegierter gewählt. Bei der Wahl der Delegierten hat jedes Mitglied ohne Rücksicht auf die Höhe seines Mitgliedsbeitrages eine Stimme. Die Bestimmung des § 17 Abs. 4 findet auf die Wahl der Delegierten entsprechende Anwendung.

(2) Jeder Delegierte hat bei Abstimmungen in der Delegiertenversammlung eine Stimme.

(3) Jeder Delegierte kann sich auf den Delegiertenversammlungen durch ein anderes Mitglied seines Landes vertreten lassen, dem schriftliche Vollmacht zu erteilen ist.

(4) Vor Delegiertenversammlungen, auf denen über Fragen von grundsätzlicher Bedeutung Beschluß zu fassen ist, sollen die Delegierten den Mitgliedern des durch sie vertretenen Landes Gelegenheit zur Stellungnahme geben.
5

1955-1964

Musterbetrieb Gutshof Domäne Besucher Lehrbetr
Besucher Lehrbetrieb Landwirtschaft Musterbetrie
schaft 1938 - 2013 Musterbetrieb Gutshof Domäne
Gutshof Domäne Besucher Lehrbetrieb Landwirtsch
betrieb Landwirtschaft 1938 - 2013 Musterbetrieb G
Musterbetrieb Gutshof Domäne Besucher Lehrbetr
Besucher Lehrbetrieb Landwirtschaft 1938 - 2013 M
Landwirtschaft Musterbetrieb Gutshof Domäne Besu
hof Domäne Besucher Lehrbetrieb Landwirtschaft 19
Lehrbetrieb Landwirtschaft Musterbetrieb Gutshof
terbetrieb Gutshof Domäne Besucher Lehrbetrieb L

Domäne Besucher Lehrbetrieb Landwirtschaft Mu
Landwirtschaft Musterbetrieb Gutshof Domäne Bes
terbetrieb Gutshof Domäne Besucher Lehrbetrieb L
sucher Lehrbetrieb Landwirtschaft Musterbetrieb Gu
1938 - 2013 Musterbetrieb Gutshof Domäne Bes
Gutshof Domäne Besucher Lehrbetrieb Landwirtsch
sucher Lehrbetrieb Landwirtschaft Musterbetrieb Gu
Musterbetrieb Gutshof Domäne Besucher Lehrbetr

b Landwirtschaft Musterbetrieb Gutshof Domäne
Gutshof Domäne Besucher Lehrbetrieb Landwirt-
esucher Lehrbetrieb Landwirtschaft Musterbetrieb
ft Musterbetrieb Gutshof Domäne Besucher Lehr-
tshof Domäne Besucher Lehrbetrieb Landwirtschaft
b Landwirtschaft Musterbetrieb Gutshof Domäne
sterbetrieb Gutshof Domäne Besucher Lehrbetrieb
her Lehrbetrieb Landwirtschaft Musterbetrieb Guts-
8 - 2013 Musterbetrieb Gutshof Domäne Besucher
omäne Besucher Lehrbetrieb Landwirtschaft Mus-
ndwirtschaft 1938 - 2013 Musterbetrieb Gutshof

4. Der Landwirtschaftsbetrieb

Von der Staatsdomäne zum Musterbetrieb

erbetrieb Gutshof Domäne Besucher Lehrbetrieb
cher Lehrbetrieb Landwirtschaft 1938 - 2013 Mus-
ndwirtschaft Musterbetrieb Gutshof Domäne Be-
shof Domäne Besucher Lehrbetrieb Landwirtschaft
cher Lehrbetrieb Landwirtschaft Musterterbetrieb
t 1938 - 2013 Musterbetrieb Gutshof Domäne Be-
shof Domäne Besucher Lehrbetrieb Landwirtschaft
b Landwirtschaft Musterbetrieb Gutshof Domäne

Auf dem Weg zum Musterbetrieb

Das Restgut im Einsatz für die Bundeslehranstalt

Um die Schulung und Fortbildung der Landwarenhändler auch praktisch zu gestalten, war schon in der Gründungsphase 1937/38, also von Anfang an, die Vorstellung gegeben, die Lehrveranstaltungen „in Verbindung mit einem landwirtschaftlichen Musterbetrieb" abzuhalten. Bereits in dem Aufruf zur Gründung hieß es dazu: „Diese Schulung soll durch praktische Arbeit auf dem zur Schule gehörenden Gutsbetrieb untermauert werden."

Insgesamt gesehen ist dieses Konzept des praktischen Bezuges zur Landwirtschaft bis heute durchgehalten worden, wenngleich die „praktische Arbeit" heute eher als praktische Anschauung zu bezeichnen ist und die Gestaltung und Ausrichtung des ehemaligen Gutsbetriebes als Musterbetrieb aus ökonomischen Gründen auch etlichen Veränderungen unterworfen war.

Bei der Standortwahl des Vereins 1937/38 hatte der direkt neben der Burg gelegene landwirtschaftliche Betrieb mit den Ausschlag gegeben, sich unter mehreren möglichen Objekten für Warberg zu entscheiden.

Bereits in der Bilanz nach 60 Jahren BLA konnte die Aussage getroffen werden: „Die Verbindung zwischen Schulbetrieb und Landwirtschaftsbetrieb hat sich in jeder Hinsicht bewährt."[1] Das gilt für seine Funktion als praktisches Demonstrationsobjekt wie auch unter dem finanziellen Gesichtspunkt seiner heutigen erfolgreichen wirtschaftlichen Betriebsführung. Hierin liegt auch die Begründung dafür, dass der Verein Bundeslehranstalt auf den Status der Gemeinnützigkeit verzichtet, weil so bei der vollen Steuerpflicht die Ergebnisse der Betriebe gegeneinander aufgerechnet werden können.

Der Landwirtschaftsbetrieb hat einen langen geschichtlichen Hintergrund. Noch heute wird das Anwesen umgangssprachlich oft als das „Gut" oder als das „Restgut" bezeichnet. Dies hängt damit zusammen, dass bereits zu Zeiten der Monarchie eine rund 574 ha große herzogliche Domäne bestand, zu der auch die heruntergekommene Burg Warberg gehörte. In der Weimarer Republik ging die Domäne dann an das Land Braunschweig über.

Die wirtschaftlichen Ergebnisse der Domäne standen häufig in der Kritik, sodass auch 1918 nach einer Diskussion im Landtag mit Albert Duchstein ein neuer Pächter eingesetzt wurde. Seine Aktivitäten sind in jedem Fall

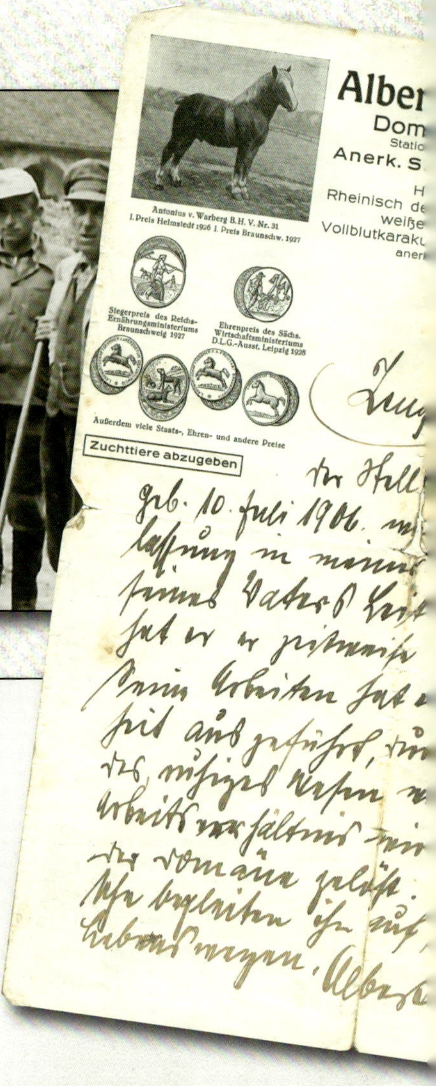

als vielfältig und als vergleichsweise erfolgreich zu bezeichnen. Neben einer anerkannten Saatgutwirtschaft betrieb Albert Duchstein Hochzuchten, nämlich die der Rheinisch-deutschen Kaltblutpferde, der weißen Edelschweine und in Verbindung mit dem Schäfermeister Gustav Brandt Hochzuchten einer Vollblutkarakul- und Landkarakulherde. Insgesamt bezeugten viele Auszeichnungen und Preise diese Arbeit.[2]

Erwähnenswert ist außerdem, dass bis zur Aufsiedelung der Domäne im Jahre 1936 rund die Hälfte der Bewohner des Dorfes Warberg auf der Domäne arbeiteten. Die Landwirtschaft war in dieser Zeit noch sehr durch Handarbeit geprägt und damit auch sehr personalintensiv. Neben der Tierzucht gilt das auch für die betriebene Ackerwirtschaft, den Gartenbau und für eine Brennerei. Handwerkliche Berufe wie Schmied, Sattler, Stellmacher, Tischler, und Maurer waren ebenfalls auf dem Anwesen vertreten. Von daher ist gut nachvollziehbar, dass die Aufsiedelung der Domäne (vergeben an auswärtige Bewerber, die z.T. durch Industriegründungen wie die Salzgitter AG ihre Höfe hatten aufgeben müssen) im Dorf Warberg nicht durchweg begrüßt wurde, wobei heute der Verein Bundeslehranstalt besonders im Bereich des Aus- und Umbaus, des Personals im Hotel- und Gaststättenbereich und der Verwaltung wieder zu einem wichtigen Arbeitgeber für das Dorf und darüber hinaus geworden ist.

Mit der Aufsiedelung der Staatsdomäne Warberg, die ab 1936 begonnen wurde und durch die vierzehn Kleinbauernhöfe neu entstanden, verblieben dem Gutsbetrieb gut 100 Hektar Land, als der Verein Reichs-Landhandelsschule 1938 das Gesamtpaket aus Burg, Gutshof (Schäferei) und landwirtschaftlicher Restfläche erwerben konnte.
Ähnlich wie bei der Burg ging der Verein direkt nach dem Kauf daran, den Aus- und Umbau des ehemaligen Gutshofes zu planen und zu realisieren.

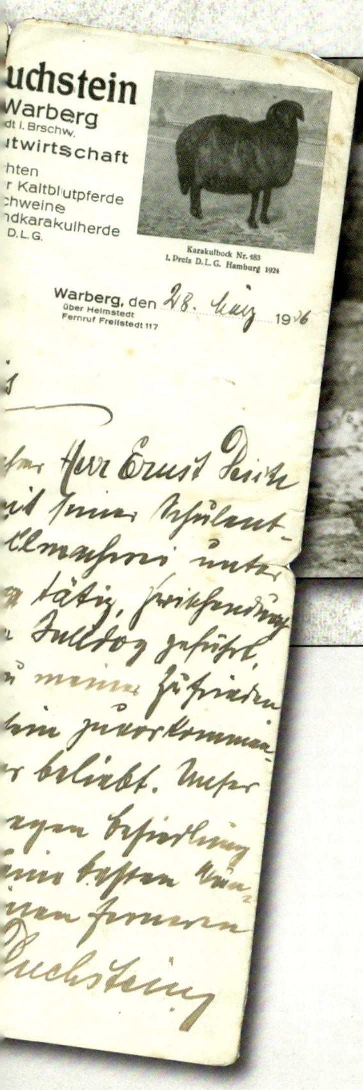

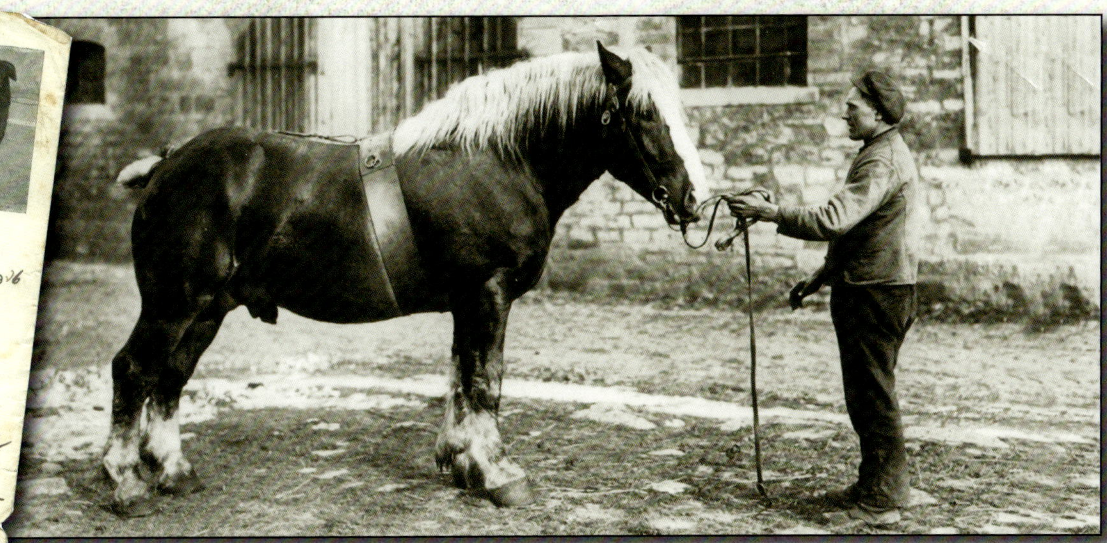

In dem (in der Deutschen Nationalbibliothek vorliegenden) Geschäftsbericht der „Reichs-Landhandelsschule e.V." für die Jahre 1938/39 und 1939/40 wird auch dargestellt, wie bis 1940 der Bereich der Landwirtschaft erfolgreich entwickelt wurde: „Der landwirtschaftliche Teil der Schulungsstätte ist im vorgesehenen Umfang ausgebaut und unter Leitung eines Inspektors in vollem Betrieb."[3]

In der weiteren Darstellung des Berichtes wird die Struktur und (massive) Bauweise des Wirtschaftshofes mit dem neu gebauten Inspektorenwohnhaus vorgestellt. Auch heute noch ein Blickfang sind die ebenfalls neu errichteten, aus zwei Türmen bestehenden Gärfutterbehälter in der Mitte des Hofes. Hingewiesen wird ebenfalls auf neu hergerichtete Werkswohnungen für acht Familien. „Sie wurden ebenso wie auch die Gemeinschaftsräume und hygienischen Einrichtungen für die Gefolgschaft den sozialen Anforderungen entsprechend mustergültig erstellt."
Einen Eindruck von der damaligen Bewirtschaftung geben die Angaben zu dem Viehbestand, zu den Geräten und zu der landwirtschaftlichen Flächennutzung.

Viehbestand:

- 10 Pferde
- 20 Milchkühe
- 17 Rinder
- 3 Kälber
- 2 Zugochsen
- 1 Bulle
- 168 Schafe
- 152 Lämmer
- 1 Eber
- 9 Sauen
- 32 Jungschweine
- 25 Ferkel
- 24 Mastschweine

Für die Bewirtschaftung sind alle erforderlichen Geräte vorhanden, besonders erwähnt wird, dass für Zugleistungen neben den Pferden auch bereits ein Schlepper vorhanden sei. Der Großteil der Wirtschaftsfläche (374 Morgen) wird als Ackerland genutzt, Wiesen und Weideland machen zusammen nur 35 Morgen aus. Der Geschäftsbericht weist auch aus, dass die Enteerträge der Jahre 1938 bis 1940 insgesamt als „befriedigend" bewertet werden, was jedoch keine Aussage dazu herleiten lässt, dass und ob der Hof sich wirtschaftlich selber tragen konnte. Auch die Angaben in den Bilanzen der Geschäftsberichte lassen dazu für diese Zeit keine Aussage zu. Fest steht immerhin, dass es Jahre später Auseinandersetzungen um die Ablösung von Inspektoren gab, bei denen Misswirtschaft und Finanzen das zentrale Argument darstellten.

Entscheidend für diese 1940 abgeschlossene Aufbauphase war, dass der eigentliche Zweck des landwirtschaftlichen Betriebes, nämlich als praktischer Teil der Schulung auf der Burg zu dienen, mit der Umfunktionierung der Burg als Lazarett ebenfalls auf unbestimmte Zeit ausgesetzt war.

Der spätere Geschäftsführer der BLA, Gerhard Grabenhorst, und sein Assistent Günter Oelschlegel, ausgewiesene Landwirtschaftsexperten, haben zu ihrer Zeit nicht nur den Landwirtschaftsbetrieb sehr gut geführt und begleitet, sie haben sich auch beide in einigen Aufsätzen mit detaillierten Informationen zur Geschichte des Landwirtschaftsbetriebs und den jährlichen Ergebnissen der BLA zu Wort gemeldet, die hier nur in Auszügen berücksichtigt werden können.[4]

Und auch sie stellen zu Zeiten des Kriegsendes und der beginnenden Nachkriegszeit sehr kritisch die Leistung der Inspektoren Fritz Kahmann und letztlich auch Hans-Günther Neuenhoff dar.

In der beschriebenen ungeklärten Situation des Vereins nach 1945 erhoben jeweils zur gleichen Zeit zwei Personen den Anspruch, der legitime Inspektor des Restguts zu sein (Dr. Obermüller gegen Kahmann, dann Neuenhoff gegen Kahmann).

Als der vom Vorstand der Lehranstalt des deutschen Landhandels neu eingesetzte Inspektor Günter Neuenhoff 1948 seinen Dienst tatsächlich antreten konnte, basierte das auf einem niederschmetternden Gutachten zur Arbeit seines nun dagegen prozessierenden Vorgängers, das inhaltlich so zusammengefasst wurde:
„Danach befand sich das Vieh in einem erbärmlichen Zustand mit wenig Leistung. Die 10 Pferde waren kaum noch in der Lage, Arbeit zu verrichten. Von den 5 Zugochsen waren nur 2 einsatzfähig. Die 15 Kühe brachten es auf eine Milchleistung pro Kuh und Tag von 2,5 bis 4 Liter. Die Schafe waren abgemagert und hatten ‚Hungerwolle'." Weiter heißt es, „daß die 9 Zuchtsauen lediglich 2 bis 4 Ferkel zur Welt brachten und die Ferkel nach 9 Monaten erst 10 kg wogen...
Das gut arrondierte Gelände des Betriebes soll in 36 ‚Felderchen' aufgeteilt worden sein. 1947 wurden noch 22,1 dt / ha Getreide geerntet und 160 dt / ha Zuckerrüben vom Feld gefahren."[5]

Der angegriffene Fritz Kahmann setzte sich allerdings mit Gegengutachten zur Wehr. Hier erfährt man, dass bis Kriegsende auch „Ostarbeiter" als Zwangsarbeiter im Einsatz waren, die nach Kahmanns Einschätzung halb so viel kosteten und doppelt so gut arbeiteten wie die nun eingesetzten ehemaligen Soldaten.[6]

Mit dem nächsten Inspektor, Ernst Eberhardt, ging es ab 1955 mit dem Landwirtschaftsbetrieb der Bundeslehranstalt bedingt bergauf. Die Indikatoren dafür waren ein verstärkter Maschineneinsatz bei einer verminderten, aber noch relativ hohen Mitarbeiterzahl von 16 Arbeitskräften im Jahr 1960, wobei sich die Stundenlöhne in zehn Jahren verdoppelt hatten.
Es gab zu dieser Zeit, wie auch schon Ende der 40er Jahre, Diskussionen im Vorstand, den ganzen Landwirtschaftsbetrieb zu verpachten.
Als Gerhard Grabenhorst die Führung des Landwirtschaftsbetriebes übernahm, entwickelte sich der Betrieb, auch dank allgemeiner positiver Veränderungen in der

Landwirtschaft, recht positiv. Aufgrund wirtschaftlicher Aspekte ergaben sich dabei auch Umstellungen in der Viehhaltung, sodass (1963) die Schafhaltung und (1969) die Milchviehhaltung und (1979) die ebenfalls unrentabel gewordene Bullenmast eingestellt wurden. Als günstig erwiesen sich hingegen die Bedingungen für eine verstärkte Schweinemast in dem Betrieb (eigenes Getreide als Futter, Mechanisierung der Fütterung, vergleichsweise geringer Personaleinsatz) – so wurde dieser Viehhaltungszweig bis zum Beginn unseres Jahrhunderts auf einen Bestand von rund 1.100 Tieren ausgebaut.

Ein Blick auf die Jahre 1950 bis 2000 bei den Entwicklungen der Stundenlöhne, Weizenpreise und der Erzeugungskosten in Beziehung zueinander zeigt, wie bei einem rasanten Anstieg im Lohnniveau Getreide extrem preiswert wurde (und entsprechend die Fleischpreise niedrig blieben). Die logische Folge war, dass immer größere und leistungsfähigere Maschinen angeschafft wurden. Mit steigenden Futterkosten ab 2007 und sanierungsbedürftigen Stallungen wurde jedoch auch die Schweinmast zunehmend unrentabler. Daher wurde sie 2010 ebenfalls eingestellt.

Gerade auch unter dem Anspruch, ein Anschauungsbetrieb für den Agrarhandel bei der Bundeslehranstalt zu sein, wurde unter Qualitätsaspekten in Anlagen der Getreidelagerung investiert, sodass auch die Qualitätsüberwachung optimiert werden konnte.
Während neben dem Anbau von Zuckerrüben und Getreide auch verschiedene Gemüsesorten eine gewisse Rolle spielten, wurde der Anbau seit 1986 ganz auf Weizen, Wintergerste und Zuckerrüben reduziert.
Das Gelb der Felder das die Feldmark in jedem Frühjahr wie angemalt erscheinen lässt, ist in der Blüte des Rapses begründet, der seit 2005 mit Erfolg auf dem Gutsbetrieb angebaut wird.
Die deutlich gesteigerten Ernteerträge über den Zeitraum von 1950 bis 2000 belegen auch, dass optimale Düngung und gezielter Pflanzenschutz helfen, bestimmte Böden überhaupt oder besser zu nutzen und die Erträge bei verbesserter Qualität zu steigern.[7]

In diesen Zusammenhang der ständigen Aufwärtsentwicklung sind auch die beiden Mitarbeiter des landwirtschaftlichen Betriebes der BLA zu stellen, die während der Zeit von Gerhard Grabenhorst tätig waren, und zwar zunächst Karl Isensee und seit 1981 Christian Rosigkeit. Der seit 32 Jahren auf dem Gutsbetrieb arbeitende Landwirtschaftsmeister und heutige Betriebsleiter bildet seit 1986 im Beruf Landwirt aus. Besonders stolz ist er darauf, dass die 37 jungen Leute die er ausgebildet hat alle ihre Prüfung, mit teilweise mit sehr guten Ergebnissen, bestanden haben und heute selbst Verantwortung in der Landwirtschaft übernehmen.

Nicht zuletzt die steigende Arbeitsproduktivität in Form verstärkter Mechanisierung und Automatisierung in Verbindung mit dem Abbau von Arbeitskräften führte zu den über Jahre guten Bilanzergebnissen des Landwirtschaftsbetriebes der Bundeslehranstalt Burg Warberg. Wenn man sich noch einmal die Arbeitskräftezahl der Domänenzeit oder der Zeit nach 1945 in Erinnerung ruft, dann setzt der aktuelle Personenstand doch ein deutliches Ausrufezeichen: Der ganze Mitarbeiterstamm bestand (1999) aus einem Landwirtschaftsmeister und einem Auszubildenden. Vor sechzig Jahren wurden durchschnittlich zwischen 25 und 30 dt Getreide pro Hektar geerntet, heute liegt der Durchschnittswert bei annähernd 100 dt Getreide.

Was ist heute ein agrarischer Musterbetrieb für den Landhandel? Diese Frage stellt sich die stv. Schulleiterin Frau Dr. Annemarie Heinecke, die in der Geschäftsführung den Bereich Landwirtschaft verantwortet. Und sie fragt sich das mit Blick auf die strukturellen Betriebsveränderungen einschließlich der gegebenen Spezialisierungen in der Landwirtschaft in den letzten Jahren und Jahrzehnten. Von daher drängen sich der BLA u.a. Erwägungen auf, neben einer noch stärkeren Ausrichtung des eigenen Betriebes auf Schulungen, Demonstrationen und Versuche auch Dienstleistungen zu erbringen sowie mit anders strukturierten landwirtschaftlichen Betrieben zu kooperieren.

STOLL

MASSEY FERGUSON
6280
3095

Die Landwirtschaft immer im Blick

Die Verbindung von Landwirtschaft und Agrarhandel

Die Existenz des landwirtschaftlichen Betriebes in der BLA seit der Gründung des Vereins bedeutet letztlich noch mehr als seine Funktion als landwirtschaftlicher Anschauungsbetrieb für die Teilnehmer der Bundeslehranstalt. Es ging und geht den Verantwortlichen in der BLA nämlich auch darum, die gewachsene Verbundenheit von privatem Landhandel und Landwirtschaft zum Ausdruck zu bringen und zu manifestieren. Darüber hinaus lassen sich in der 75-jährigen Geschichte des Vereins auch in den beiden Agrarbereichen häufig parallele Entwicklungen oder Verbindungen aufzeigen.

Die Tatsache, dass in der Gründungsphase des Vereins durch Satzung und geplantes Schulungsprogramm, aber auch durch die Gleichschaltung im Reichsnährstand die Landwirtschaft mit dem Landhandel (wie auch den Genossenschaften und weiteren Branchen) zwangsweise verbunden war, ist schon dargestellt worden. Aber darüber hinaus kann auch darauf hingewiesen werden, dass an der Basis, gerade bei den damaligen kleinen Betriebsgrößen auf beiden Seiten, der persönliche Kontakt zwischen Landhandel und Bauern sehr ausgeprägt war. Viele der kleinen Landhändler, sofern sie nicht Juden waren, stammten aus kleinen bäuerlichen Betrieben und sahen als zweiter oder dritter männlicher Nachkomme im Landhandel ein Chance, ihre landwirtschaftlichen Kenntnisse in den Handel einzubringen und in dem vertrauten Umfeld verbleiben zu können.

„Sie kannten die Bedingungen der Kundenbetriebe am besten und bauten darauf ihre Dienstleistungen auf. ... Man fuhr mit dem Fahrrad zu Kundengesprächen, Pferd und Wagen als Transportmittel waren die Regel. Die Umsätze der Landhandelsbetriebe waren im Durchschnitt sehr bescheiden. ... Bei den Warengruppen überwogen in den 30er Jahren Getreide, Düngemittel, Saatgut, Kartoffeln und einige Futtermittel. Pflanzenschutzmittel im heutigen Sinne gab es noch nicht. Die Annahme der Waren geschah in Säcken und kleineren Verpackungen. Dementsprechend richtete man auch die Gebäude ein. Gefragt waren Lager in einem Bahnhof, weil von dort aus die Logistik einfach und auch relativ preiswert war. Wenn Getreide aus der heimischen Landwirtschaft kam, prüfte man den Feuchtigkeitsgehalt nach Handprobe und stellte lediglich das Hektolitergewicht fest. Die Lagerung der Sackware erfolgte auf den Holzböden, die im Gebäude in mehreren Etagen vorhanden waren. Die Sackkarre gehörte lange Zeit zum wichtigsten Werkzeug. Um die Arbeit zu erleichtern, gab es schon in den 20er Jahren erste technische Einrichtungen. Dazu gehörten Aufzüge, Elevatoren und Siloanlagen."[8]

Wer aus der Sicht des Landhandels den vorangegangenen Beitrag über den Landwirtschaftsbetrieb aufgenommen hat, der wird bereits für sich festgestellt haben, dass weitere Entwicklungen bis heute in parallelen oder einander bedingenden Bezügen fortbestehen. In Beiträgen wie „Der Agrarhandel als Spiegelbild der Landwirtschaft" oder „Die rasante Entwicklung der Landwirtschaft im Landkreis Helmstedt in den letzten 60 Jahren"[9] werden diese übergreifenden, auch strukturellen Entwicklungen verdeutlicht, sie sollen auch hier übersichtsartig zum Ausdruck gebracht werden.

Arbeitskräfte

In beiden Branchen brauchte man viele Arbeitskräfte. Hier wie da wurden bis 1945 Zwangsarbeiter eingesetzt, auch im Landwirtschaftsbetrieb des Vereins. Parallel ergeben sich bis heute strukturelle Veränderungen der Betriebe in beiden Branchen, die die Zahl der Kleinbetriebe durch Aufgabe, Fusionen, Aufkauf verringert und größere Betriebsgrößen mit nicht gekannten Beständen oder Umsätzen entstehen lässt. Der radikale Wandel durch den Einsatz neuer Technik und Techniken muss hier genauso erwähnt werden wie die Spezialisierung der landwirtschaftlichen Betriebe, die spiegelbildlich vom Landhandel aufgenommen wurden. Stichworte sind hier die Mischfutterindustrie, die Betriebszweige Düngung und Pflanzenschutzmittel, Spezialisierung auf leistungsfähiges Saatgut, der neue Betriebszweig „Grüne Warenhäuser", neue Wege der Bearbeitung und Verpackung beim Handel. Hinzuweisen ist auch darauf, wie parallel bei den Abläufen in den Betrieben die elektronische Datenverarbeitung Erzeugung, Steuerung der Betriebsabläufe, Lagerung, Verwaltung und weitere Bereiche veränderte. Der Einsatz verschiedener Systeme über das Internet wie die Satellitentechnik charakterisieren heute moderne Betriebe ebenso wie

die in der BLA vermittelte Nutzung der Warenterminbörsen durch beide Branchen.
Landhandel wie Landwirtschaft haben gleichermaßen erlebt, wie die menschliche Arbeitskraft einerseits immer besser bezahlt wurde und andererseits durch die Kosten in Verbindung mit dem verstärkten Technikeinsatz die Zahl der Beschäftigten insgesamt stark sank. Eine weitere Verbindung von Landwirtschaft und Landhandel besteht darin, dass Entwicklungen der Agrarpolitik, und seit den 50er Jahren entscheidend auch durch die Rahmenbedingungen der EU geprägt, auf beide Branchen in ähnlicher Weise zutreffen und von ihnen umzusetzen sind.
Als letztes konkretes Beispiel sei hier die Tatsache genannt, dass durch die heutige hohe Arbeitsproduktivität der europäischen Landwirtschaftsbetriebe die EU von einem Getreideimportgebiet zum Getreideexporteur werden konnte. Die neuen politischen Rahmenbedingungen (EU-Agrarpolitik ab 2014, Stichwort: Greening) könnten diese Entwicklung jedoch wieder umkehren, wobei durch Vorrangflächen für Natur und Umwelt die EU wieder zum Nettoimporteur von Getreide werden könnte.

Dr. A. Heinecke, Heiko Röver, Christian Rosigkeit, P. Link (v.l.)

MASSEY FERGUSON

JCB
7230
P-TRONIC

1964 - 1992

1964 - 1992

1964 - 1992

1964 - 1992

5.
Die Bundeslehranstalt etabliert sich
Entwicklung des Bildungsangebotes

Gebaut wird eigentlich immer

Durch Ausbau der Burg höherer Standard für die Gäste

Als die Burg 1955 für die Schulung eröffnet wurde, war nicht jedem klar, dass eine passable Unterbringung, eine gute Versorgung, die Schaffung passabler Räumlichkeiten für den Lehr- und Tagungsbetrieb und für Veranstaltungen eine dauerhafte Herausforderung bedeuten würden.

Noch im zweiten Jahr (1956) des Bestehens kam die Burg mit sehr wenig Personal aus. Neben der Geschäftsführung wirkten in der Burg nur eine Wirtschaftsleiterin, eine Sekretärin, eine Küchenleiterin mit zwei Küchenhilfen, dazu ein Buchhalter und ein Hausmeister. Hinzugezogen wurden zunehmend Stundenarbeitskräfte für Hausarbeit und Service sowie für Gartenarbeiten. „Personalwechsel fand nicht statt. Das Personal hat sich in treuer Einsatzbereitschaft bewährt."[1]

Die Unterbringung der Lehrgangsteilnehmer in den ersten Jahren entsprach keinesfalls einem Hotelstandard, erst recht nicht darf man von der heutigen Qualität des Burghotels ausgehen, sondern man sollte für die ersten Jahrzehnte eher von Unterkünften auf einem damaligen Jugendherbergs- oder Landschulheimniveau sprechen. Immer hat man aber versucht, das Niveau im Sinne der Teilnehmer zu verbessern.

In einem frühen Tätigkeitsbericht wird stolz vermeldet, dass vier Unterkunftsräume von Grund auf neu hergerichtet wurden, wobei diese Räume nun auch fließendes warmes und kaltes Wasser hätten. Diese Installation wurde ebenfalls in sechs weiteren Unterkunftsräumen vorgenommen, sodass nun von insgesamt 24 Schlafräumen nur noch 11 ohne jeglichen Wasseranschluss waren. Dies sei aber zu verkraften, „da sie meist mit jüngeren Lehrgangsteilnehmern belegt sind, die den großen Dusch- und Waschraum im Erdgeschoß benutzen."[2]

Andererseits war man sich auch bewusst, dass 70 Betten in 24 Zimmern diese eher zu Schlafräumen machten, die bei einem sechswöchigen Aufenthalt vielleicht trotz vorhandener Gemeinschaftsräume zum Problem werden konnten: „Die abseitige Lage Warbergs, für unsere Lehrgänge durchaus vorteilhaft, hat auch ihre Kehrseite, die durch behagliche Unterkünfte weitgehend wettgemacht werden kann." So hatte man nach und nach die Lazarettbettgestelle ausgemustert und durch „geschmackvolle Eichenholzbettgestelle" ersetzt.

In der Jubiläumsschrift zur 25-jährigen Gründung des Vereins aus dem Jahr 1963 findet sich der folgende optimistische Satz für die ersten Jahre nach der Eröffnung der Burg: „In den folgenden Jahren wird der Ausbau abgeschlossen."[3] In diesem Satz wird ganz einfach die Energie des Vorstands unterschätzt, die Burg ständig den sich verändernden Erfordernissen und steigenden Anforderungen des Lehrbetriebes und der Unterbringung anzupassen. Da ist etwas fertig geworden, da wird etwas Neues begonnen. Ohne Stillstand, bei gewissen besonderen Schüben, gilt dieser Satz der ständigen Veränderung bis heute. Wenn für die jüngere Vergangenheit von dem Ausbau der Oberburg (mit und um den Bergfried) zu berichten sein wird, zeigt auch eine kleine Übersicht der Maßnahmen der ersten Jahrzehnte, dass eigentlich permanent aus- und umgebaut wurde:

- 1959 Zentralheizung von Koks auf Öl umgestellt
- 1965 Ausbau und Eindeckung des Obergeschosses im Wirtschaftsgebäude
- 1970 Erweiterung des Hörsaals II
- 1972 Anschluss an die örtliche Wasserleitung, zusätzlich eigener Brunnen
- 1974 Ausbau der Wohnung im zweiten Obergeschoss des Wirtschaftsgebäudes
- 1975 Einbau von Duschen in 39 Gästezimmer
- 1975 Entstehung des Jugendraums „Burgkeller" in der alten Waschküche
- 1977 Erneuerung des Daches des Burgturmes
- ab 1977 sukzessiver Einbau von 77 doppelverglasten Fenstern an den Außenseiten der Burg[4]

Wie sich die Burg durch entsprechenden Umbau und Modernisierung auch baulich zu einem modernen Lehr- und Veranstaltungszentrum mit Hotelbetrieb entwickelte, wird in späteren Beiträgen dargestellt.

Schulung an einem historischem Ort

Die Burg der Edlen von Warberg

Die Teilnehmer an Kursen der Bundeslehranstalt, die Besucher von kulturellen Veranstaltungen, die Gäste bei Feiern, sie alle loben die heutige einladende Atmosphäre der Burg Warberg. Die wieder hergerichtete Anlage bietet viel; einige ehemalige Teilnehmer berichten, dass sich in ihrer Vorstellung ein untrennbares Erinnerungsbild der Schulung in Verbindung mit der Burg eingeprägt hat.
Wenn heute also die Burg wieder den besonderen Rahmen für das Lernen und Leben bildet, dann sollte hier auch das Interesse an der mittelalterlichen und frühneuzeitlichen Burg angesprochen werden.
Bevor der Schulverein 1938 die Burg übernahm, hatte diese – so war es augenfällig – ihre eigene Geschichte schon hinter sich. Sie war in gewisser Weise dem Verfall überlassen, weil sie in der Domänenzeit zuletzt nur noch in Teilen wirtschaftlich und in einem kleinen Teil als Wohnraum genutzt wurde, ohne wirklich instand gehalten zu werden. Und die Burg war auch deshalb heruntergekommen, weil das hier zuvor herrschende Geschlecht der Edlen von Warberg am Ende bedeutungslos, verarmt und schließlich ausgestorben war.

Verfall und Untergang charakterisieren besonders die Endphase der einst sehr bedeutenden Geschichte der Burg Warberg und des hochadeligen Geschlechts, das sie bewohnte.
Freilich, wer heute nach Warberg kommt in der Erwartung, hier den ältesten Renaissance-Bau in Niedersachsen[5] zu erleben, der betrachte besser den Merian-Stich aus dem Jahre 1654. Dort ist der Glanz der Renaissance in dem schlossartigen, den Bergfried umschließenden Bau in aller Pracht zu sehen. Zu dem zeitweisen Niedergang von Warberg gehört auch, dass hier nicht buchstäblich auf Sand gebaut wurde, aber das zu wenig befestigte sumpfige Fundament unter dem Gewicht der Renaissancebauten nachgab und der Bau bis auf die Grundmauern zurückgebaut werden musste. So ist der Charakter der zuletzt mit einem immensen Kraftaufwand des Vereins und des Freundeskreises hergerichteten Oberburg als eindrucksvoll, aber im Vergleich zur Renaissance als eher schlicht zu beschreiben.

Der Ausgangspunkt für diese Geschichte der Burg[6] ist wiederum die Zerstörung der ursprünglichen oder alten War-

burg, die zwei Kilometer weiter auf dem Elm gelegen war. Zu dieser Zeit „stand das hochangesehene Geschlecht in der Gunst des Landesherren", der Welfen, namentlich des Herzogs Heinrich des Löwen. Für ihre Dienste wurden die Edlen von Warberg reichlich mit Lehen bedacht. Neben dem Besitz um Warberg erstreckte sich das Lehen über 71 Dörfer, mehrere Güter sowie die Sommerschenburg.
Im Streit um die deutsche Krone stellten sich die Warberger hinter den Welfen Otto IV., befanden sich damit auf der Verliererseite und mussten um 1200 n.Chr. die Zerstörung ihrer alten oder originären Burg durch den kaisertreuen Erzbischof Ludolf von Magdeburg hinnehmen.
Spätestens um die Mitte des 12. Jahrhunderts gründeten die ungebrochenen Edlen von Warberg jedoch die Burg, um die es heute geht. So ist jedenfalls der jetzige mächtige Bergfried zu datieren, der zuerst als Verteidigungszentrum (dazu Wohn- und Lagerturm) in die Oberburg gesetzt wurde, wobei zusätzlich die ganze Burg umgebende Wassergräben Schutz bieten sollten.
Obwohl selbst nicht gräflich, waren die Edlen von Warberg mit vornehmsten Familien verwandt oder verschwägert, und aus ihrem Geschlecht gingen bedeutende Persönlichkeiten hervor: Hermann von Warberg ist 1350 als Hochmeister des Johanniter-Ordens belegt, weitere Angehörige des Geschlechts waren Bischöfe von Halberstadt, Domherren in Magdeburg oder Äbte von Werden und Äbtissinnen von Gandersheim sowie Landeskomturen von Süpplingenburg.

Im 16. Jahrhundert setzten die Warberger erneut auf das falsche Pferd. Sie schlossen sich der protestantischen Seite gegen den katholisch gebliebenen Herzog Heinrich den Jüngeren an und unterlagen in der Schlacht bei Sievershausen (1552), wodurch das Allodiallehen der Warberger zum herzoglichen Lehen umgewandelt wurde. Immerhin setzte sich der Kurfürst von Brandenburg beim Kaiser für die Edlen von Warberg ein, so dass Christoph von Warberg auf die Burg zurückkehren konnte.
„Diese Niederlage aber hat die Stärke und wohl auch die Gesinnung des Geschlechts gebrochen, das dennoch anspruchsvoll blieb und mit wachsender Neigung zu repräsentativer Lebenshaltung nach der Mitte des 16. Jahrhunderts jenen Neubau um den Bergfried auf der Oberburg vornahm. Es (muß) ein sehr stattliches dreigeschossiges (plus zwei Dachgeschosse, M.R.) Gebäude mit verzierten Giebeln in den noch strengen frühen Formen der deutschen Renaissance gewesen sein."[7] Aber das, was Anton der Ältere errichtet hatte, brach – wie erwähnt – bald zusammen.
Der 30-Jährige Krieg und eine wachsende Verschuldung besiegelten den Untergang des Geschlechts der Edlen von Warberg. Die Zeit um das Jahr 1650 kann dann als das Ende der Geschichte dieses Geschlechts angesehen werden, als Herzog August der Jüngere von Braunschweig-Wolfenbüttel wegen dessen übermäßiger Verschuldung und wegen dessen „unanständiger" Ehe mit einer Magd auf der Burg Heinrich Julius den Älteren von Warberg endgültig von der Burg vertrieb. Als dieser Warberger Edle 1654 starb, war das Geschlecht am Ende.
„Anspruchsvoll, aber auf schwachen Füßen"[8], es ist, als ob diese Aussage für das Geschlecht der Edlen von Warberg wie für die damalige Burg seine Gültigkeit hatte.
Eine kurz gefasste Chronik der Burg findet sich im Anhang.

Auf den Spuren von Margarete

Waren es nur die Bäume oder habe ich tatsächlich Kettengerassel gehört... ich überlege, Dielen knarren .... Jetzt bekomme ich Angst. Langsam stehe ich auf und gehe auf den Flur... ich sehe etwas Weißes um die Ecke huschen.

Nun bin ich hellwach und neugierig.... Wer war das? Es ist spät - draußen ist es dunkel, der Bergfried der Oberburg erstrahlt hell. Fledermäuse flattern über den Hof – gedämpfte Geräusche nehme ich wahr. Aber welches war die Ursache für das merkwürdige Geräusch, die weiße Gestalt?

Vielleicht ein Gast? Einer der zahlreichen Hochzeitsgesellschaften in der Hofstube? Mein Weg führt mich Richtung Oberburg. Langsam öffne ich die alte Holztür und trete in den Eingangsbereich, aus der kleinen Schreibstube kommen wohlriechende Gerüche, ein prachtvolles Buffet mit allerlei Köstlichkeiten aus dem Umland sehe ich dort, das sieht lecker aus.

Keine Spur der weißen Gestalt.

Aus der „Hofstube" höre ich fröhliche Tanzmusik, viele Stimmen, Gelächter. Ich öffne langsam die schwere Tür und schaue durch einen Spalt – tatsächlich die Feier ist im vollen Gang – eine ausgelassene rauschende Ballnacht. Kellner servieren ausgesuchte Weine und andere hochwertige Getränke. Auf den Tischen funkeln die Gestecke im Kerzenschein und der Kamin gibt wohlige Wärme.

Hier kann es auch nicht sein, ich höre etwas über mir... schnellen Schrittes gehe ich in die Heimatstube – liebevoll eingerichtet mit vielen historischen Stücken – schaue mich um. Rums, eine Tür fällt zu.

Das war die Turmtür. Ich beschließe auf den Turm zu steigen, um mir von dort einen Überblick zu verschaffen. Beim Öffnen der Tür höre ich markerschütternde Schreie – soll ich weitergehen? Meine Neugierde ist stärker als die Angst. Ich steige langsam und leise die alten Stufen zum Turm hinauf. Oben angekommen schaue ich auf die Burganlage. Der schummerige Fackelschein und die romantische Hofbeleuchtung lassen mich nicht viel erkennen. In weiter Ferne sehe ich die Lichter von Helmstedt und Königslutter.

Doch wo ist die weiße Person?

Merkwürdig - gibt es noch einen anderen Abgang? Was ist hinter dieser Tür? Die ist mir beim Besteigen des Turmes gar nicht aufgefallen. Was sich wohl dahinter verbirgt? Ich öffne die Tür langsam und vorsichtig und trete in ein kleines Zimmer ein, bodentiefe Fenster ermöglichen mir einen tollen Ausblick, aber auch hier ist niemand. Ich setzte mich auf die Couch und denke nach und die Müdigkeit übermannt mich.

durch die Burg

Florian Hary

Ich schrecke hoch, was war das? Schon wieder ein neues Geräusch. Ein Blick aus dem Fenster verrät mir, das es bereits Tag ist. Das Geräusch war der Turmfalke, ich bin beruhigt, doch ich erinnere mich auch an die geheimnisvolle Begebenheit von gestern Nacht. Der Sache möchte ich nun auf den Grund gehen. Ich stehe auf und gehe die Treppe hinunter, die Räume sind menschenleer.

Ich trete aus dem alten Portal und lasse meinen Blick über den Burghof schweifen, massive Gerüste lassen darauf schließen, dass hier große Bauarbeiten getätigt werden. Was wohl hier gebaut wird?

Entschlossen wende ich mich ab und gehe durch den historisch angelegten Garten neben der Oberburg. Hier kann ich Kraft tanken und meine Gedanken sortieren.

Das leise Plätschern des Stifterbrunnens und die ersten Sonnenstrahlen geben eine wohlige Atmosphäre.

Mein Weg führt mich weiter zum Kräutergarten, der Geruch von Basilikum und Minze steigt mir in die Nase. Hier also holt der Burgkoch die Kräuter für die köstlichen Speisen. Ich verweile dort ein bisschen auf der massiven Mauer und lasse meinen Blick durch die Parkanlage schweifen.

Dort, wo jedes Jahr der Warberger Schützenkönig den Baum des Jahres pflanzt – unweit der kleinen gemütlichen Grillhütte. Enten flattern über den Teich, ich stelle mir vor, wie die Burg einst von diesem Wassergraben umschlossen war.

Mein Weg treibt mich weiter, ich gehe den Pfad am Wasser entlang und gelange über die Straße zum Eingang der Burg – ein Kunstwerk steht zu meiner Rechten. Ich trete näher, eine steinerne Spirale mit allerlei Zeichen – vielleicht finde ich hier etwas, was mein Rätsel lösen kann?

Nun bin ich am massiven Burgtor angekommen – ich trete ein und biege rechts durch einen Durchgang – ein toller kleiner versteckter Garten, Rosen die an der Mauer ranken und ein Hinweis, dass dies alles von den Warberger Schützendamen gestiftet wurde. Ich bin erstaunt, wie tief der Ort mit der Burg verbunden ist, und freue mich zugleich immer wieder tolle neue Orte zu entdecken – gern würde ich länger verweilen, doch mein Weg führt mich weiter auf den Burghof.

Hier stehe ich nun und schaue ehrfürchtig zu dem massiven Bergfried, es spielen sich Bilder vor meinen Augen ab – Bilder wie es noch vor einigen Jahren war. Der Bergfried war stark restaurierungsbedürftig und konnte nicht genutzt werden. Nun erstrahlt er im hellen Glanz - ein Meisterwerk.
Während ich so über den Hof schaue, kommen mir erneut Bilder in den Kopf, ich höre klassische Musik, sehe Szenen von Konzerten und Opern, ein Traum – Sommernachtstraum.

Immer noch entschlossen, mein Rätsel der Nacht zu lösen, trete ich in den Empfangsbereich ein, ich sehe eine Treppe, die hinaufführt, und höre Stimmen. Dort will ich hin.
Die Stimmen sind hinter einer alten großen Holztür, vorsichtig öffne ich die Tür und schaue hinein. Dort sehe ich eine Trauung, stimmt, ich hatte gehört, hier ist ein Standesamt – das muss es sein. Ein mit Stuck verzierter Raum bietet einen schönen Rahmen für solch einen Anlass. Man traut sich auf der Burg.

Ich gehe weiter über den Flur, einige Zimmertüren stehen offen. Tolle Zimmer sehe ich, alle gemütlich eingerichtet und mit Stil. Der knirschende Boden, zuweilen schief, gibt mir stets das Gefühl – eine alte Burg zum Wohlfühlcharakter.

Am Ende stoße ich auf einen großen Raum, eine Bühne mit einem Klavier, ein toller Raum. Was man hier alles erleben kann, Konzert, große Tagungen und sicherlich auch rauschende Feste. Aber auch hier, keine Spur der nächtlichen Gestalt.
Im Vorraum sehe ich ein Treppengeländer, aus massiver Eiche gefertigt. Ich überlege. Das habe ich schon einmal gesehen. Jetzt fällt es mir ein – beim Bundespräsidenten in Schloss Bellevue in Berlin. Wie das wohl hierher gekommen ist?

Die Stufen steige ich hinab, vorbei an verschiedenen verschlossenen Türen. Da eine alte Karte mit der Burg und einer Flurbezeichnung Weinberg. Auch Wein soll es hier geben und eine Weinkönigin. Wer wohl auf den Gedanken gekommen ist. Da ist sie ja – die Gedankenwand. Interessant .... Weiter geht es in den nächsten Raum – die Burghalle. Hier lässt es sich gut aushalten – Balken und historische Möbel zeugen von der alten Zeit – wohlriechender Kaffee und kleine Snacks deuten darauf hin, dass man hier bei einer Tagung wunschlos glücklich sein kann.

Meine Neugierde ist immer noch nicht gestillt. Entschlossenen Schrittes gehe ich in Richtung Rezeption.
Doch halt, was ist das?
Ein Durchbruch und eine Treppe, die kenne ich nicht. Das ist doch bestimmt des Rätsels Lösung – geheime Wege. Meine Entscheidung steht fest, ich gehe diese geheime Treppe.
Auf einer großen Baustelle finde ich mich wieder – zum Glück liegen hier Pläne und Bilder. So sehen also die neuen Zimmer aus – Luxus pur. Sogar ein eigene Suite für Hochzeitspaare, Whirpool und Sauna – da wird Heiraten zum unvergesslichen Erlebnis.

Aber auch hier keine weiße Gestalt, ich nehme den Lift ins Erdgeschoss und gehe auf den Hof. Dort sehe ich eine Treppe unter der Oberburg – die Tür steht offen. Ich erkenne im Dunkeln ein schattiges Gewölbe mit Stalaktiten an der Decke. Am Ende befindet sich ein dunkler Gang, das ist sicherlich mein Ziel. Der Gang wird enger und enger, am Ende eine Tür.
Mit großer Erwartung schlage ich die Tür auf.

Damit hätte ich nicht gerechnet, ich stehe in einem Gang, kein dunkles Verlies, keine geheimes Versteck. Der Gang führt mich zu

einem Wintergarten – wunderschön eingedeckt, schmackhafte Gerüche kommen aus der Küche und eine erlesen Auswahl an Getränken bietet sich mir. Der kleine lauschige Innenhof des Wintergartens lädt zum Verweilen ein.

Doch ich will weiter. Durch eine Tür mit historischem Wappen trete ich in den Speisesaal, zahlreiche Menschen sitzen hier und genießen gar köstliche Speisen

Aber mein Rätsel ist nicht gelöst, also stehe ich wieder auf dem Burghof, dort treffe ich endlich einen Mitarbeiter. Soll ich ihn fragen?
Fest entschlossen spreche ich ihn an – erzähle ihm vom rauschenden Fest und den Geräuschen. Verwirrt schaut er mich an, gestern Abend?

Nein, da war keiner hier, aber wir haben einen Geist – Margarete wohnt seit vielen hundert Jahren auf der Burg und schleicht nachts durch die Gänge – auch von einer Magd und einer Herzogin erzählt er mir.

Ich setze mich auf die Bank und überlege ganz in Ruhe – war das alles nur ein Traum? Nein – es war Realität, erlebt auf der Burg Warberg.

Wenn Sie das Besondere suchen und das Außergewöhnliche finden wollen:
Kommen Sie auf die Burg, um auf den Spuren Margaretes dieses traumhafte Ambiente der Burg zu erleben.

Margarete von Warberg

Margarete von Warberg, seit 1582 Äbtissin des Stiftes Gandersheim. Margarete lebte in der unruhigen Zeit der Reformation. Im Juni 1587 wird im Keller des Stifts ein totes Kind gefunden, es ist vergraben. Das weibliche Personal und die Stiftsdamen werden von Hebammen mittels der „Milchprobe" untersucht. Margarete wird entlarvt und gesteht die heimliche Geburt eines nicht lebensfähigen Kindes.
Als Strafe wurde sie angeblich am 10.07.1587 bei lebendigem Leibe auf der Staufenburg eingemauert. Durch eine kleine Öffnung in der Mauer reichte man ihr gelegentlich etwas Brot und Wasser. Am 1.9.1597 soll sie durch den Tod erlöst worden sein. Gerüchte hielten sich seitdem, dass es sich nur um eine Scheinbeerdigung handelte und Margarete in einer Etage des heutigen Herrenhauses zu Warberg Unterschlupf fand. Seit dem Tod von Margarete, so die Sage, geistert sie in den Gemäuern der Burg und findet keine Ruhe. Bei Wind hört man sie nächtens zuweilen klagen. Manch einer hat sie im weißen Gewand flüchtig gesichtet.

Zeigen, was war

Impressionen der Burg

Viele Teilnehmer spüren und nutzen sehr wohl das Ambiente und die Atmosphäre der Burg, ohne jedoch die Zeit oder die Gelegenheit zu finden, sie näher in Augenschein zu nehmen. Dabei hat sich bis heute ein vielfältiges Angebot entwickelt, die Burg und ihre Geschichte unter fachlicher Führung näher in Augenschein zu nehmen und Dinge zu erfahren oder zu entdecken, die sonst eher übergangen werden.
Nachwuchsarbeit fängt hier früh an. Bereits kleine Kinder werden hier in fantasievollen Workshops an das Ritterleben und die Burg herangeführt. Für spezielle Aspekte der Architektur, der Bau- und Renovierungsgeschichte steht Bauleiter Wolfgang Koopmann stets gern zur Verfügung. Oder man schließt sich einer szenischen Führung an, bei der Magd Anna oder weitere Personen aus der Historie der Burg in Kostümen die Burg erzählend und spielend näher bringen.

Kontinuität und Veränderung

Das Bildungsangebot entwickelt sich

Am Ende der Ära Gerhard Grabenhorst wird – darüber ist anschließend zu berichten – die Berliner Mauer gefallen sein, und es werden sich neue Chancen für die BLA eröffnen. Aber auch vorher, zu Zeiten des Ost-West-Konflikts und der westeuropäischen Einigung mit EWG, EG und EU stellen sich für die Landwirtschaft und den Agrarhandel zahlreiche Herausforderungen, die über die bereits beschriebene Thematik der Strukturveränderungen hinausgehen. Gerhard Grabenhorst, der Leiter der BLA in diesen Jahren, sieht diese Jahrzehnte als eine Bewährungsprobe der Marktwirtschaft, wobei er sein Augenmerk besonders auf die mittelständischen Betriebe richtet, zu denen die Mehrzahl der Unternehmen des Agrarhandels gezählt wird. Die Anliegen dieser Jahre richten sich auf folgende Themen:

- gleiche Wettbewerbschancen gegenüber Mitbewerbern der Europäischen Gemeinschaft,
- (zu) hohe Umweltforderungen im Bereich Lagerung, Aufbereitung, Absatz,
- (überzogene) Anforderungen mit erhöhtem Aufwand durch EG-Bürokratie,
- zu stärkende Unterstützung der Aus- und Weiterbildung bei den Betrieben,
- zu stärkende Beratung der Betriebe, besonders der kleinen und mittleren, um Veränderungen, Anpassungsprozesse und Kooperation effektiv zu gestalten,
- Förderung von Rationalisierungsinvestitionen für mittelständische Betriebe.[9]

Ziel der Verantwortlichen in der BLA war es auch zu dieser Zeit, auf alle Veränderungen in der Agrarwirtschaft einzugehen und Antworten darauf zu finden. Im Grunde ist hier neben dem eigentlichen Ausbildungs- und Förderungsprogramm, bei dem man ebenfalls versuchte, mit der Zeit zu gehen, ein seminaraktuelles Angebot zu schaffen, das in Verbindung mit den Handelstagen und den Delegiertenversammlungen als „Chefgespräche" besonderen Wert auf gegenwärtige und zukünftige Entwicklungen nahm, wie es Gerhard Grabenhorst 1989 zusammenfassend zum Ausdruck brachte: „Damit fanden alle Veränderungen in der Agrarwirtschaft sehr schnell ihren Niederschlag im Unterrichtsprogramm unserer Schule und in den Themen unserer wichtigen Unternehmertagungen und Chefgespräche." Auch auf dieser Basis zeigte sich die Überzeugung von Gerhard Grabenhorst damals wie heute, „daß wir im Agrarhandel diese Prüfungen bestehen werden."[10]

Wie hatte sich nun in den 70er und 80er Jahren das breite Schulungs- und Bildungsangebot der Bundeslehranstalt entwickelt?

Bei der Grundstruktur der Ausbildung, Fortbildung, Seminartätigkeit haben sich zu dieser Zeit gewisse bewährte Basiselemente entwickelt, die zumeist bis heute Bestand haben. In diesem Wechselspiel von Veränderung und Kontinuität bildete sich ein Gerüst des Lehrbetriebs mit folgenden Konstanten heraus, das abstrahiert so dargestellt werden kann:

- Die Angebote eines ganzen Jahres werden zu einem Jahresangebot gebündelt und als eigenes Programmheft und auf weiteren Wegen vorgestellt und verbreitet.
- Die Lehrinhalte werden wie zuvor vorgehalten und weiter ergänzt durch Angebote der Lehrlingsausbildung, der Fortbildung und durch spezielle, oft tagesaktuelle Seminare.
- Diese Angebote sprechen junge Menschen in der Ausbildung ebenso wie erfahrene Kräfte sowie Führungskräfte an.
- Die Schule hat den Charakter einer Fach- oder Spezialschule für den Landhandel und für verwandte Breiche, die jeweils partielle und ergänzende Kompetenzen und Einsichten vermittelt.

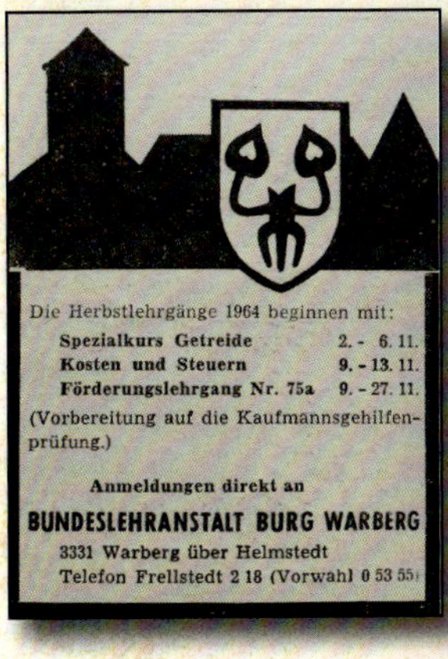

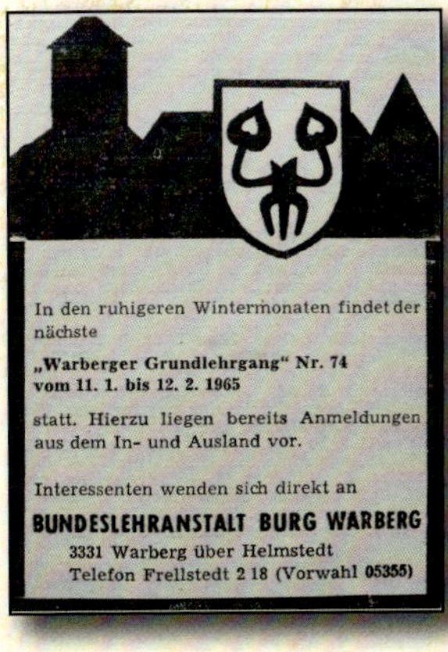

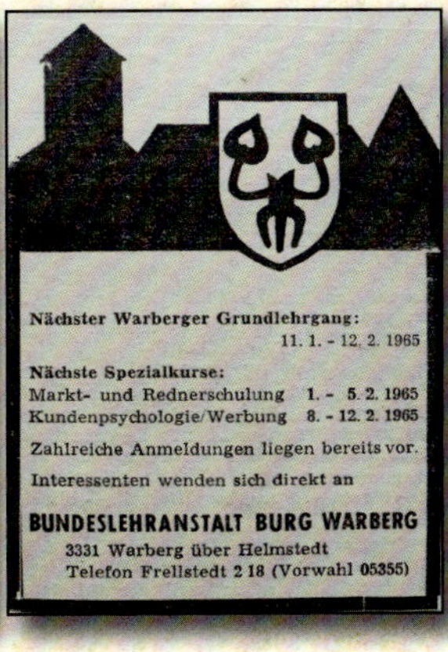

- Die Teilnahme ist immer freiwillig, die Dauer der Veranstaltungen reicht von Ein-Tages-Seminaren bis zu sechswöchigen, später dreiwöchigen Förderungslehrgänge.
- Die Teilnehmer wohnen bei mehrtägigen Veranstaltungen vor Ort, dafür stehen zunächst internatsartige „Schlafräume" und eine „Kantine" zur Verfügung, die Entwicklung zum „Hotel" und „Speisesaal" zeichnet sich ab.
- Es bleibt eine unabhängige, nicht-staatliche Einrichtung als Schul-Verein, finanziell auf der Basis der Mitgliederbeiträge, Spenden und Gebühren, gleichwohl werden partiell öffentliche Fördergelder in Anspruch genommen, und in Teilen bestehen im Sinne der Teilnehmer Absprachen und Vereinbarungen mit dem staatlichen Bildungswesen.
- Der Landwirtschaftsbetrieb ist immer, wenn sinnvoll, integrativer Teil der Schulung.
- Das Prinzip der minimalen Stammbesetzung zugunsten einer Vielzahl auswärtiger, partiell eingesetzter fachkompetenter Dozenten bleibt bestehen. Der dadurch gegebene flexible, kompetente und aktuelle Praxisbezug wird weiterhin höher eingeschätzt als die didaktisch und methodisch möglicherweise ausgeprägtere Kompetenz pädagogisch ausgebildeter Dozenten.
- Die Bundeslehranstalt Burg Warberg sieht sich als nationales Bildungszentrum im privaten Landhandel und Agrarbereich; die Aus- und Fortbildung sowie

Den deutschen Agrarmarkt in der EWG stärken

Landhandels-Studientage in der Burg Warberg — Teilnehmerzahl der Kurse steigt

Hinweise, daß alle Kräfte gemeinsam angespannt werden müßten, den deutschen Agrarmarkt im Rahmen der Europäischen W... zu stärken, ware... rigen „Studien... Landhandels" in ... Burg Warberg.

teilhafter entwickelte Kühlkonservierung von Getreide, die nicht nur geeignet sei, den Mangel an Trocknerein...

Als sehr bedeutsam für eine rationelle Arbeitsweise wurde während der Studientage in Burg Warberg ein ...

ERNÄHRUNGSDIENST — Deutsche Getreidezeitung

Der Bauer als Unternehmer

Agrarseminar westfälischer Landhändler und Landwirte auf Burg Warberg

Von unserem westdeutschen Sz-Korrespondenten

„Der Bauer als Unternehmer" war das Thema eines Agrarseminars, das der westfälische Landhandel vom 14. bis 16. Februar in der Bundeslehranstalt Burg Warberg veran-

höchste Konzentration, ließ andererseits aber die Gruppe der Teilnehmenden zu einem echten Seminar zusammenwachsen.

An den drei Tagen wurden die drei wichtigsten Zweige der tierischen Veredlung behan-

die Tagungen finden auf der Burg statt und nicht anderswo.

- Die Bundeslehranstalt fühlt sich der Zielgruppe des begrifflich erweiterten Agrarhandels verbunden, ist stark mittelständisch ausgerichtet und steht in dieser Zeit in einem ausgeprägten Gegensatz zum Landhandel im Genossenschaftswesen.
- Die BLA hat sich in ihrer Funktion nicht nur als feste Größe etabliert, sondern sie verzeichnet insgesamt kontinuierlich steigende Teilnehmerzahlen, während die Mitgliederzahl des Schulvereins analog zu der strukturbedingten Reduzierung der Zahl der Landhandelsbetriebe abnimmt.

Bei den Auszubildenden und Jungkaufleuten kamen zu den bewährten Inhalten weitere Fachgebiete einer „überbetrieblichen Ausbildung" hinzu wie Agrarmarktkunde, Einheitsbedingungen und Schiedsgerichtwesen im Agrarhandel, EDV im Landhandel sowie Einblicke in das Börsen- und Zollwesen. Für etwas ältere Teilnehmer, die schwerlich wochenlang entbehrt werden können, wurden einwöchige Spezialkurse durchgeführt. Das Angebot konnte im Laufe der Zeit ständig ausgeweitet werden, sodass zu den bekannten Themen wie Getreide, Futter etc. auch weitere Felder wie Verkaufstraining, Marketing, Kostenrechnung und Betriebsanalysen erschlossen wurden. Für eine Form der Zusammenarbeit mit der IHK Braunschweig steht das neu eingerichtete Fortbildungsmodul „Ausbildung der Ausbilder".

Dazu kommen Angebote, die eher einem bestimmten Zeitrahmen zuzuordnen sind. In den 70er und 80er Jahren des vorigen Jahrhunderts spielten zum Beispiel „Agrarseminare" eine wichtige Rolle. Hier sah die Schule einen regen Bedarf, den Austausch zwischen Landhandel und Landwirtschaft auch auf der persönlichen Ebene zu fördern. Unter der Themenstellung „Der Bauer als Unternehmer" konnte den Teilnehmern sehr nützliches Material für die organisatorischen und kaufmännischen Aspekte des landwirtschaftlichen Betriebes vermittelt werden. Die Form der dreitägigen Seminare war so gewählt, dass die Landhändler jeweils „ihre" Bauern zu diesen Kursen mitbringen konnten. Allein im Jahr 1971/72 brachten so Landhändler über 300 Kunden zum Seminar auf die Burg. Das bedeutete Fortbildung und zugleich persönliche Bindung von Kaufmann und Kunde auf der Burg Warberg. Damals bilanzierte Geschäftsführer Gerhard Grabenhorst: „Eine bessere Öffentlichkeitsarbeit kann es für einen Landhandelsbetrieb nicht geben."[11] Ergänzend wurden mit ähnlicher Thematik auch Seminare für Landwirtschaftslehrer durchgeführt.

Nicht immer konnte man allerdings die Akzeptanz eines neuen Angebots garantieren

Mit einem Augenzwinkern erzählt heute der damalige Assistent Günter Oelschlegel, dass aus der Branche die Überlegung kam, auch die LKW-Fahrer des Landhandels zu schulen, schließlich seien sie zum Beispiel bei der Auslieferung vor Ort auf dem Hof gleichsam die Visitenkarte des Händlers.
Auf der Burg entwickelte man ein interessantes Programm mit Exkursionen und weiteren Höhepunkten, ohne dass jedoch bei zwei Ausschreibungen eine genügende Anzahl von Teilnehmern zusammenkam.
Nachforschungen ergaben dann, dass die Landhändler übereinstimmend in etwa antworteten: „Glaubt ihr denn, dass wir unsere Fahrer hier tagelang entbehren können? Die haben doch zu tun!"

Saubere Bilanz

Der Arbeitskreis Betriebswirtschaft (BAL)

Landhandelsbetriebe hatten manchmal Schwierigkeiten, sauber zu bilanzieren und so auch genaue Kenntnis davon zu haben, wie profitabel sie arbeiten. Mit der Idee, hier den privaten Landhandel individuell und allgemein zu unterstützen und fortzubilden, wurden Raimar von Möllendorf und Gerhard Grabenhorst 1974 aktiv, und es bildete sich der „Betriebswirtschaftliche Arbeitskreis im Landhandel e.V." (BAL). Offensichtlich gab es dafür bei den Mitgliedern Bedarf. Nachdem zunächst ein Programm entwickelt worden war, um an drei Beispielbetrieben eine präzise, so auch publizierte „Bilanzanalyse im Landhandel" durchführen zu können, ergaben sich nach der Vorstellung der Ergebnisse mehr und mehr Anfragen an die Leiter des Arbeitskreises, eine individuelle Überprüfung des Betriebes unter den Aspekten Kostenrechnung und Rentabilität durchzuführen. Es wurden dabei 35 Kennziffern für die vergangenen drei Jahre herangezogen. Die aus der Analyse entwickelten Ableitungen zeigten den Unternehmen wertvolle Empfehlungen für das weitere Handeln, zumal gerade in dieser Zeit Fragestellungen der strukturellen Verbesserung, einer Kooperation oder Fusion von existenzieller Bedeutung waren. Das zeigt sich auch darin, dass von insgesamt 340(!) individuell betreuten Betrieben in der Gegenwart (2012) nur noch jeder zehnte Betrieb (selbstständig) existiert.

Die Erfahrungen, die der BAL bei dieser Arbeit gewann, wurden auch zu Lehrangeboten oder ergänzenden Modulen bei bestehenden Angeboten in der Praxis der Unternehmensführung (wie Optimierungen im Fuhrpark, Steuerung des Außendienstes usw.) weiterentwickelt.

Häufig wurde darüber hinaus Gerhard Grabenhorst dann bei den weiteren Entwicklungen in den Betrieben als Berater und Moderator in Form von Firmengesprächen und mit Betriebsgutachten hinzugezogen; die Fragestellungen betrafen die Zusammenarbeit, aber auch die Rationalisierungsmaßnahmen und deren Bewertung.

Im Jahre 2000 fasste der BAL seine Betriebsvergleichsergebnisse in Form einer Broschüre zusammen, wobei 44 Unternehmen des Agrarhandels mit einem Umsatz von 1,9 Mrd. DM berücksichtigt wurden, was eine beachtliche Resonanz fand, u.a. in der Zeitschrift Agri-Business.

Bei den Betriebsgrößen der heutigen Betriebe, verbunden mit allgemein mehr Kompetenz im betriebswirtschaftlichen Bereich sowie durch ganz andere technische Möglichkeiten (Software/Datenverarbeitung), hat sich hier ein veränderter Beratungsbedarf ergeben. Bereits vor dem Ausscheiden von Gerhard Grabenhorst im Jahre 2012 arbeitet seit 2004 der heutige Geschäftsführer der BLA, Peter Link, in der Geschäftsführung der BAL mit. Damit wird auch in Zukunft der Betriebswirtschaftliche Arbeitskreis im Landhandel e.V. für seine Aufgaben gerüstet sein.[12]

Familiäre Atmosphäre

Langjährige Dozenten erinnern sich

Was 1955 mit einer Handvoll Dozenten begann, hatte sich Ende der 80er Jahre zu einem festen Dozententeam von rund 70 Lehrkräften entwickelt, die weiterhin bis auf die Stammkräfte der BLA jeweils zu den entsprechenden Lehrveranstaltungen von auswärts kamen.
Sowohl Gerhard Grabenhorst als auch Günter Oelschlegel bestätigen heute, dass sich das bereits beschriebene Prinzip der Dozentenauswahl insgesamt sehr bewährt hatte. Die „pädagogische Frage", die sei nur sehr vereinzelt ein Problem gewesen. Auch damals, als noch nicht im heutigen Sinne jede Veranstaltung evaluiert wurde, beachtete man die Rückmeldungen der Teilnehmer. In einem Falle wurde man auf einen Dozenten aufmerksam, der sprachlich immer so abgehoben dozierte, dass er bei den Schülern buchstäblich nicht ankam. Als auch Versuche der Leitung, dies zu ändern, nichts fruchteten, musste man sich von diesem Dozenten trennen.

Die beiden folgenden sehr geschätzten Dozenten Erhard Krämer und Eckhard Mellies gehören schon seit langer Zeit zum Dozententeam, seit 1974 bzw. seit 1988. Grund genug, sie nach ihren Eindrücken dieser Phase der Bundeslehranstalt und zur weiteren Entwicklung aus der Sicht des Dozenten zu befragen.[13]

Beide Dozenten stellen für diese Zeit die familiäre Atmosphäre auf der Burg heraus, an der Gerhard Grabenhorst und Günter Oelschlegel einen wesentlichen Anteil hatten, weil sie jeden Besucher als Gast empfingen. Überhaupt muss es etwas gemächlicher zugegangen sein, man traf sich zum Skat, Doppelkopf oder zum Fachsimpeln im Speisesaal, und es wurde „viel geflunkert", bis man sich aufs Dozentenzimmer begab, das noch nicht einmal über eine Dusche verfügte. Warberg lag zwar an der Grenze und „am Ende der Welt", und trotzdem konnte die Burg „ihren guten Ruf als Bildungsanstalt für den deutschen Landhandel entwickeln". Nebenbei bemerkt, war damals die Autobahn A2 – ganz im Gegensatz zu heute – immer frei.

Auch mit Blick darauf, wie sich damals die eigentliche Dozententätigkeit gestaltete, ergeben sich interessante Rückmeldungen. An den damaligen Medieneinsatz erinnert sich

Erhard Krämer: „Die Ausstattung der Lehrräume war damals einem schulischen Klassenzimmer ähnlich. Meine Trainingstechnik (Pinnwände, Flipchart-Ständer und Videotechnik) musste ich selbst mitbringen. Mein Combi war immer voll bis unters Dach. Unterlagen wurden per Matrize vervielfältigt, es existierte aber bereits ein Overhead-Projektor. Aber die meisten Seminarräume in Tagungshotels waren zu dieser Zeit auch nicht moderner ausgestattet."

So gibt es auch aus der Sicht der Dozenten, wenn man den Bogen bis in die Gegenwart weiterführt, sowohl Konstanten als auch Entwicklungen. In Bezug auf die Medien sei „die Burg mittlerweile absolut zeitgemäß ausgestattet". Mit der heutigen Burg als Bildungs- und Begegnungsstätte hätten sich auch Hotel und Küche angepasst: „Spitze, wenn man länger als zwei Tage bleibt, nimmt man zu." Auch die Atmosphäre, die die heutigen Leiter schaffen, wird gelobt („Ich werde immer von Frau Dr. Heinecke besonders verwöhnt und natürlich auch durch Herrn Link" / „Was geblieben ist, das ist meine bis heute empfundene Vorfreude, auf die Burg zu kommen")
Es wird allerdings teilweise auch beklagt, dass bei den heutigen jungen Teilnehmern manchmal Wissen, Motivation und Konzentration zu wünschen übrig ließen. Konnte man früher oft von einem landwirtschaftlichen Hintergrund und entsprechenden Kenntnissen ausgehen, seien heutige Gruppen oft eher heterogen, und Dozenten hätten es so nicht immer einfach, zumal Laptop, Handy, I-Phone oder Tablet-PC häufig ablenken würden. Das könne schon „nerven", „ich freue mich aber immer sehr, dass ich noch mit den jungen Leuten arbeiten darf".

Die allgemeine Wertschätzung der bis zu 120 Dozenten, die nun innerhalb eines Jahres die Aus- und Weiterbildung gestalten und weiterhin von außen kommen, drücken Vorstand und Geschäftsführer der Bundeslehranstalt Burg Warberg so aus:
„Besondere Erwähnung gebührt den zahlreichen Dozenten und Förderern, die uns bei der Seminargestaltung erfolgreich unterstützen. Durch ihre Fachkompetenz und Erfahrung erreichen die Veranstaltungen ein hohes Niveau. Die Bundeslehranstalt Burg Warberg dankt allen Dozenten für ihr Engagement, dem Nachwuchs im Agribusiness auf diesem Wege eine qualifizierte Weiterbildung zu ermöglichen."[14]

Eine aktuelle Liste der Dozenten findet sich im Anhang.

Auf der Burg hat man schon immer sehr praktisch gedacht und gehandelt, auch in dieser Zeit. Erhard Krämer erinnert sich: „Meiner Bitte, wenigstens zwei Pinnwände anzuschaffen, wurde entsprechend der damaligen Kostenorientierung dadurch entsprochen, dass der Hausmeister, Herr Freche, ein sehr solides Holzgestell erstellte und mit einer Spanplatte versah. Die Gestelle werden noch heute als Ersatzgarderoben genutzt".

Erhard Krämers langjährige Arbeit auf der Burg als Dozent zum Thema Verkaufstraining lässt sich auch so ausdrücken: „Seit 1974 bei etwa 350 Seminartagen auf der Burg habe ich mehr als ein Jahr meines Lebens auf der Burg verbracht und zwischen der Pfalz und Warberg in dieser Zeit ca. 160.000 km zurückgelegt."

Führungskräfte auf der Burg

Delegiertenversammlung - Chefgespräche und Handelstage - Fachtagungen

Seit Jahrzehnten haben sich Veranstaltungstypen auf Burg Warberg etabliert, die dadurch charakterisiert sind, dass diese Tagungen eher Unternehmer und Führungskräfte der Branchen zusammenführen und die Burg dazu eine Plattform für hochkarätige Beiträge aus Wissenschaft, Verband, Politik und Praxis bildet.
Gerhard Grabenhorst kann sich nicht mehr daran erinnern, ob er selbst den Begriff „Chefgespräche" geprägt hat. Die Chefgespräche fanden traditionell vor Beginn der Düngersaison im Februar statt. Mit zunehmender Bedeutung der Handelstage wurden 2006 Chefgespräche und Delegiertenversammlung mit der Unternehmertagung zusammengeführt.
Die von den Mitgliedern der BLA alle vier Jahre gewählten Delegierten bilden in der Delegiertenversammlung das oberste Vereinsorgan im Zusammenspiel mit Vorstand und Arbeitsausschüssen. Die erste Delegiertenversammlung tagte 1949, nachdem mit der neuen Satzung nach dem Krieg den Mitgliedern entscheidende Rechte übertragen worden waren. Die aktuelle Liste der von 2010 bis 2014 gewählten Delegierten der Bundeslehranstalt umfasst 54 Personen, davon vier Ehrendelegierte und je ein Vertreter der eingetragenen kooperierenden Verbände Bundesverband der VO-Firmen, Bundesverband des Großhandels mit Dünge-/Pflanzenbehandlungsmitteln, Bundesverband deutscher Pflanzenzüchter, Deutscher Bauernverband, Deutscher Verband Tiernahrung, Deutscher Kartoffelhandelsverband.
Jährlich bildet die Delegiertenversammlung, die übrigens auch allen Mitgliedern offensteht, einen besonderen Höhepunkt in der Arbeit des Schulvereins. Die Delegiertenversammlung wird eingerahmt von Fachbeiträgen, die manchmal die Breite des Spektrums widerspiegeln oder häufig auch zu einem bestimmten aktuellen Oberthema zugeschnitten sind und zur Diskussion anregen und damit zu richtigen „Chefgesprächen" geworden sind. Beispielhaft dafür seien (rechts) aus dem Warberger Merkur die Fachbeiträge der Chefgespräche der Jahre 1986 und 2011 angeführt.

Die langjährigen Erfahrungen mit den Tagungen zeigen auch, das gilt auch für die sich anschließende Darstellung der Handelstage, dass diese gemeinsam auf der Burg verbrachten zwei oder drei Tage zum Austausch und zu neuen fachlichen und geschäftlichen Kontakten führen. Die Bilder zeigen es, auch das gesellige Element kommt im besonderen Ambiente der Burg nicht zu kurz.

Gleichzeitig bieten die Chefgespräche und die Handelstage, wie Gerhard Grabenhorst sich erinnert, für die BLA wichtige Aspekte. Die aktuellen Beiträge sind häufig eine Überlegung wert, sie in das Lehrangebot des Schulvereins aufzunehmen oder in Teilen einzubauen. Manchmal empfehlen sich auf diese Weise auch Referenten als angehende Dozenten des Schulbetriebs.

Handelstage

1996 wurde ein neues Veranstaltungsformat eingeführt, die sog. „Handelstage".
Mit bis zu 200 Teilnehmern aus der Branche gibt es diese zu folgenden Schwerpunkten:

- Getreide
- Saatgut
- Pflanzenschutz
- Düngemittel
- Futtermittel
- Ölsaaten

Besonders hervorzuheben ist, dass die Handelstage stets in enger Kooperation mit den Fachverbänden organisiert werden. Die Einbindung von Sponsoren dient auch als Finanzierungselement für Verbände.
Die Verantwortlichen auf der Burg empfinden es als eine Bereicherung für die Handelstage, dass die Branchen des Agrarhandels und der Agrarwirtschaft ihre Sitzungen und Versammlungen häufig in Verbindung mit den Handelstagen durchführen. Diese „Handelstage" stehen nicht nur für Verbandsarbeit und Seminararbeit, wie sie mit verschiedenen Aspekten auch für Chefgespräche beschrieben wurden: „Die Handelstage dienen dazu, aktuelle Fragestellungen zu erläutern. Durch funktionierende Netzwerke zu den führenden Fachexperten in Forschung, Administration und Wirtschaft entstehen immer wieder interessante Programme."

Die gut besuchten Handelstage machen inzwischen bei den Teilnehmerzahlen im Schul- und Seminarbereich knapp ein Drittel aus und weisen damit auf deren wichtige Bedeutung hin. Die interessanten Themen und Referenten sowie das obligatorische Schwein am Grill haben die Handelstage zu einem weithin beachteten und gut besuchten Netzwerktreffen der Branche werden lassen.
Das erfolgreiche Format der Handelstage bietet sich an, künftig auch um ganz unterschiedliche Themen wie z.B. Milch, Zukunft, Risikomanagement erweitert zu werden.

Unternehmertagung 11. - 12.10.1985

Manfred Pix
Zusammenarbeit zwischen Sparkasse und Landhandel

Emil Gressel
Erfahrungen aus der Zusammenarbeit zwischen Sparkasse und Landhandel

Ekkehard Heckel, Dieter Hille,
Wilhelm Krügermeyer-Kalthoff, Enno Schoon
Günter Zehner, Dr. Manfred Helzer
Die Ein- und Verkaufsgemeinschaften der Landwirte

Kartoffelhandelstag 06. - 07.12.1985

Dipl.ing.agr. E.A. Nuppenau
Produktionsschwankungen in der Kartoffelerzeugung und Möglichkeiten der Marktstabilisierung

Prof. Dr. Drochner
Ergebnisse von Fütterungsversuchen mit Frischkartoffeln

Dr. Dirk Böringer
Die Zuordnung der Kartoffelsorten zu den Kochtypen im Zus
mit der Handelsklassenverordnung

Dipl.ing. Peter Krätzig
Der Kartoffelmarkt 1985/86 - Ein "grausames" Spiel -
Betrachtungen zur Halbzeit

Chefgespräche 31.01. - 01.02.1986

Dr. Johannes Becker
Voraussetzungen für eine finanzielle Stabilität landwirts
Betriebe

Ass. Gerhard Grabenhorst
Beurteilung der Ertragskraft landwirtschaftlicher Betrieb
langjähriger Ergebnisse eines Beratungsringes

Dipl. Kaufm. Ernst Bockholt
Kundenanalyse zur Bonitätsprüfung und Wertberichtigung in
Steuerbilanz

Günter Bohlmann
Minderung des Kreditrisikos durch Sammeln, Absichern und Ü
von Daten

RA Günter Birkner
Rechtsgrundlagen ...

Fachtagung Tierproduktion 13. - 14.06.1986

Prof. Dr. Klaus Rohr
Einsatz von Getreide unter dem Gesichtspunkt einer wiederkäuergerechten Milchviehfütterung

Dr. Alois Heißenhuber
Auswirkungen fallender Getreidepreise auf den Einsatz von Grund- und Kraftfutter aus betriebswirtschaftlicher Sicht.

Choke Mikled, Dr. Peter Lebzin
Untersuchungen über den Einsatz von Sojaschalen

Prof. Dr. Brigitte Gedek
Keimbefall bei Getreide und anderen heimischen Futtermitteln

Dr. E. J. van Weerden
Neue Erkenntnisse zur Aminosäurenverdaulichkeit beim Schwein

Dr. Volker Pottharst

Burg Warberg

7. Tagungen und Handelstage

Die BLA bietet mit einer Reihe von Tagungen und Handelstagen im Agribusiness eine angesehene und weithin beachtete Informations- und Diskussionsplattform. Die Veranstaltungen haben den Anspruch, nicht nur auf aktuelle sondern vor allem auch richtungweisende Themen im Berufstand einzugehen.

Ölsaatenhandelstag

Dr. Theodor Seegers, BMELV
Spekulation an den Agrarmärkten – Position der Politik

Ludwig Striewe, Alfred C. Toepfer
Ohne funktionierende Börse geht es nicht! Bedeutung der Börse für einen Händler

Thomas Mielke, OilWorld ISTA Mielke GmbH
Märkte sind Psychologie – wie groß ist der Einfluss der Spekulanten tatsächlich? Quo vadis Ölsaatenmärkte 2011

Dr. Theodor Seegers, BMELV,
Dr. Volker Petersen, DRV
Dr. Peter Pascher, DBV
Joachim Kuhlmann, Okermühle
Heinz-Jürgen Kiefer, Kiefer GmbH
Benjamin Luig, Kath. Hilfswerk
Ludwig Striewe, Alfred C. Toepfer
Thomas Mielke, OilWorld ISTA
Podiumsdiskussion: Warenterminbörsen – wieviel Kontrolle ist notwendig?
Moderation: Bernd Kleeschulte

Ölsaatenhandelstag 27.-28. Sep '11

Dr. Ernst-Oliver, Ledebur
Johann Heinrich,
Thünen-Institut
Welche Chance hat die Ölsaatenbranche in Deutschland? Welche politischen Veränderungen sind zu erwarten?

Dr. Norbert Heim, UFOP
iluc – Indirekte Landnutzungsänderung
Was kommt auf die Ölsaatenbranche zu?

Bernd Kleeschulte, BVA
Aktuelle Themen im Ölsaatenausschuss: Märkte, Qualitäten, Nachhaltigkeitsverordnung und Risikomanagement

Franz Peter Zimmermann,
Mosel Handels GmbH
Heinz Schmelzer, Ölmühle
Bernd Kleeschulte, BVA
Günter Hell, BDOEL
Podiumsdiskussion: Märkte – was geht? – und wohin?
Moderation: Heinz-Jürgen Kiefer, H.J. Kiefer GmbH

Pflanzenschutz- und Düngemittelhandelstag

Dr. Hans-Gerd Nolting, BVL
Neue Regelungen für die Zulassung von Pflanzenschutzmitteln – Verschärfung oder Erleichterung?

Dr. Ralf Petzold, Swisttal
Das neue Pflanzenschutzgesetz – Was ist neu für den Handel?

Daniel Ebersold, BASF
Der nationale/internationale Pflanzenschutzmarkt aus Industriesicht

Klaus Oeder, Ingenieurbüro, Oberkrämer
Lagerhaltung von Pflanzenschutz- und Düngemitteln – Aktuelle rechtliche Fragestellungen, Neuigkeiten aus dem Anlagenbau und Erfahrung aus der Praxis

Pflanzenschutz- und Düngemittelhandelstag 22.-23. Nov '11

Georg Embert, BMELV
Düngemittelrecht – neue rechtliche Bestimmungen

Carsten Winterhoff,
Rudolf Peters Landhandel GmbH
Der Düngemitteleinkäufer im Spannungsfeld zwischen Landwirt und Düngemittelindustrie

Ulrich Foth, K+S Nitrogen
Friedhelm Mester, K+S Kali
Der Ausblick auf die Düngermärkte

Netzwerk - Innovation - Service

Warberger Merkur Nr. 92

23

Ansturm auf die Burg

Neue Perspektiven nach der Wiedervereinigung

Die Jahre 1989/1990 veränderten die Welt. Der von der Sowjetunion geprägte Kommunismus brach zusammen, die Berliner Mauer fiel, Deutschland wurde wiedervereinigt, und von dem trennenden Stacheldraht der deutsch-deutschen Grenze war bald nichts mehr zu sehen. Die Burg Warberg, der Sitz der Bundeslehranstalt in der Nähe der Zonengrenze, rückte gleichsam vom Rand wieder in die Mitte Deutschlands. Knapp die Hälfte der Mitglieder des Vereins hatte vor 1945 ihren Sitz östlich der späteren Zonengrenze in Mitteldeutschland, in den (nun durch die Sowjetunion und Polen abgetrennten) Ostgebieten Ostpreußen, Pommern und Schlesien sowie in annektierten Gebieten des Deutschen Reiches. Wie ging man auf der Burg darauf ein, welche Chancen und Perspektiven würden sich für die Bundeslehranstalt durch die neue Lage ergeben?

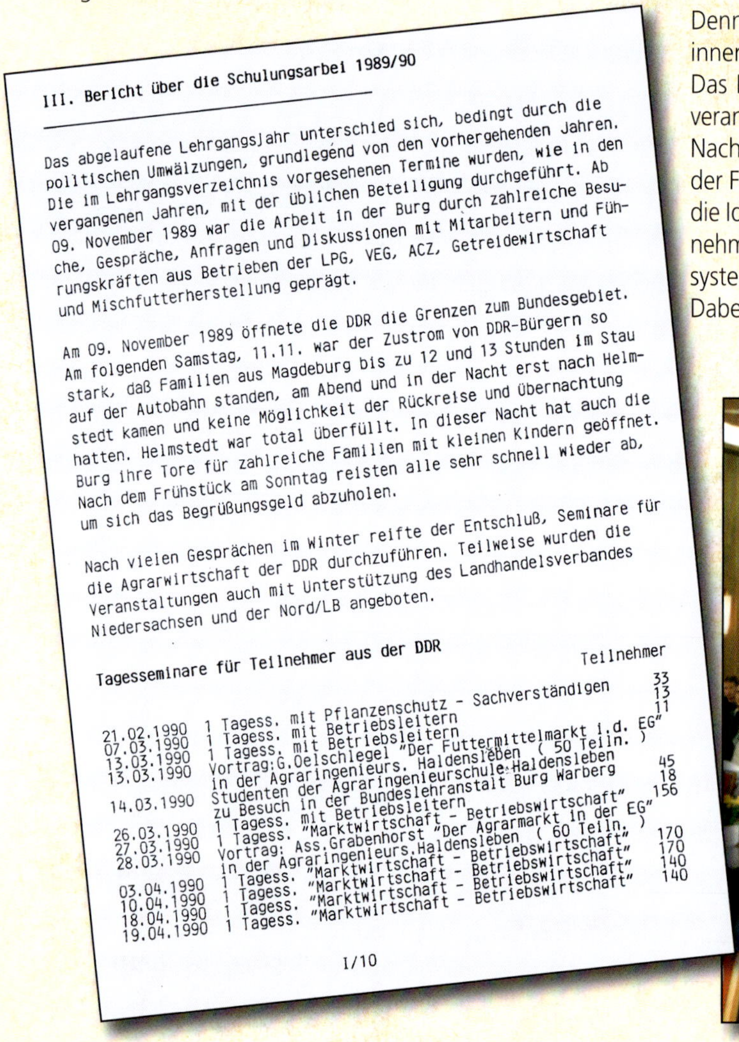

III. Bericht über die Schulungsarbei 1989/90

Das abgelaufene Lehrgangsjahr unterschied sich, bedingt durch die politischen Umwälzungen, grundlegend von den vorhergehenden Jahren. Die im Lehrgangsverzeichnis vorgesehenen Termine wurden, wie in den vergangenen Jahren, mit der üblichen Beteiligung durchgeführt. Ab 09. November 1989 war die Arbeit in der Burg durch zahlreiche Besuche, Gespräche, Anfragen und Diskussionen mit Mitarbeitern und Führungskräften aus Betrieben der LPG, VEG, ACZ, Getreidewirtschaft und Mischfutterherstellung geprägt.

Am 09. November 1989 öffnete die DDR die Grenzen zum Bundesgebiet. Am folgenden Samstag, 11.11. war der Zustrom von DDR-Bürgern so stark, daß Familien aus Magdeburg bis zu 12 und 13 Stunden im Stau auf der Autobahn standen, am Abend und in der Nacht erst nach Helmstedt kamen und keine Möglichkeit der Rückreise und Übernachtung hatten. Helmstedt war total überfüllt. In dieser Nacht hat auch die Burg ihre Tore für zahlreiche Familien mit kleinen Kindern geöffnet. Nach dem Frühstück am Sonntag reisten alle sehr schnell wieder ab, um sich das Begrüßungsgeld abzuholen.

Nach vielen Gesprächen im Winter reifte der Entschluß, Seminare für die Agrarwirtschaft der DDR durchzuführen. Teilweise wurden die Veranstaltungen auch mit Unterstützung des Landhandelsverbandes Niedersachsen und der Nord/LB angeboten.

Tagesseminare für Teilnehmer aus der DDR		Teilnehmer
21.02.1990	1 Tagess. mit Pflanzenschutz - Sachverständigen	33
07.03.1990	1 Tagess. mit Betriebsleitern	13
13.03.1990	1 Tagess. mit Betriebsleitern	11
13.03.1990	Vortrag:G.Oelschlegel "Der Futtermittelmarkt i.d. EG" in der Agraringenieurs. Haldensleben (50 Teiln.)	
14.03.1990	Studenten der Agraringenieurschule Haldensleben zu Besuch in der Bundeslehranstalt Burg Warberg	45
26.03.1990	1 Tagess. mit Betriebsleitern	18
27.03.1990	1 Tagess. "Marktwirtschaft - Betriebswirtschaft"	156
28.03.1990	Vortrag: Ass.Grabenhorst "Der Agrarmarkt in der EG" in der Agraringenieurs.Haldensleben (60 Teiln.)	
03.04.1990	1 Tagess. "Marktwirtschaft - Betriebswirtschaft"	170
10.04.1990	1 Tagess. "Marktwirtschaft - Betriebswirtschaft"	170
18.04.1990	1 Tagess. "Marktwirtschaft - Betriebswirtschaft"	140
19.04.1990	1 Tagess. "Marktwirtschaft - Betriebswirtschaft"	140

I/10

Im Jahr nach der Maueröffnung erlebte die Burg einen regelrechten Ansturm von Besuchern und Teilnehmern aus der ehemaligen DDR. Teilweise kamen 50% der Teilnehmer aus den neuen Ländern, von Mecklenburg-Vorpommern bis Sachsen. Die Teilnehmerzahlen im Vergleich zum Jahr davor stiegen so um über 70% an, auf 2.253 Teilnehmer, ein Ergebnis, das erst neun Jahre später (2.265 Teilnehmer) erreicht bzw. übertroffen werden sollte.[16]

Die Herausforderung bestand nicht nur in der großen Zahl, sondern auch inhaltlich, und zwar für beide Seiten, Lehrende und Lernende, denn von einem Tag zum anderen musste den die sozialistische Planwirtschaft gewohnten Mitarbeitern die westlichen Marktbedingungen bis hin zum EG-Recht vermittelt werden. Dazu kam, dass auch in den neuen Ländern erhebliche Strukturveränderungen anstanden, die aufgegriffen werden sollten.

Dennoch prägen fast durchweg positive Stimmen die Erinnerung an diese Zeit.

Das Konzept der BLA bestand darin, zunächst in Einzelveranstaltungen die neue Thematik separat aufzunehmen. Nach dem 9. November 1989 und nach ersten Besuchen der Führung der BLA auf die andere Seite der Grenze war die Idee entstanden, Informationsveranstaltungen für Teilnehmer aus der Noch-DDR über das westliche Wirtschaftssystem und insbesondere die Agrarwirtschaft anzubieten. Dabei ging man ganz unkonventionell vor, indem man aus

den Telefonbüchern Ansprechpartner aus der Getreidewirtschaft, der Nahrungsmittelbranche und bei den LPGs ermittelte, eine Aktion, die auf die spätere Landwirtschaftsministerin Petra Wernicke (Sachsen-Anhalt) wie auch auf andere einen besonderen Eindruck hinterlassen hatte. Bald häuften sich Anfragen aus der DDR von Mitarbeitern und Führungskräften der LPG, VEG, der Getreidewirtschaft und Mischfutterherstellung. Noch vor der Wiedervereinigung wurden für Teilnehmer aus der DDR zusätzlich 12 Tagesseminare mit 1.360 Besuchern durchgeführt.[17] In der Folgezeit wurde aber insgesamt an der Konzeption gemeinsamer Lehrgänge und Kurse festgehalten. Denn gerade so konnten in der besonderen Atmosphäre der Burg die wichtigen und fruchtbaren Aspekte persönliche Begegnung, Erfahrungsaustausch, Verständnis und Kontakt wirksam werden.[18]

Die gesamtdeutsche Entwicklung zeigte sich auch im Vorstand, als 1992 Günter Pätz von der Wanzleber Agrar-Service & Transport GmbH als erster Vertreter der neuen Länder einstimmig in den Vorstand gewählt wurde. Im selben Jahr wurde auf Burg Warberg auch symbolisch die Aufnahme der neuen Länder abgebildet. Die Wappen aller sechzehn Bundesländer, angefertigt von dem Warberger Maler Ernst Hugo, zieren seitdem die Aula der Burg Warberg.

Landwirt Lehrer Lei(s)tung

Gerhard Grabenhorst hinterlässt Spuren

Die Bundeslehranstalt und ihr Leiter Gerhard Grabenhorst wurden gegen Ende seiner Geschäftsführertätigkeit durch die Verleihung des Josephs-Talers geehrt. Diese hohe Auszeichnung des Zentralverbandes des deutschen Getreide-, Futter- und Düngemittelhandels nahmen der damalige Vorsitzende Heinrich Winkelmann und Gerhard Grabenhorst am 2. November 1989 in Bonn entgegen.
In seiner Laudatio stellte der Präsident des Verbandes Rudolf Böhm die langjährigen Verdienste der BLA heraus:

> „Die Bundeslehranstalt Burg Warberg hat nicht nur beste Ausbildungsarbeit geleistet, sie schafft mit ihrer Arbeit täglich aufs Neue die Grundlagen dafür, daß auch für die Zukunft der private Agrarhandel leistungsfähig bleiben wird und unserer Landwirtschaft auch in schwierigen Zeiten als Gesprächspartner zur Seite stehen wird. Diese hohen Verdienste, die sich diese Institution um den deutschen Agrarhandel erworben hat, in Dankbarkeit zu würdigen, soll in der Verleihung der von unserem Verband gewidmeten Ehrenmedaille Ausdruck finden."[19]

Besondere Worte der Anerkennung fand der Laudator für das Engagement und das hohe Verantwortungsbewusstsein von Gerhard Grabenhorst, der sich als ausgezeichneter Lehrer, hervorragender Referent und Berater, aber auch als nüchterner Rechner gezeigt habe, unter dessen Leitung sich viele positive Veränderungen vollzogen hätten. „Er hat dafür gesorgt, daß Burg Warberg ein Forum der Diskussion aktueller Probleme sein kann." Sein Wirken zeige sich „in der heutigen Leistungskraft des privaten Agrargewerbes. Frühzeitig ergriffene Initiativen, die Diskussion mit den Praktikern, das Hinführen junger Menschen in zukünftige Entscheidungen, dies waren und sind die Hauptanliegen von Gerhard Grabenhorst."
Auch nach seinem Ausscheiden als Geschäftsführer im Jahre 1993 war und ist Gerhard Grabenhorst der Burg weiter verbunden, indem er u.a. den Arbeitskreis Betriebswirtschaft (BAL) bis 2012 weiterführte.

Hier ist auch der Ort, seinen langjährigen Assistenten Günter Oelschlegel zu würdigen, der sich nach seinen Worten sehr wohl dabei fühlte, in der zweiten Reihe zu stehen und „sich verantwortlich zu fühlen, ohne verantwortlich zu sein". Zu diesem erfolgreichen Zweiergespann Grabenhorst und Oelschlegel hieß es dann auch bei Günter Oelschlegels Verabschiedung im Jahre 2002: „Wenn Grabenhorst den Geist auf der Burg verkörperte, dann war Oelschlegel die Seele des Ganzen."[20]

Damit wurde nun auch schon zeitlich das letzte Kapitel der 75-jährigen Geschichte der BLA eröffnet , das mit dem heutigen Geschäftsführer Peter Link (seit 1993) in die Gegenwart und in die Zukunft führt.

Verleihung des Joseph-Talers an Bundeslehranstalt sowie an Gerhard Grabenhorst

ZUR PERSON

Einen besonderen Grund zum Feiern hat heute Gerhard Grabenhorst aus Warberg: Acht Tage nach seiner Verabschiedung als Leiter der Bundeslehranstalt des Deutschen Landhandels in der Burg Warberg, wo er insgesamt 35 Jahre tätig gewesen war, wird der Samtgemeinde- und Gemeindebürgermeister 65 Jahre alt.

In Barnstorf im damaligen Kreis Gifhorn wurde der aktive Kommunalpolitiker und passionierte Landwirt geboren, der auch nach seiner Pensionierung weiterhin den landwirtschaftlichen Betrieb der Bundeslehranstalt führt. Sehr vielseitig war die Ausbildung Grabenhorsts nach dem ... Schulbe... eg gewe... andwirt... tsbetrieb ... bitur so... tlich ge... andbau...

...d- und ...fungen ...um As... Tätig... vermit... te sein ... der ...swirt... dhan... er be... 968 in ... h für N.R.

In der Kommunalpolitik ist Gerhard Grabenhorst aus Warberg im Gemeinderat Warberg, im Samtgemeinderat Nord-Elm (in beiden Räten ist er auch Bürgermeister) sowie im Kreistag sehr aktiv. *Foto: Rottenkolber*

Ein erfolgreiches Team: Günter Oelschlägel und Gerhard Grabenhorst

Gerhard Grabenhorst erhält 1994 das Bundesverdienstkreutz überreicht von Landrat Gerhard Kilian.

Erwin-Fromme-Stiftung Nachwuchs Oberburg Burg
Warenterminbörse Lebenslanges Lernen Zukunft Erw
Lehrbetrieb Kooperationen Öffentlichkeitsarbeit Wa
kunft 1993 - 2013 Erwin-Fromme-Stiftung Nachwu
Öffentlichkeitsarbeit Warenterminbörse Lebenslange
Nachwuchs Oberburg Burghotel Lehrbetrieb Koope
benslanges Lernen Zukunft 1993 - 2013 Erwin-Fro
betrieb Kooperationen Öffentlichkeitsarbeit Warente
Erwin-Fromme-Stiftung Nachwuchs Oberburg Burg
Warenterminbörse Lebenslanges Lernen Zukunft N
burg Burghotel Lehrbetrieb Kooperationen Öffentli
Zukunft 1993 - 2013 Erwin-Fromme-Stiftung Nachw
Öffentlichkeitsarbeit Warenterminbörse Lebenslange
Nachwuchs Oberburg Burghotel Lehrbetrieb Koope
benslanges Lernen Zukunft 1993 - 2013 Erwin-Fro
betrieb Kooperationen Öffentlichkeitsarbeit Warente
Lebenslanges Lernen Erwin-Fromme-Stiftung Nachw

Warenterminbörse Lebenslanges Lernen Zukunft Erw
Lehrbetrieb Kooperationen Öffentlichkeitsarbeit Wa

otel Lehrbetrieb Kooperationen Öffentlichkeitsarbeit
n-Fromme-Stiftung Nachwuchs Oberburg Burghotel
enterminbörse Lehrbetrieb Lebenslanges Lernen Zu-
hs Oberburg Burghotel Lehrbetrieb Kooperationen
Lernen Zukunft 1993 - 2013 Erwin-Fromme-Stiftung
ationen Öffentlichkeitsarbeit Warenterminbörse Le-
me-Stiftung Nachwuchs Oberburg Burghotel Lehr-
minbörse Lebenslanges Lernen Zukunft 1993 - 2013
otel Lehrbetrieb Kooperationen Öffentlichkeitsarbeit
chwuchs Erwin-Fromme-Stiftung Nachwuchs Ober-
keitsarbeit Warenterminbörse Lebenslanges Lernen
chs Oberburg Burghotel Lehrbetrieb Kooperationen
Lernen Zukunft 1993 - 2013 Erwin-Fromme-Stiftung
ationen Öffentlichkeitsarbeit Warenterminbörse Le-
me-Stiftung Nachwuchs Oberburg Burghotel Lehr-
minbörse Lebenslanges Lernen Zukunft 1993 - 2013
uchs Oberburg Burghotel Lehrbetrieb Kooperationen

6. Die Burg öffnet sich

Positioniert für die Zukunft

n-Fromme-Stiftung Nachwuchs Oberburg Burghotel
enterminbörse Lebenslanges Lernen Zukunft Erwin-

Die Erwin-Fromme-Stiftung

Den Nachwuchs des Agrarhandels fordern und fördern

Die Erwin-Fromme-Stiftung fördert junge engagierte Menschen im Agrargewerbe. Besonders wenn es den einzelnen Unternehmen des privaten Agrargewerbes an Möglichkeiten fehlt, den Nachwuchs zu fördern und entsprechend zu qualifizieren, setzt hier die Stiftungsinitiative an. Sie vergibt auch Stipendien für junge Menschen, die bereits exzellente Leistungen gezeigt haben, um ihre weitere Entwicklung zu fördern.
Darüber hinaus möchte die Stiftung im Sinne der gesamten Agrarbranche wirken und gerade jungen Menschen – aber auch der allgemeinen Öffentlichkeit – vermitteln, dass das agrarische Umfeld eine Vielzahl von interessanten und zukunftssicheren Arbeitsplätzen bietet und motivierte Mitarbeiter benötigt, die bereit sind, die erlernten Fähigkeiten ständig weiterzuentwickeln.
Die zunehmende kommunikative Vernetzung auch der Agrarwirtschaft macht es erforderlich, in Zukunft sprachkundige, aber auch mit der Kultur anderer Länder vertraute Mitarbeiter zu haben. Die Stiftung möchte hier noch vorhandene Lücken schließen und durch den Einsatz und das Engagement von Persönlichkeiten, aber auch durch finanzielle Hilfen die berufliche Qualifizierung junger Menschen unterstützen. Die Stiftung sieht ein besonders wichtiges Ziel darin, den Jugendaustausch, Austauschstipendien und die damit verbundene Verbesserung der Sprachkenntnisse zu fördern. Damit sollen sich die Unternehmen des privaten Agrargewerbes besser in den weltweit orientierten Agrarmärkten bewegen können.
Die Bundeslehranstalt Burg Warberg bietet für die Erwin-Fromme-Stiftung des privaten Agrarhandels die entsprechende Plattform. Als Schulungsstätte auch für den Führungskräftenachwuchs der Branche übernimmt sie die Koordinierung der Stiftungsaktivitäten.
Es werden Stipendien für folgende Maßnahmen und Projekte vergeben:

- Lehrgänge mit einer Dauer von mindestens zwei Tagen und bis zu zehn Wochen,
- Praktika im In- und Ausland,
- Projekte, die der Entwicklung des Agrarhandels dienen,
- Wissenschaftliche Arbeiten, die für die Zukunft des Agrarhandels von Bedeutung sind.

Gefördert werden junge Leute bis 35 Jahre, vom ausgezeichneten Auszubildenden bis zum Hochschulabsolventen, die aus dem Agrarhandel oder seinem Umfeld kommen und über einen qualifizierten Ausbildungs- oder Studienabschluss verfügen.

Erwin Frommes Wirken, der sich wie kaum ein anderer seit über 60 Jahren für das Wohl des privaten Agrargewerbes einsetzt, wird in diesem Buch besonders in Verbindung mit der Geschichte der Bundeslehranstalt und dem Standort Burg Warberg dargestellt. Dem heute 84-Jährigen lag immer schon die gute Ausbildung in den Agrarhandelsbetrieben am Herzen. Er selbst sieht u.a. in Alfred C. Töpfer (Sen.) ein Vorbild für sein Handeln. Der hatte sich seinerzeit für die BLA und insbesondere für die Förderung der Jugend sehr stark als Mäzen engagiert, indem er u.a. die Jahrestreffen der jungen Landwarenkaufleute finanzierte.

Die Erwin-Fromme-Stiftung des privaten Landhandels wurde am 12. Oktober 1999 anlässlich des 70. Geburtstages von Erwin Fromme ins Leben gerufen.

Die Kernidee der Stiftung gilt auch heute, nämlich Menschen des Agrarhandels zusätzliche Möglichkeiten der Qualifikation und Förderung zu ermöglichen, was insgesamt auch einen Beitrag darstellt, die Wettbewerbsfähigkeit der Branche zu erhöhen. Es gilt ebenso weiterhin das Zitat des deutschen Politikers Wolfgang Gerhardt, das bei der Gründung als Motto gewählt wurde:

> „Bildung und Ausbildung ist unser Pass für die Zukunft, und das Morgen gehört denjenigen, die sich heute darauf vorbereiten."[1]

Seither konnte die Erwin-Fromme-Stiftung durch ihre Arbeit einiges dazu beitragen. Einer größeren Anzahl junger Leute wurden Auslandsaufenthalte und Praktika in den USA sowie Weiterbildungen zum Handelsfachwirt, zum Bilanzbuchhalter oder zum Getreidemanager ermöglicht. Ein besonderes Projekt stellt die Förderung einer Schulpartnerschaft mit Tansania dar. Förderung ist aber nicht immer mit Geld verbunden, weil sich inzwischen im Sinne der Stiftung ein ganzes Netzwerk kompetenter Persönlichkeiten der Agrarwirtschaft gebildet hat, die dem Nachwuchs mit ihrer Erfahrung zur Seite stehen.

Die Erwin-Fromme-Stiftung (2013)

Vorstand
Bruno Fehse, Estorf – Leeseringen, Vorsitzender
Andreas Meyer, Ostereistedt
Peter Link, Warberg
Kuratorium
Peter Rautenschlein, Schöningen, Präsident
Erwin Fromme, Salzgitter
Dieter Hille, Grünstadt
Barthold Plaß, Burgdorf
Dr. Horst Bremer, Hamburg

Impulse für die Region

Mit der Oberburg zum kulturellen Zentrum

Mit dem Blick auf das neue Jahrtausend wurden auf der Burg zwei bedeutende Entwicklungen initiiert, die bis heute wesentlich den Charakter der BLA und noch mehr den der Burg bestimmen, nämlich zum einen die Öffnung der Burg in Richtung eines kulturellen und gesellschaftlichen Zentrums und zum anderen der Ausbau der Oberburg, der der Burg eine neue äußere, fertige Ansicht verschaffte und gleichzeitig mit ihren neuen räumlichen Möglichkeiten die Öffnung der Burg für die Region unterstützte.

Bis dahin konnte das Tun auf der Burg auch nicht als eine „geschlossene Gesellschaft" des Agrarhandels betrachtet werden, aber nun sollte die Burg bald mit vielen Aktivitäten nach außen strahlen, die weit über ihre eigentliche Aufgabenstellung hinauswirkten.
Aus dem Munde von Geschäftsführer Peter Link sprudelt es nur so heraus, wenn er danach gefragt wird, was sich dann in den letzten Jahren tatsächlich entwickelt hat, und er führt jährliche Opernaufführungen, die Konzerte mit Justus Frantz oder die mit der hiesigen Kreismusikschule an, nicht zu vergessen die Veranstaltungen wie die Sängerfeste der Braunschweigischen Landschaft, den SOS-Tag, das Lutherfest, den ElmSuperTrail oder die stimmungsvollen Weihnachtsmärkte.
All das belege, dass sich die Burg in den letzten Jahren zu einer interessanten Plattform und einer Begegnungsstätte entwickelt hat. Das drückt sich auch in Zahlen aus. So konnten beispielsweise im vorletzten Jahr bei 20 regionalen Veranstaltungen sowie monatlichen Burgführungen mit der Magd Anna insgesamt rund 13.000 Besucher begrüßt werden.

Die gestiegene Attraktivität zeigt sich auch in den Besuchen von wichtigen Persönlichkeiten des öffentlichen Lebens wie z.B. anlässlich der Burggespräche. So konnte man in den Mauern der Burg in den letzten Jahren die Ministerpräsidenten Glogowski, Gabriel, Wulff, Althaus, Böhmer, Haseloff und McAllister begrüßen. Auch Agrarministerkonferenzen und Kabinettsklausuren von Landesregierungen waren Veranstaltungen, die die Burg oftmals in den Mittelpunkt des Medieninteresses gestellt haben.
Neben den Teilnehmern und Besuchern aus der Agrarwirtschaft steht die Burg nun verstärkt auch anderen Besuchern und Gruppen zur Verfügung. Firmen, Vereine und Organisationen wie das Bildungswerk der Niedersächsischen Wirt-

schaft, die Niedersächsische Lehrerfortbildung, der Chemieverband, kirchliche Gruppen und Chöre nutzen das Angebot.
Auch zeugen unzählige Firmenveranstaltungen, Jubiläumsfeiern, Hochzeitsfeiern und von der großen Verbundenheit vieler Menschen aus der Region mit der Burg Warberg. Um diese Feiern noch eindrucksvoller zu gestalten, ist inzwischen ein burgenpittoreskes Spektrum entstanden, zu dem neben den beschriebenen historisch kostümierten Damen der Burgführung auch die Tagungen eröffnenden Herolde, Gaukler, Zauberer und Drehorgelspieler und der Nachtwächter gehören können, der die letzten Stunden der mit Fackeln ausgeleuchteten Feier im Burghof ansagt.

An der Wende zum neuen Jahrtausend wurden auch bereits neben den gewohnten ständigen Renovierungs- und Ausbauarbeiten in dem genutzten Teil der Burg wesentliche Veränderungen an dem alten Herrenhaus der Oberburg sichtbar. Wolfgang Koopmann, seit 15 Jahren für die praktische Bauleitung auf der Burg verantwortlich, kann noch heute bei einer Besichtigung detailgenau beschreiben, wie schwierig und komplex sich der Umbau der Oberburg gestaltete. Im damaligen Warberger Merkur heißt es dazu: „... wurden die Außenmauern bis zu den Fundamenten neu verfugt und große Risse ausgemauert. ... wurde die Mauerkrone der Außenwand und die große Zwischenwand mit Mörtel verpreßt, um alle Risse im Mauerwerk zu verbinden. ... bohrte man von oben in die Mauern bis 1,5 m Tiefe, fügte Stahlnadeln ein und verpreßte diese wieder mit Mörtel. Auf die Mauerkrone wurde ein Stahlkorb gesetzt und die Enden der Stahlnadeln mit dem Stahlkorb in Beton gegossen. Mit diesem Ringanker hat das alte Bauwerk auf der Mauerkrone einen sehr guten Halt. Auf dieser Mauerkrone konnten an der Südseite drei große Stahlträger eingeführt werden, die jetzt in diesem Bereich das Dach tragen."[2]

Die Passivsätze oben hatten ein Sinnsubjekt, denn eine zentrale Rolle bei der Bauausführung spielte der Einsatz von Helfern, ABM-Kräften, die zu der Zeit hoher Arbeitslosigkeit von der Agentur für Arbeit im Rahmen von Arbeitsbeschaffungsmaßnahmen bezuschusst wurden. Dies wiederum war auch eine der Möglichkeiten, die sich mit der Öffnung der Burg und der damit verbundenen gewissen Neustrukturierung ergeben hatte.

Ausgezeichnetes Engagement

Der Freundeskreis Burg Warberg e.V.

Der Freundeskreis Burg Warberg e.V. ist ein gemeinnütziger Verein und ein Netzwerk „von Ideen und Menschen mit Spaß am Leben“, die sich mit ihrem Engagement und in Form immer wieder neuer Projekte für die Burg Warberg einsetzen.

Das erste Ziel des 1998 gegründeten Freundeskreises galt dem Erhalt und dem Ausbau der Oberburg. Nachdem nun der historische Kern restauriert ist, gilt es, die wiedererstellten Räume mit Leben zu füllen. Das Spektrum des Angebotes reicht von kulturellen Veranstaltungen bis zu Diskussionen mit namhaften Vertretern aus Wirtschaft und Gesellschaft. Besonders die Nähe zur Bundeslehranstalt bietet die Möglichkeit, in der sanierten Oberburg Projekte von bundesweitem Charakter anzubieten und der Region somit neue Impulse und Denkanstöße zu geben.

Die Burg lebt, lebendig soll es auch in Zukunft bleiben. Der weitere Ausbau, die Erhaltung und kontinuierliche

Machen Sie mit - werden Sie Mitglied!

Mitglieder erhalten Vorteile:

- 1 x pro Jahr freie Nutzung der Grillhüte
- ab einem Jahr Mitgliedschaft 5 % Rabatt

Der Freundeskreis Burg Warberg e.V.

Am 7. November 1998 wurde der Freundeskreis Burg Warberg e.V. gegründet. Ziel war es, den historischen Kern der Burg zu restaurieren und die wiederhergestellten Räume mit Leben zu füllen. Das Spektrum der Möglichkeiten reicht von kulturellen Veranstaltungen bis zu Diskussionen mit namhaften Vertretern aus Wirtschaft und Gesellschaft. Durch die Instandsetzung und den Ausbau der Oberburg entstand für die Region ein Veranstaltungs- und Begegnungszentrum.

Die Oberburg ist saniert und die Heimatstube des Freundeskreises Burg Warberg wurde fertig gestellt.

Weitere Initiativen wurden durch den Freundeskreis angestossen. So zum Beispiel der Rosengarten welcher durch die Warberger Schützendamen bepflanzt wurde und weiterhin wird. Ebenso die Majestätenbäume, jeder Warberger Schützenkönig hat sich hier mit einem Baum verewigt.

In den Außenanlagen wurde ein Brunnen und die Himmelsspirale errichtet. Weitere Maßnahmen werden noch in diesem Bereich erfolgen, um die Burg noch erlebbarer zu machen. Jeder der möchte, kann mit einem finanziellen Beitrag und einer Idee an dieser Aktion teilnehmen.

Werden Sie Mitglied im Freundeskreis. Lassen Sie sich durch das Ambiente und die vielfältigen Möglichkeiten der Burg verzaubern.

Wir freuen uns auf Ihren Besuch.

Mit freundlichen Grüßen

Peter Link

Burgführungen 2013

NEU ab 2013

Wer mehr über das Leben im Mittelalter auf einer Burg erfahren möchte, kann sich durch die „Magd Anna“ in eine andere Zeit versetzen lassen. Die „Magd Anna“ führt die Besucher durch die Warberger Burg und berichtet interessante Einzelschicksale, die sich über Jahrhunderte auf der Burg Warberg zugetragen haben. Lassen Sie sich die Reise in die Vergangenheit nicht entgehen.

Jeden Sonntag gibt es eine **Burgführung** und jeden **ersten Sonntag** im Monat für unsere kleinen Gäste eine **Kinderzeitreise*** „Rund um das Leben auf der Burg“. Die Gästeführer nehmen sich ca. 90 Min. Zeit, gemeinsam mit den Kindern die Vergangenheit der Burg zu erkunden.

Weiterhin finden **jeden ersten Sonntag „Szenische Burgführungen“* statt.**

Burgführung:
14:30 Uhr; 3,00 € **jeden Sonntag**
ohne Anmeldung.

„Szenische Burgführung“:
15:00 Uhr; 5,00 € (jeden ersten Sonntag)
mit Anmeldung.

Kinder unter 12 Jahren sind frei.

„Kinderzeitreise“:
14:30 Uhr; 5,00 € pro Kind (4–10 Jahre)
jeden **ersten Sonntag**
mit Anmeldung.

Alle Angebote können auch individuell gebucht werden.

*Bitte anmelden (siehe Kontaktdaten)

Genießen Sie jeden Sonntag ab 14:00 Uhr unser Kaffee und Kuchenangebot

Bitte frei machen

Stand: 12.2012

Diesen beiden Personen gilt der besondere Dank aller Mitglieder der Bundeslehranstalt Burg Warberg. Ihnen ist zu verdanken, dass die Burg heute so gut renoviert ist und für eine Vielzahl kultureller und weiterer Veranstaltungen genutzt wird.

Dr. Henrich Wilckens
Der 1. Vorsitzende des Freundeskreises ermöglichte durch sein regionales und überregionales Netzwerk eine breite Unterstützung für das Projekt Sanierung der Oberburg. Herrn Wilckens wurde einstimmig für seine Verdienste zum Ehrenvorsitzenden ernannt.

Joachim Isensee
Seit der Gründung des Freundeskreises Burg Warberg gehört er dem Vorstand an. Zeitweise war er täglich auf der Burg anzutreffen, um die Bauarbeiten zu begleiten, Führungen auf der Burg durchzuführen und Mitglieder des Freundeskreises für die Mitarbeit zu gewinnen. Für sein ehrenamtliches Engagement wurde Joachim Isensee am 3. Juli 2008 das Bundesverdienstkreuz durch den Bundespräsidenten verliehen.

Weiterentwicklung der Burg Warberg bleibt auch eine Aufgabe für die Zukunft. Dieses Ziel will der Freundeskreis durch die Werbung von weiteren Mitgliedern und mit Spendengeldern erreichen.
Die inzwischen gut 700 Mitglieder des Freundeskreises, die alle Aktivitäten ehrenamtlich ausüben, haben sich konkret die folgenden Ziele gesetzt:

- Die behutsame denkmalgerechte Instandsetzung und Instandhaltung der Burg Warberg und die nachhaltige Belebung des Bauwerkes. Dabei sollen Ansprüche sozial und ökologisch verantwortlichen Arbeitens und Lebens umgesetzt werden.
- Die Förderung der Kunst, Kultur und Geschichte.
- Die Durchführung und Förderung kultureller Projekte, die modellhaft die Einbeziehung der alltäglichen Lebenswelt in die Kulturarbeit realisieren und Freiräume für neue Ideen ermöglichen.
- Die Kultur und Kunst in der ländlichen Region durch Beleben der alten höfisch musischen und handwerklichen Tradition hin zur modernen Technologie und Medienarbeit zu fördern.
- Die Sammlung von Geldmitteln für die oben angegebenen Zwecke.

Eine besondere Ehrung bedeutete die Verleihung des Stifterpreises der Deutschen Burgenvereinigung an den Freundeskreis Burg Warberg e.V. Der Stiftungsvorsitzende Hasso Freiherr von Senden würdigte in seiner Laudatio nicht nur das außergewöhnliche Engagement des Freundeskreises, sondern auch das Ergebnis: „Sie können stolz sein, denn Sie haben in der Tat ein Kleinod in der niedersächsischen Burgenlandschaft geschaffen."[3]

In verschiedenen Beiträgen dieses Buches werden die zahlreichen Veranstaltungen des Freundeskreises beschrieben. Über die aktuellen Veranstaltungen, die vom Freundeskreis veranstaltet oder mitgetragen werden, informiert der Freundeskreis u.a. auf der Homepage der Burg Warberg.

Gewisse Entspannung

Genossenschaften – privater Landhandel und BLA

Die Lage entspannt sich. „Genossen" sind heute als Lehrgangs- und Fortbildungsteilnehmer auf der Burg akzeptiert, und selbst eine früher undenkbare Mitgliedschaft bei der Bundeslehranstalt ist heute möglich. Und sie wird auch wahrgenommen. Immer mehr Genossenschaften werden Mitglied bei der Bundeslehranstalt Burg Warberg und senden ihre Mitarbeiter zu Fortbildungen. Dies stellt eine große Veränderung und Öffnung der Bundeslehranstalt Burg Warberg dar, denn in der Gründerzeit wurde zu den Genossenschaften eine regelrechte Frontstellung aufgebaut. Die sah, wie ein Protokollausschnitt einer Vorstandssitzung der BLA aus dem Jahr 1958 zeigt, so aus:

„Auf einem Kartoffelkurzlehrgang im Januar sind zwei Genossenschaftsangestellte beteiligt gewesen. Dr. Schulze hat Herrn Dunker deren Teilnahme bereits schriftlich begründet. Die Aufnahme des einen Teilnehmers war auf Intervention des Vorstandsmitglieds Dammann erfolgt. Es wird festgestellt und beschlossen, daß grundsätzlich Genossenschaftsangehörige zu den Lehrgängen auch dann nicht zugelassen sind, wenn dieses von Mitgliedern oder Angehörigen der Organe des Vereins befürwortet oder verlangt wird."[4]

Diese harte Position entspricht der Rivalität zwischen Genossenschaftswesen und privatem Landhandel bereits in seiner historischen Perspektive seit dem Ende des 19. Jahrhunderts. Stets sah sich der private Landhandel insgesamt gegenüber dem Genossenschaftswesen benachteiligt. So ist überhaupt die Entstehung der übergeordneten, berufsständischen Organisationen des privaten Landhandels auch als Gegenbewegung zum sich verbreitenden Genossenschaftswesen Raiffeisen zu sehen. Auch in der Zeit nach dem Zweiten Weltkrieg wurde diese Auseinandersetzung noch mit harten Bandagen geführt. Erwin Fromme erinnert sich an ideologische

SCHRIFTENREIHE DES INSTITUTES FÜR HANDELSFRAGEN
BAD GODESBERG
HEFT 1

Privater Handel oder genossenschaftlicher Handel in der Landwirtschaft?

von

PROFESSOR DR. WERNER HENKELMANN

BAD GODESBERG
1953

SCHRIFTENREIHE DES INSTITUTS FÜR HANDELSFRAGEN
BAD GODESBERG · HEFT 1

K 46

PRIVATER HANDEL
ODER
GENOSSENSCHAFTLICHER HANDEL
IN DER LANDWIRTSCHAFT?

VON PROFESSOR DR. WERNER HENKELMANN

Grabenkämpfe, die sich heute eher entspannt hätten, besonders auf der unteren Arbeitsebene, wo es nun auch Formen pragmatischer Zusammenarbeit gäbe. Er stellt jedoch auch heraus, dass lange Zeit die Genossenschaften begünstigt waren (z.B. im Bereich Steuer und gesetzlicher Bestimmungen). Entsprechend fiel die frühe Reaktion der BLA aus. Sie sah gerade auch in der Arbeit des Schulvereins der „Lehranstalt des deutschen Landhandels" ein Mittel, um in der Konkurrenzsituation besser bestehen zu können:

„Der Landhandel steht im Wettbewerb mit anderen Wirtschaftsformen. Die von ihm geübte private Unternehmerinitiative bildet eines der Lebenselemente freiheitlicher Staatsgesinnung, ohne die Volk und Staat im Strudel kollektivistischer Planwirtschaft untergehen würden. Der Landhandel hat alles in Warberg aufgeboten, um seine Jugend auf die Verantwortung, die an einen selbständigen Unternehmer gestellt wird, gehörig vorzubereiten."[5]

Zwar habe der private Landhandel, auch im Zuge der Umstrukturierung heute gewisse Marktanteile eingebüßt, aber das Verhältnis sei inzwischen entspannter, besonders weil der private Landhandel offener und die Genossenschaften schon eher marktorientiert (allerdings doch häufig eher noch verschlossen) seien.

Bei der BLA wird die verstärkte Akzeptanz ihres Angebots auch durch Mitglieder des Genossenschaftswesens heute begrüßt und auch als Beleg dafür gesehen, dass bei der BLA Bildungsangebote vorgehalten werden, deren Qualität auch jenseits ihrer ursprünglichen Klientel anerkannt und geschätzt wird. „Fachlich gesehen sitzen doch alle Unternehmen in einem Boot und sind vor die gleichen Herausforderungen gestellt. Daher ist es nachvollziehbar, dass wir froh sind, wenn Schulungsveranstaltungen durchgeführt werden können, die sonst hätten ausfallen müssen oder nur in größeren Abständen anbietbar wären", so Peter Link.

Privater Handel oder genossenschaftlicher Handel in der Landwirtschaft?

Bei der Beantwortung dieser Frage, die sich auf Grund der gegenwärtig herrschenden wirtschaftlichen und politischen Verhältnisse mit aller Macht in den Vordergrund gedrängt hat, hat man sich auf beiden Seiten von mehr oder weniger starken Übertreibungen leider nicht frei zu halten gewußt. Das plötzlich erwachte Interesse für Handelsfragen und ihre Behandlung hat den Boden der Sachlichkeit manchmal bedenkli… voreiligen Schlußfolgerunge… form nicht Gefahr laufen, … den wirtschaftlichen Friede… treibungen und Verallgeme… werden, die Problematik … von Grund auf zu erfassen…

1. Entstehung und Entwicklungsstufen des Handels

Der Handel, im engeren wie im weiteren Sinne, bildete schon im Altertum und Mittelalter einen notwendigen Bestandteil jeder Volkswirtschaft. Die verschiedene geographische Verteilung der natürlichen Reichtümer der Erde, die Unterschiede in den Leistungen und Bedürfnissen der Menschen und die — teilweise schon aus diesen beiden Motiven hervorgehende — Arbeitsteilung sind die drei Hauptursachen, die vornehmlich für den Handel und Güterverkehr in Betracht kommen. Der Einfluß dieser drei Grundmotive des Güteraustausches tritt besonders deutlich bei der Betrachtung der Entwicklungsstufen hervor, die der Handel, von Beginn der Kultur an, unter allmählichen Wandlungen bis zu seinen heutigen Formen und seiner heutigen Stellung im Wirtschaftsleben der fortgeschrittenen Völker durchgemacht hat. Die „geschlossene Hauswirtschaft" kannte oder kennt überhaupt kein Markt-, Preis- und Handelsproblem. Bei ihr vollzog oder vollzieht sich der ganze Kreis-

5

Florian Hary, Hotelmanager

Von der Herberge zum Hotel

Den Gründungsvätern der Bundeslehranstalt Burg Warberg war es wichtig, dass die Schüler und Seminargäste ein ordentliches Bett und ausreichend Verpflegung bekamen. Der Standard war seinerzeit einfach und zweckmäßig. Dies war vor allem in den wirtschaftlichen Überlegungen begründet. Sukzessive wurden in den 70er und 80er Jahren die Zimmer mit Nasszellen und Bädern ausgestattet und so kontinuierlich der Standard verbessert. Aber noch bestand die Zielgruppe hauptsächlich aus Schülern und Seminargästen der Agrarhandelsbranche. Wie erwähnt lag das Hauptaugenmerk darauf, Unterbringung und Verpflegung preisgünstig sicherzustellen. Es wurde jedoch zunehmend deutlich, dass für den Seminarerfolg neben dem vermittelten Fachwissen vor allem auch der gesamte äußere Rahmen für Begegnung, dem Knüpfen von Netzwerken und dem allgemeinen Wohlbefinden erfolgsbestimmend und wichtig ist.
Anfang der 90er Jahre setzte daher ein Strategiewechsel ein. Vorstand und Geschäftsführung fassten den Entschluss, die Oberburg zu sanieren. Mit den zusätzlich geschaffenen räumlichen Möglichkeiten sollten auch neue Zielgruppen angesprochen werden. Das Alleinstellungsmerkmal der Burg war und ist ihr einzigartiges Ambiente. Die Herausforderung bestand darin, mit Küche und Zimmern einen Standard zu schaffen, der es zulassen sollte, zusätzliche Gästegruppen für die Burg zu erschließen. Die zusätzliche Auslastung, so die Überlegung, sollte einen Beitrag zur Deckung der Fixkosten leisten sowie die Möglichkeit eröffnen, zusätzliche und besser ausgebildete Mitarbeiter einzustellen. Damit sollte den eigenen Teilnehmern aus der Branche ein besserer Standard zu einem angemessenen Preis geboten werden können.
Daher erfolgte in den folgenden Jahren ein kontinuierlicher Wandel und verstärkte Investitionen in den Bereichen Gastronomie und Gästezimmer.

Gastronomie

Im Jahr 1998 musste ein neuer Koch gefunden werden, da die bisherige Köchin schwanger wurde und sich entschied, sich der Familie und der Erziehung der Kinder zu widmen. Mit Heinz-Jürgen Strusch bewarb sich ein angesehener Koch, der über reichhaltige Erfahrung im Gastronomiegewerbe verfügte. Seit vielen Jahren hatte er erfolgreich junge Leute für den Beruf des Kochs ausgebildet. Herr Strusch äußerte im Bewerbungsgespräch, dass er sich verändern wolle, es sich jedoch nicht vorstellen könne, nur Seminargäste zu verpflegen. Vielmehr wollte er auch zu anderen Gelegenheiten sein Können unter Beweis stellen. Mit dieser Einstellung war die richtige Person für die Umsetzung der gastronomischen Strategie gefunden.

Zeitgleich wurde es ohnehin notwendig, die zwischenzeitlich in die Jahre gekommene Kücheneinrichtung zu modernisieren und in eine Komplettsanierung der Küche mit neuen Kochgerätschaften zu investieren.

Um neue Zielgruppen anzusprechen und künftigen Tagungsgästen einen Vorgeschmack auf die kulinarische Kreativität und die Möglichkeiten zu geben, wurden die sogenannten „Culinaricen" durch Herrn Strusch ins Leben gerufen. Ein Culinaricum verbindet kulinarische Köstlichkeiten zu einem bestimmten Thema mit begleitenden Darbietungen. So wird beispielsweise bei einem Culinaricum „Candle-Light-Dinner" die 5-gängige Menüfolge durch entsprechende lyrische oder musikalische Begleitung serviert. In diesem Jahr begleitete Frau Werner mit Harfenklängen das Dinner und ließ es zum ganzheitlichen Erlebnis werden. Zu Weihnachten gibt es das Weihnachtsculinaricum, welches traditionell durch den Chor Con Brio musikalisch untermalt wird. Dieses Culinaricum ist oftmals schon Wochen im Voraus ausgebucht. Andere Themen sind dann oft länderbezogen, wie „Vive la France" oder „Bella Italia". Dekoration und Rahmenprogramm sind dann in feiner Abstimmung zum Menü entwickelt. Bei dem Culinaricum „In Vino Veritas" werden zu den Speisen passende Weine von den Winzern selbst präsentiert. Beim Culinaricum „Waidmanns Heil" ist es Wild aus heimischen Wäldern, das die Menüfolge bestimmt. Mit Hans-Jürgen Köckeritz trägt der Jäger selbst zur Gestaltung des Abends bei. Neben „Jägerlatein" sind es auch Jagdsignale mit dem Jagdhorn, die die einzelnen Gänge ankündigen.

Die erfolgreiche Etablierung dieser culinarischen Events war der Einstieg der Bundeslehranstalt in die Erlebnisgastronomie.

Die Kombination von culinarischen Köstlichkeiten und Musik wie z.B. beim mittlerweile auch schon zur Tradition gewordenen Jazz-Brunch zum Muttertag auf dem Burghof und das einzigartige Ambiente der Burg haben sich als tragfähiges Fundament herausgestellt.

Die Beliebtheit dieser Culinaricen und die daraus resultierenden Buchungen von Familienfeiern machten es recht schnell notwendig, die Frequenz der Veranstaltungen zurückzufahren, da oftmals die Räumlichkeiten anderweitig vermietet wurden.

Eine weitere Besonderheit, die mit Keller und Küche in Verbindung gebracht werden und die dem Thema Wein gewidmet ist, war die Anlage eines eigenen Weinberges

auf den Feldern des Gutsbetriebes. Dies erfolgte in enger Zusammenarbeit mit dem Verkehrsverein Nord-Elm. Der guten Zusammenarbeit mit dem Verkehrsverein und insbesondere dessen engagiertem Geschäftsführer, Herrn Jürgen Hary, ist es auch zu verdanken, dass im Bereich der Erlebnisgastronomie erfolgreich die sog. Mittelalterlichen Tafeleyen etabliert werden konnten und zum festen Angebot der Burg gehören. Mit bis zu 200 Personen sind diese Tafeleyen schon als fast legendär zu bezeichnen.

Vom Gutsbetrieb kamen über viele Jahre unzählige Schweine, die dann von unserem Grillmeister Michaelis aufs Köstlichste auf dem Burghof zubereitet wurden. Viele Gäste können es kaum erwarten, die Tagung zu beenden und zum gemütlichen Teil zu wechseln, wenn ihnen der Duft des langsam sich über dem Grill drehenden Schweins über Stunden bereits durch die Nase streicht.

Ein Trend, der in der Gastronomie verstärkt zu bemerken ist und den die Bundeslehranstalt Burg Warberg ebenfalls seit vielen Jahren folgt, ist der Bezug von frischen Lebensmitteln von Produzenten aus der Region. Herr Strusch kennt seine Lieferanten, gleich ob für Äpfel, Spargel oder frisches Wild. Er ist stets bemüht die regionalen Möglichkeiten und Herkünfte zu nutzen.

In den letzten Jahren hat Herr Strusch schon viele Auszubildende in der Burgküche in die Geheimnisse des Kochen einweihen und den jungen Leuten zu einer guten Abschlussprüfung und einem guten Start in ihre Karriere verhelfen können.

Das kulinarische i-Tüpfelchen ist der im Renaissancegarten durch Frau Marsen angelegt Kräutergarten. Hier findet die Küchenmannschaft so manches Kräutlein, was den besonderen Geschmack der Burgküche ausmacht. Neben frischem Rosmarin, Thymian, Liebstöckel und frischer Zitronenmelisse gibt es hier aber auch exotische Kräuter wie das Cola-Kraut. Guten Appetit!

Service

Parallel zur Küche hat sich auch der Bereich der Servicekräfte weiter entwickelt. Der Restaurantleiterin Frau Mandy Dorendorf sind, als ausgebildete Sommelière (Weinfachberaterin) keine Weine fremd. Diese und die entsprechenden Speisen am Gast fachgerecht zu „zelebrieren" ist eine Stärke von ihr. Besonderer Höhepunkt ist das stimmungsvolle Flambieren von Crepes in der Grillhütte.

Gästezimmer

War es in der Gründungszeit und in den Jahrzehnten danach wichtig, dass die Gäste ein Bett und eine günstige Übernachtungsmöglichkeit fanden, hat der oben beschriebene Strategiewechsel auch einiges an Veränderung im Bereich der Gästezimmer gebracht.

In den 90er Jahren wurden die Zimmer zunehmend als Einzel- und Doppelzimmer ausgebaut und alle mit Dusche und WC ausgestattet. Als die Entscheidung für neue Möbel für die Zimmer anstand, fiel die Entscheidung für hochwertige Stilmöbel, die das Ambiente der Burg auch in die Gästezimmer zu transportieren vermochten. Dass heute in den Zimmern moderne Flachbildschirme die alten Uhrenradios abgelöst haben, soll hierbei nur am Rande erwähnt werden. Bei der Entwicklung der Burg wurde auch auf kleine, für den Gast aber wichtige Details geachtet. Dies zeigt sich in der Möglichkeit, unter verschiedenen Kissen mit unterschiedlichen Füllungen und Härtegraden auswählen zu können. Getränke auf den Zimmern, wie auch eine ständige Versorgung mit frischem Obst („an apple a day keeps the doctor away") lassen den Gast kaum mehr etwas vermissen, wenn er mehrere Tage in der Burg weilt.

Im Jubiläumsjahr erfüllt sich ein weiterer seit vielen Jahren gehegter Traum. Es werden zusätzliche Zimmer im Dachgeschoss der Burg ausgebaut. Die insgesamt 15 neuen Zimmer werden überwiegend in Maisonettestil gebaut, d.h., man gelangt über eine Treppe in eine zweite Etage – die Schlafgalerie. Die neue „Margarethensuite" wird den besonderen Gästen wie Hochzeitspaaren etc. vorbehalten sein und neben einer integrier-

ten Sauna, eine Wellnessdusche und einen kleinen Whirlpool haben. Der Blick aus dieser Suite auf das idyllische Dorf Warberg lässt dann alle Alltagssorgen vergessen und entführt die Gäste in eine andere Welt.

Ausbildung

Im Internat war es noch wichtig, ein paar Getränke servieren zu können und dem Gast eine Übernachtungsmöglichkeit sicher zu stellen. Heute gehört fundiertes Wissen über Weine, Cocktails und andere Getränke- und Speisenspezialitäten zum selbstverständlichen Repertoire der Mitarbeiter. Ob das noble 7-Gang-Menü, ein Menü bei dem die Gäste durch die Burg wandeln, aufwändige Buffets oder rustikale Burgfeste, mit anschließender Übernachtung in einem gemütlichen Zimmer mit Stilmöbeln – all das kann dem anspruchsvollen Gast geboten werden.
Das Wissen und Können dem gesamten Team und insbesondere den jungen Auszubildenden weiterzugeben, ist eine der großen Aufgaben, denen sich die Ausbilder in Küche, Service oder an der Rezeption täglich stellen. Wenn es dann gelingt, dass Auszubildende der Burg im IHK-Bezirk Braunschweig zu den besten Absolventen gehören, ist das ein besonderer Verdienst der Ausbilder und des gesamten Burgteams.

Hotelorganisation

Zum Wandel von der Herberge zum Hotel gehören jedoch auch noch einige andere Dinge, die für den Gast wichtig sind. So gibt es eine bis in die späten Abendstunden kontinuierlich besetzte Rezeption. Um die Region zu erkunden, werden Rad- und Wanderkarten bereitgehalten. Wer selbst mit dem Fahrrad den vor den Toren Warbergs liegenden größten Buchenwald, den Elm mit seinen unzähligen Rad- und Wanderwegen, erkunden oder die alte Burg im Elm besichtigen möchte, kann dies mit burgeigenen Fahrrädern tun.

Eine kontinuierliche Erreichbarkeit und Buchbarkeit der Burg ist seit 2012 mittels der modernen Buchungsportale im Internet möglich.
Wer sich entschieden hat, auf der Burg z.B. eine Hochzeit zu feiern, findet durch die kompetente Unterstützung des Rezeptionsteams mit dem Fotografen, dem Musiker, der Floristin, der Hochzeitskutsche, dem Feuerwerker und dem in der Burg gelegenen Standesamt alles, was für einen gelungenen und unvergesslichen „Schönsten Tag des Lebens" notwendig ist.
Eine Frage muss der Gast freilich selbst klären: „Wen will ich heiraten?"
Wenn diese Frage geklärt ist, kann das Motto und der Anspruch der Burg erlebt werden:
„Das Besondere suchen – das Außergewöhnliche finden. Burg Warberg"

Immer im Bilde

Öffentlichkeitsarbeit der Bundeslehranstalt

Die Bundeslehranstalt ist mit ihren Aktivitäten bundesweit, teilweise europaweit bekannt. Und für viele Landkaufleute und in der Agrarbranche Tätige, junge wie ältere, gehört die Teilnahme an Angeboten der BLA einfach zum Berufsleben dazu, sei es, dass der Betrieb für seine Auszubildenden wie selbstverständlich entsprechende Kurse bucht, sei es, dass Mitglieder bestimmte Seminarveranstaltungen nicht auslassen und sie regelmäßig besuchen. Das heißt aber nicht, dass die vielfältigen Angebote der Schulung und der Veranstaltungen auf der Burg immer von alleine in Anspruch genommen werden. Auch dazu dient eine heute differenzierte Öffentlichkeitsarbeit der Burg, die bei der Information über die Angebote beginnt und mit Berichten über das Geleistete im Warberger Merkur, auf der eigenen Website und in der Presse nicht ihr Ende findet.

Die Nummer 1 der Warberger Merkurs erschien – wie beschrieben – im Jahre 1957. Das Blatt hat sich entwickelt, bei inzwischen jährlicher Erscheinungsweise und moderner Aufmachung enthält es weiterhin den Bericht über das abgelaufene Geschäftsjahr mit zusammenfassenden Berichten über die Aktivitäten des Jahres, dazu entsprechendes Zahlenmaterial sowie den ausführlichen Jahresabschluss des Landwirtschaftsbetriebes. Das nennt man Kontinuität – zusammen mit seinen Sonderausgaben geht der Warberger Merkur nun ins 56. Erscheinungsjahr, und er ist in diesem Jahr bei Ausgabe Nr. 92 angelangt. Jährlich wird auch separat das kommende Jahresprogramm in Form eines Lehrgangsverzeichnisses in einer Auflage von zur Zeit 4.000 Exemplaren aufgelegt. Die BLA musste stets, besonders in der noch internetlosen Zeit, großen Wert darauf legen, dass sie potenzielle Teilnehmer erreicht. Dazu haben wesentlich auch die Ankündigungen und Berichte in den Fachzeitschriften Kraftfutter/FeedMagazine, Die Mühle+Mischfuttertechnik, Ernährungsdienst/Agrarzeitung, Der Landkaufmann und Vereinigte Landwarenkaufleute beigetragen. Wichtig waren ebenso die Mitteilungen der Verbände an ihre Mitglieder, in denen auf das Angebot der Burg aufmerksam gemacht wurde.

Umgekehrt sind zahlreiche Berichte über die BLA auch über den Nachrichtendienst Agrar-Europe, in der Tagespresse und in den genannten sowie weiteren Fachzeitschriften erschienen. Auch Rundfunk und insbesondere das NDR-Fernsehen haben verschiedene Beiträge gesendet, die zugleich das Interesse an der Arbeit auf der Burg geweckt haben.

Herzlich willkommen auf Burg Warberg! So heißt es nun auch schon seit Jahren auf der Website der Burg, die täglich etwa 5.000 Aufrufe erfährt. Sie bietet eine Runduminformation über die heute so vielfältigen Aktivitäten auf der Burg. Unter der Überschrift „Wissen ist Markt" informiert sie aktuell und im Jahresüberblick über alle Seminare und Tagungen der Bundeslehranstalt Burg Warberg e.V. Hier wird auch das heutige Selbstverständnis zu Bildung und Fortbildung zum Ausdruck gebracht: „Die Markt- und Technologieveränderungen der letzten Jahre haben der Agrarbranche zu einer dynamischen Entwicklung verholfen. Neben den kaufmännischen Herausforderungen ist produktionstechnisches Know-how von zentraler Bedeutung. Die Basis für erfolgreiches unternehmerisches Handeln liegt in der Qualifikation der Mitarbeiter im Unternehmen. Die Weiterentwicklung der individuellen Kompetenzen ist dabei eine lebenslange Aufgabe. Die Bundeslehranstalt Burg Warberg bietet Ihnen die Plattform für einen systematischen Wissensaufbau." (www.burg-warberg.de)

Damit sind wir wieder beim Thema Öffentlichkeitsarbeit. Denn es ist bekannt, dass zufriedene Kunden, auch mit ihrer Mund-zu-Mund-Propaganda, die beste Werbung für einen Anbieter darstellen. Die Qualität ihres Angebots und die Flexibilität, um jeweils ihren eigenen oben formulierten Ansprüchen gerecht zu werden, dies soll auch weiterhin die Grundlage für die Leistung und Akzeptanz der Bundeslehranstalt bilden.

Warberger Merkur
Warberger Merkur
Mitgliederverzeichnis
Stand: 1. Dezember 1965
Warberger Merkur
Warberger Merkur
MITTEILUNGSBLATT DER BUNDESLEHRANSTALT BURG WARBERG E.V.
UND DER ARBEITSKREISE DES JUNGEN LANDHANDELS
Warberger Merkur
MITTEILUNGSBLATT DER BUNDESLEHRANSTALT BURG WARBERG E.V.
UND DER ARBEITSKREISE DES JUNGEN LANDHANDELS
Warberger Merkur
Nr. 81 Oktober 2001
Warberger Merkur
Aus der Wirtschaft für die Wirtschaft –
praxisorientiertes Wissen für das Agribusiness!
BURG WARBERG
Seminarverzeichnis 2012 / 2013
BURG WARBERG
Mit der Bundeslehranstalt
Burg Warberg an
Ihrer Seite zum Erfolg!
Netzwerk • Innovation • Service

Dr. Annemarie Heinecke, Leiterin Seminarmanagement

Ausbildung, Fortbildung, Seminare in der Bundeslehranstalt Burg Warberg heute

Kernaufgabe der Bundeslehranstalt Burg Warberg e.V. ist die branchenbezogene Aus- und Weiterbildung von Fachkräften in der Agrarwirtschaft als eine praxisgerechte Vorbereitung auf die sehr spezifischen Aufgaben in Handel, Produktion und Verkauf. Auf der Burg Warberg ist ein „lebenslanges" Lernen möglich. Oftmals kommen junge Menschen erstmalig bereits in ihrer Ausbildung nach Warberg. Die klassische Berufsausbildung zum Kaufmann und auch die betriebliche Ausbildung in Landhandelsbetrieben erfordern eine grundlegende theoretische und anschauliche Ergänzung durch die überbetriebliche Ausbildung auf der Burg Warberg. Während früher oftmals Zweitgeborene von landwirtschaftlichen Betrieben in den Agrarhandel gingen, kommen mittlerweile viele Menschen, die vorher weder mit der praktischen Landwirtschaft, dem Agrarhandel noch der Agrarwirtschaft Berührung hatten, in die Agrarbranche. Damit ist die Vermittlung von Hintergrundwissen und Fertigkeiten zu den Produkten in der Agrarwirtschaft und zur landwirtschaftlichen Erzeugung unverzichtbar geworden. Besondere Beachtung gilt neben den produktionstechnischen Grundlagen dem Verständnis der Märkte, den Rahmenbedingungen der Agrarwirtschaft sowie den Methoden des Handels und des Risikomanagements.

Nachwuchskräfte und zunehmend auch neue Mitarbeiter mit branchenfremden Ausbildungs- und Erfahrungshintergründen erhalten eine spezifisch auf ihre zukünftige Tätigkeit ausgerichtete Ausbildung. Angehende Führungskräfte werden auf ihre neuen Auf-

gaben vorbereitet und aktive Führungskräfte in ihrer Tätigkeit unterstützt!

In den vergangenen Jahrzehnten wurde der heutige Umfang der Seminare, Fortbildungen und Lehrgänge fortwährend ausgedehnt und an die äußeren Rahmenbedingungen im Agrarhandel angepasst. Im Geschäftsjahr 2011/2012 waren es 99 Veranstaltungen mit ca. 1.900 Teilnehmern! Die Dauer der Seminare variiert dabei zwischen einem Tag und elf Wochen. Alle Seminare aus dem Angebot der Burg Warberg werden auch als Schulung „vor Ort" in den Unternehmen angeboten. Vor-Ort-Seminare werden zunehmend nachgefragt, da diese teilweise besser in die Arbeitsabläufe der Unternehmen eingebunden werden können. Die Unternehmen können so im laufenden Betrieb die entwickelten Weiterbildungsangebote für eine größere Mitarbeiterschaft nutzen. Für die Bundeslehranstalt Burg Warberg e.V. erschließen sich dadurch zusätzliche Teilnehmerkreise.

Eine weitere Kernaufgabe der Bundeslehranstalt Burg Warberg e.V. ist satzungsgemäß der Erhalt und die Förderung der Wettbewerbsfähigkeit der Agrarhandelsunternehmen. Um in Zeiten volatiler Agrarmärkte keinen Schiffbruch zu erleiden, wird den Mitarbeitern/Innen das Know-how für ein funktionierendes Risikomanagement vermittelt. Heute ist der Handel an Warenterminmärkten ein gängiges Werkzeug des Risikomanagements der Branche und sichert die Zukunftsfähigkeit der Unternehmen. Damit wird deutlich, dass die Bundeslehranstalt Burg Warberg e.V. Motor für neue Entwicklungen und Impulsgeber für die Branche ist. Die Gründung der ersten deutschen Warenterminbörse ging von der Bundeslehranstalt Burg Warberg aus!

Die Bundeslehranstalt Burg Warberg greift aktuelle Fragestellungen aus der Wissenschaft und neue gesetzliche Vorgaben auf und macht diese für den Agrarhandel greifbar und umsetzbar. Ein Beispiel sind die nicht unumstrittenen Biomassenachhaltigkeitsverordnungen. Nach einer Erstinformation zu diesem Thema wurden über 100 Betriebe durch gezielte Vorbereitung zur Zertifizierung geführt. Ein jährlicher Workshop unterstützt die Unternehmen, aktuell zu bleiben.

Inzwischen ist jedoch der Seminarbetrieb nicht nur mehr für Agrarhandelsunternehmen interessant. Auch andere Berufssparten nutzen die berufsbegleitenden Lehrgänge, u.a. zur Vorbereitung auf die IHK Prüfungen zum/zur Handelsfachwirt/In, Bilanzbuchhalter/In oder Ausbilder/In. Beispielsweise werden die Teilnehmer/Innen innerhalb von sechs Monaten in fünf Wochenblöcken und drei Kompaktwochenenden auf die bundeseinheitlichen Prüfungen zum Handelsfachwirt vorbereitet. Die Ergebnisse aller Vorbereitungskurse auf IHK- Prüfungen können sich sehen lassen. In den vergangenen Jahren lagen die Absolventen der Burg Warberg mit ihren Leistungen über dem Bundesschnitt der IHK! Die Kurse sind intensiv und führen die Teilnehmer stellenweise an ihre Leistungsgrenze, jedoch formen diese Erfahrungen alle Teilnehmer/Innen und machen sie zu leistungsstarken Persönlichkeiten, die ein Gewinn für die Unternehmen sind. Die Auszüge aus den Seminarbeurteilungen machen deutlich, wie wertvoll diese Erfahrungen für die Teilnehmer/Innen sind und zeigen die entstandene Verbundenheit mit der Burg.

> Aus Seminarbeurteilungen:
> „…dank der phantastischen Referenten beste Erfolgsaussichten"
> „…intensiv und kompakt, aber nie allein gelassen…"
> „…eine unvergessliche Zeit auf der Burg Warberg…"

Um einen Mehrwert dieser Vorbereitungen auf die IHK- Prüfungen für die Unternehmen des Agrarhandels im Gegensatz zu anderen Bildungsträgern zu generieren, bietet die Bundeslehranstalt beim Handelsfachwirt/In und Bilanzbuchhalter/In fakultativ eine agrarspezifische Vertiefung an. Inhalte dabei sind kontraktliche Abwicklung im Getreide- und Futtermittelhandel, Risikomanagement-Umgang mit Warenterminbörsen und bei den Bilanzbuchhaltern deren steuerlichen Auswirkungen.
Eine Besonderheit bietet der Sachkundelehrgang Futtermittelkontrolle. Dieser Lehrgang wird seit 2006 durch die BLA im Auftrag des Landes Niedersachsen, des Landesamtes für Verbraucherschutz und Ernährungsmittelsicherheit (LAVES), durchgeführt. Inzwischen lassen alle Bundesländer ihre angehenden

Sachkundelehrgang amtliche Futtermittelkontrolle

Im §1 der Verordnung über die fachlichen Anforderungen an die in der Futtermittelüberwachung tätigen Kontrolleure (FuttMKontrV) vom 20.3.2003 sind die Anforderungen an die in der Futtermittelüberwachung tätigen Kontrolleure geregelt. Um diese Anforderungen zu erfüllen ist u. a. ein Lehrgang von mindestens 6 Monaten notwendig, der sowohl eine praktischen als auch einen theoretischen Teil umfasst.

In diesem Lehrgang werden die Teilnehmer befähigt:

- Überprüfungen und Probenahmen im Rahmen der Überwachung durchzuführen
- die missbräuchliche Verwendung von Stoffen als Futtermittel zu ermitteln
- die Auswirkungen von Futtermitteln auf die G… Mensch, Tier und U…
- die notwendigen M… letzungen zu unterb…
- Hinweise zu geben, … werden
- Verbraucher über di… Vorschriften aufzuklä…

Termine

22.10. - 26.10.2012
12.11. - 16.11.2012
26.11. - 30.11.2012
10.12. - 14.12.2012
07.01. - 11.01.2013
Prüfungswochen:
06.05. – 08.05.2013 praktis…
21.05. - 24.05.2013 mündli…

Seminarleiter

Dr. Annemarie Heinecke

Seminargebü…

Die Seminargebühr ist … Teilnehmer und beträgt … ab 11 Teilnehmern EUR 6… Module bzw. Seminartag… EUR 680 / Schulungswo… onskosten

Zielgruppe

Mitarbeiter der zuständigen Landesbehörde, die die Sachkunde gem. FuttMKontrV benötigen

Inhalte

- Futtermittelrecht sowie alle berührenden allg. und speziellen Rechtsbereiche
- Futtermittel-Probenahme- und Analyse VO
- Verwaltungstechnik, Anwendung futtermittelrechtlicher elektronischer Spezialprogramme
- …kunde, Verwaltungs-, …

8 Gleich anmelden: Tel.: +49 (0) 5355 - …

BURG …
OPTIMIER…
RATIONEN UND…
19. – 20. Nov…
BUNDESLEH…
BURG WAR…

BURG WARB…
DUALER
BACHELOR-STUDIEN…
BETRIEBSWIRTSCHAFT…
FACHRICHTUNG
HANDEL UND INDUST…
VERTIEFUNG AGRIBUS…
Oktober 2012 bis Mai…
Veranstalter:
WELFENAKAD…
Berufsakademie - University of Cooper…

BURG WAR…
HANDELSSTRATE…
AN DEN
WARENTERMINMÄ…
RISIKOMANAGEM…
Vom 01. - 02.11…
BUNDESLEHRAN…
BURG WARBER…

Futtermittelkontrolleure in Warberg ausbilden. Ein Alleinstellungsmerkmal für die Bundeslehranstalt!

Die Erfahrungen in der Entwicklung des Bildungsportfolios zeigen, dass sowohl Grundlagen- als auch Fortgeschrittenen-Bildungsmaßnahmen sowie Plattformen für Erfahrungsaustausch, Know-how-Transfer und Informationsvermittlung eine positive Teilnehmerresonanz finden. Die Zielgruppendifferenzierung in den Sachgebieten ist gelungen, so dass die Bundeslehranstalt Burg Warberg e.V. in der Lage ist, Personalentwicklung vom Einsteiger bis zum erfahrenen „alten Hasen" im Hause sachgerecht zu bedienen. Es ist möglich, den Agrarhandelsunternehmen als Ergänzung zur hausinternen Personalentwicklung Einzelseminare, aber auch Bildungswege anzubieten. Die Umfänge der Seminare und die Stoffpläne werden in Zusammenarbeit mit Praktikern verfeinert und optimiert, damit sie den zunehmenden Ansprüchen der Unternehmen an Weiterbildung und Qualifizierung der Mitarbeiter gerecht werden können. Aus dieser Zusammenarbeit mit der Praxis haben sich die Zertifikatslehrgänge der Bundeslehranstalt Burg Warberg e.V. entwickelt. Die Ausbildung zum Futtermittelfachberater ist gemeinsam mit dem Deutschen Verband Tiernahrung (DVT) für Mitarbeiter im Futtermittelvertrieb konzipiert worden und besteht aus mehreren Komponenten. Es verbindet die fachliche Kompetenz (Tierernährung) mit der persönlichen Kompetenz (Auftreten, Sicherheit, Einstellung, Selbstbewusstsein) und schult die verkäuferische Kompetenz (Argumentation, Einwandbehandlung, Kommunikation) und Methodenkompetenz (Zeitmanagement, Nutzung moderner Kommunikationstechnik, Gebietsmanagement). Der Lehrgang schließt mit einer Prüfung ab. Mit erfolgreicher Prüfung wird das Zertifikat „geprüfter Fachberater Futtermittelvertrieb" vergeben.

Der Zertifikatslehrgang zum „Getreidemanager" wird in Zusammenarbeit mit der Deutschen Müllerschule in Braunschweig durchgeführt. Das Profil dieser Ausbildung soll den Unternehmern eine überzeugende Möglichkeit bieten, im eigenen Haus mit diesem Bildungsweg „Getreidemanager", das Personal zu Fachkräften mit der dann in Deutschland einzigartigen Kernkompetenz „Getreide & Ölsaaten" zu entwickeln. Diese Kernkompetenz ist notwendig für technische Mitarbeiter mit Verantwortung für wertvolle Warenbestände, aber auch für kaufmännische Führungskräfte mit Verantwortung für Qualität der Verkaufswaren und Warenlager. Um dies zu erreichen, ist es notwendig, sich mit den Produkteigenschaften, -qualitäten und -fehlern zu beschäftigen und die Verfahrenstechnologie Lagerung zu beherrschen. Vorräte im Lager müssen in ihrer hohen Qualität erhalten bleiben, so dass ein vorbeugender Vorratsschutz enorm wichtig ist. Neben unterrichtsbegleitenden Erfolgskontrollen wird im Laufe des Lehrgangs eine Hausarbeit geschrieben. In den vergangenen Jahren haben sich die Hausarbeiten zu wertvollen Ausarbeitungen für die Unternehmen im Themafeld „Verfahrenstechnik, Lagerung, Planung und Kalkulation" entwickelt. Bestehende Anlagen konnten so überprüft und Fehler gefunden werden. Fantastische Planungen neuer Getreidelagerstätten sind entstanden, die für die Unternehmen einen Mehrwert bedeuteten.

Der 3. Zertifikatslehrgang der Bundeslehranstalt Burg Warberg ist die „Fachkunde Düngemittel". In einem auf die speziellen Verhältnisse in der Düngemittelwirtschaft ausgerichteten Lehrgang werden Fachberater für den Außendienst der Düngemittel verkaufenden Wirtschaft fachkundig gemacht. Durch eine abschließende Prüfung belegen die Absolventen einen hohen Grad der Qualifizierung für eine Fachberaterfunktion in der Düngemittelwirtschaft. Die Einarbeitung der Mitarbeiter wird durch die Fachkunde Düngemittel verbessert sowie die systematische Mitarbeiterfortbildung als Teil einer Qualitätsphilosophie gefördert. Unternehmen werden in der Vermittlung von Kernkompetenzen für diese Funktion (Bodenkunde, Pflanzennährstoffe, Arten, Merkmale, Ausbringung, Transport, Lagerung, gesetzliche Anforderungen) entlastet.

Die Bundeslehranstalt Burg Warberg e.V. hat sich mit dem Studiengang der Betriebswirtschaftslehre, Schwerpunkt Agribusiness, in Zusammenarbeit mit der Welfenakademie in Braunschweig auch im Bereich der angewandten Wissenschaft positioniert. Sie bietet jungen Nachwuchskräften im Führungsmanagement in den Unternehmen eine praxisorientierte Alternative zu dem bestehende klassischen Hochschulstudium mit stark theoretischem Schwerpunkt. Mit diesem Studium wird der international anerkannte und akkreditierte Hochschulabschluss Bachelor of Arts (B.A.) erlangt. Die Studenten sind zeitgleich Praktikanten in Ausbildungsunternehmen der Agrarbranche. Dieser Studiengang ist die Alternative für Mitarbeiter und Unternehmer in der Agrar- und Ernährungswirtschaft, die eine praxisorientierte Ausbildung bevorzugen und auf das wissenschaftliche Studium nicht verzichten möchten.

Es ist ein duales Studium, das die Ausbildung zum „Kaufmann im Groß- und Außenhandel bzw. Industriekaufmann" mit dem Betriebswirtschaftsstudium mit Schwerpunkt Agribusiness kombiniert! Das Studium der Betriebswirtschaftslehre dauert drei Jahre und ist in sechs Semester unterteilt. Jedes Semester besteht aus einer Theorie- und einer Praxisphase. Das Vertiefungsstudium „Agribusiness" ist Bestandteil des fünften und sechsten Semesters in der Fachrichtung Handel oder Industrie. Die fachpraxisbezogene Vorbereitung erfolgt in Zusammenarbeit mit der BLA. Die Inhalte des Vertiefungsfaches „Internationales Agribusiness" beinhaltet u.a. die Analyse der Agrarmärkte und der Marktordnungspolitiken, die internationale kontraktliche Abwicklung von Agrargütern (Schiedsgericht, Einheitsbedingungen, GAFTA, u.a.), internationale Termin- und Optionsgeschäfte, Futtermittelrecht sowie berührende Rechtsbereiche, Qualitätsmanagement und betriebliche Eigenkontrolle, Umwelt-, Futtermittel- und Betriebshygiene sowie Agrarmarketing.

Seminare, Lehrgänge und Fortbildung bedeuten jedoch nicht nur Lernen, sondern haben vor allem auch einen vernetzenden Charakter. Netzwerkbildung in einer globalisierten Welt ist unverzichtbar. Dafür bietet die Bundeslehranstalt eine gute Plattform. Kontakte werden geknüpft, können ausgeweitet und im Rahmen der jährlich wiederkehrenden Tagungen gepflegt werden. Bei den Handelstagen ist daher neben dem Fachprogramm der Branchentreff am Abend der Veranstaltung ein wichtiger Programmpunkt geworden. Aber es sind nicht nur „berufliche" Verbindungen, die in Warberg geknüpft werden, sondern es gibt auch zahlreiche „private Bindungen". Der potentielle Heiratsmarkt in der Agrarbranche ist nicht zu unterschätzen!

Lebenslanges Lernen

Junge und ältere Teilnehmer mit beeindruckendem Feedback

Jeder hat sein eigenes Bild und seine eigenen Erinnerungen an das, was die Bundeslehranstalt Burg Warberg für ihn bedeutet. Es gibt Teilnehmer, die nehmen nur an einem Kurs teil. Es gibt auch eine Reihe von Teilnehmern, die sind mit der Burg gleichsam groß geworden und lassen sich von der Burg mit unterschiedlichen Aktivitäten bis ins Alter begleiten. Lebenslanges Lernen gibt es hier schon lange, ohne dass der Begriff bereits in aller Munde war.

Hier sind drei junge Leute, Jana Leveche, Olaf Jensch und Mirco Hagelstein, alle 19 Jahre alt. Als Auszubildende nehmen sie gemeinsam im März 2013 an dem Warberger Kurs „Vorbereitung auf die kaufmännische Abschlussprüfung" teil. Es könnte sein, dass sie auch zu denen gehören, die noch einmal oder immer wieder kommen. Denn alle drei haben bereits vor einem Jahr den Förderungslehrgang erfolgreich absolviert und sie sind mit positiven Erwartungen auch zu diesem Kurs aus Schleswig-Holstein angereist. Für das kleine Interview zu ihren Eindrücken und Erwartungen zufällig ausgewählt, hebt Jana hervor, dass sie den dreiwöchigen Förderungslehrgang als sehr informativ und für ihre Ausbildung auch als sehr nützlich ansieht. Olaf schließt sich dem an, stellt besonders den Aspekt „Über den Tellerrand blicken" heraus und meint damit sowohl die inhaltlichen Angebote, die hier vermittelt werden, als auch seinen Kontakt mit Gleichaltrigen aus anderen Betrieben, der sich mit einigen schon über ein Jahr bis heute erhalten habe. Außerdem habe die Burg eine besondere Atmosphäre, und Unterbringung und Küche seien ebenfalls lobenswert, fügt Jana hinzu. Auf die Frage, ob es denn keine Probleme oder Verbesserungsvorschläge gäbe, fällt allen zunächst nichts ein. „Irgendwie liegt Warberg für junge Leute ja doch am Rande der Welt, etwas einsam," äußert Mirco dann doch. „Besonders wenn man hierhin kommt und niemanden kennt, ist es vielleicht nicht so einfach. Aber man findet sich, und es entsteht Gemeinschaft, auch durch gemeinsame Ausflüge am Abend oder am Wochenende." Und Mircos abschließender Kommentar: „Warberg hat einen guten Ruf."

Einen Eindruck davon, wie reich und herzlich ein Einzelner die Burg im Laufe der Jahrzehnte erlebt und welche vielfältigen Eindrücke hier entstehen, drückt der folgende Text des Delegierten Andreas Meyer (Hansa Landhandel, Zeven) aus:

„Ein kleines, persönliches Bild möchte ich zeichnen, ein Dankeschön, das ich hier gern unserer Burg aussprechen möchte anhand eigener Erfahrungen.
Ich darf Sie mal fragen: Haben Sie auch den legendären Förderungslehrgang besucht? Und haben Sie ihn auch bestanden?
Burg Warberg hatte schon sehr früh bei uns zu Hause einen faszinierenden Klang: Da gingen die Chefs mal in Klausur. Unser Vater hat den Austausch und die Seminare hoch geschätzt. Ende der 70er und Mitte der 80er wurde hier dann auch über unser Unternehmen (unsere Kooperation Hansa Landhandel) berichtet, auch für mich als Junior ergaben sich dabei interessante Gespräche.
Mein nächster Kontakt war dann meine Diplomarbeit über den Landhandel. Mit der ersten Idee bin ich zu Herrn Grabenhorst gegangen, und auch der Landhandelsverband Niedersachsen, lieber Herr Fromme, hat kräftig unterstützt. Und dabei wurde mir exemplarisch deutlich, mit welchem Geist gerade diese beiden – Herrn Oelschlegel nehme ich gerne dazu – unser Miteinander in der Burg geprägt haben: einladend, wertschätzend, fördernd, ermutigend. Wichtige Vorbilder für uns junge Leute, herzlichen Dank!
In besonderer Erinnerung ist mir die Zeit nach der Wende, als auch die Kollegen aus den neuen Ländern wieder den Weg nach Warberg fanden. Was für eine Bereicherung: neue Betriebsformen im Agrarhandel, neue Größenordnungen, neue Dialekte – eine faszinierende Zeit. Der Saal

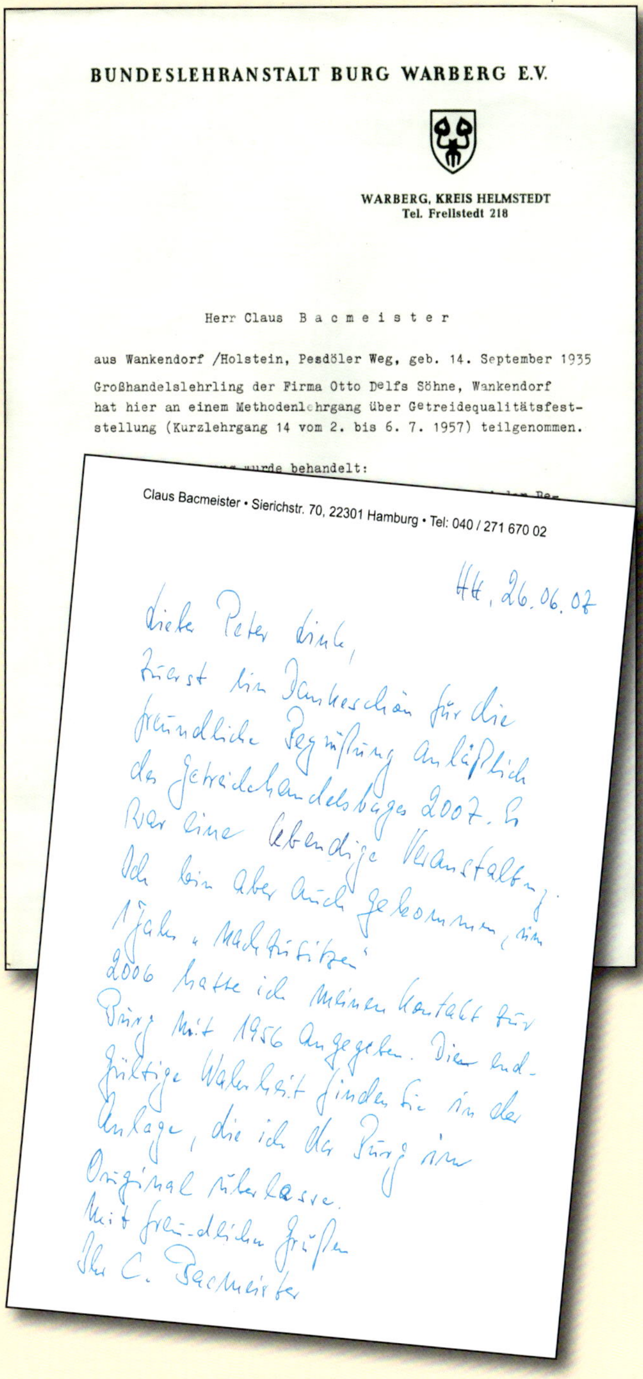
BUNDESLEHRANSTALT BURG WARBERG E.V.

WARBERG, KREIS HELMSTEDT
Tel. Frellstedt 218

Herr Claus Bacmeister

aus Wankendorf /Holstein, Pesdöler Weg, geb. 14. September 1935
Großhandelslehrling der Firma Otto Delfs Söhne, Wankendorf
hat hier an einem Methodenlehrgang über Getreidequalitätsfeststellung (Kurzlehrgang 14 vom 2. bis 6. 7. 1957) teilgenommen.

… wurde behandelt:

Claus Bacmeister • Sierichstr. 70, 22301 Hamburg • Tel: 040 / 271 670 02

Hh, 26.06.07

Liebe Peter Link,
zuerst ein Dankeschön für die freundliche Begrüßung anläßlich des Getreidehandelstages 2007. Es war eine lebendige Veranstaltung. Ich bin aber auch gekommen, um 1 Jahr „nachzusitzen".
2006 hatte ich meinen Kontakt zur Burg mit 1956 angegeben. Die endgültige Wahrheit finden Sie in der Anlage, die ich der Burg im Original überlasse.
Mit freundlichen Grüßen
Ihr C. Bacmeister

auf der Burg war fast zu klein für alle. Lieber Herr Rautenschlein, Ihnen und Ihrem Team dafür herzlichen Dank! Für mich als Junior waren die Seminare wertvoll, ebenso die Bilanzvergleiche mit Herrn Grabenhorst im Betriebswirtschaftlichen Arbeitskreis (BAL). Wie oft sind wir von hier mit neuen Ideen und neuer Motivation an die Arbeit gegangen. Anregungen aus dem Kollegenkreis beim abendlichen Zusammensein gehörten dazu. Als wir z. B. vor 20 Jahren ein Getreidesilo mit Trocknung bauten, hat mein Kollege Jan Thamann einen entscheidenden Tipp gegeben.

Wir haben hier Vertriebstagungen unserer Firma durchgeführt, waren oft mit Kunden hier und haben den Ball der Agrarjunioren gefeiert. In der Delegiertenversammlung haben wir uns über die exzellente Landwirtschaft von Herrn Rosigkeit gefreut und den kontinuierlichen Ausbau der Burg unter Ihrer Regie, lieber Herr Rautenschlein und lieber Herr Link, begleitet, an den Handelstagen haben wir geschäftliche Beziehungen geknüpft und vertieft.

Bald kam dann das Thema Börse auf den Plan: Peter Link hat es fest mit der Burg verknüpft. Es war schon eine Pionierfahrt, als wir uns 1995 die Agrar-Börsen in den USA angesehen haben und voller Ideen wiederkamen. Dass die Burg dicke Bretter bohren kann, zeigt sich heute, also 17 Jahre danach, mit der erfolgreichen Etablierung der Börsenabsicherung in unserer täglichen Arbeit.

Dazu kommt der weite Blick der Burg, den ich sehr schätze. Thematisch immer vorne dabei. Zertifizierung, Internet, Euroumstellung und immer wieder Agrarreform: Die Burg bietet das Forum, hier wird sortiert und vorgedacht und so die fachliche Meinungsbildung auch im Bundesverband der Agrargewerblichen Wirtschaft (BVA) befördert.

Als die Branche z.B. mit dem Rating vor neuen Herausforderungen stand, haben wir auch beim BVA gern auf die Expertise von Herrn Grabenhorst zurückgegriffen. Gemeinsam gelang es uns, mit solider Zahlenbasis in Hannover und Berlin dem Sparkassenverband ein gewisses Vorverständnis für brachenübliche Kennziffern zu vermitteln. Das sind Momente, in denen man stolz ist auf seine Burg. Thematisch vorne – so auch jetzt wieder bei diesen Chefgesprächen. Ich möchte das Thema Ethik besonders erwähnen. Wir stehen als Agrarwirtschaft heute unter intensiver Beobachtung der Öffentlichkeit. Verantwortliches Handeln wird von uns erwartet. Neben aller fachlicher Kompetenz müssen wir aber auch Antwort geben können in Rückbindung an das Wertefundament, auf dem wir stehen. Und da tut es gut, aus dem täglichen Bodennebel einmal aufzusteigen auf die Höhe unserer Burg, um klarer zu sehen.

Ich war oft zeitgleich hier mit Mitarbeitern oder Auszubildenden. So ist es für mich auch ein besonderer Höhepunkt, wenn zwei unserer Nachwuchskräfte durch die Erwin-Fromme-Stiftung ausgezeichnet und motiviert werden.

Abschließend noch ein Wort zum zentralen Anliegen der Burg mit der Aus- und Weiterbildung. Es ist klar, der Förderungslehrgang hat längst Kultstatus, aber hier gibt es lebenslanges Lernen, generationsübergreifend.

Manch einer mag jetzt im Geiste seine eigenen Warberger Wegmarken wachgerufen haben, und ich freue mich, wenn Sie mit mir sagen können: Danke Warberg und Glück zu!"[6]

Weltweite Kontakte

Studienreisen – Internationale Besuche

Was 1959 mit einem ersten Studienbesuch in Schweden begann, wurde ab 1972 jährlich durchgeführt. Teilweise war der Andrang der Interessenten so groß, dass zwei Studienreisen in einem Jahr durchgeführt wurden. Waren zu Beginn die europäischen Nachbarn Ziel des Interesses, wurden bald auch außereuropäische Ziele angesteuert. In diesem Jahr besuchte die Gruppe landwirtschaftliche Einrichtungen und Projekte in Tansania und Sansibar. Inzwischen geht die Tendenz dahin, dass über die Information hinaus mit den Gastgebern Kontakte geknüpft werden, die zum Teil in weiterführenden Austausch oder gemeinsame Aktivitäten einer internationalen Zusammenarbeit münden. In diesem Falle konnte die Gruppe auf bestehende Kontakte von dem Vorstandsmitglied der BLA, Dieter Gräf, bauen, der dortige Hilfsprojekte unterstützt.

Die internationalen Kontakte kommen auch über Referenten wie Dr. Robert (Bob) Sennholz aus Grove City (USA) zustande, der seit vielen Jahren auf Burg Warberg die Vorbereitung auf die US-Brokerprüfung durchführt.

Im Rahmen einer Studienreise von Studenten der Kansas State University haben diese auch auf Burg Warberg Station gemacht, wobei dies durch die Erwin-Fromme-Stiftung unterstützt wurde. Auch wurde die ganze Maßnahme fachlich durch die Experten der Burg Warberg begleitet.

Übersicht Studienreisen [7]

Reiseziel	Jahr
Großbritannien	1972
Dänemark / Südschweden	1973
Belgien / Nordfrankreich	1974
Schweiz	1975
USA	1975
Österreich / Ungarn	1976
Finnland	1977
Niederlande	1978
Pommern / West- und Ostpreußen	1979
Schlesien / Südpolen	1980
Irland	1981
Südfrankreich	1982
Norditalien	1983
Spanien	1984
Griechenland	1985
Norwegen	1986
Israel	1987
Rußland	1988
Portugal	1989
Kanada	1990
Südafrika	1991
Schottland	1992
Australien	1993
Österreich / Ungarn	1994
Argentinien / Brasilien	1995
Baltische Staaten - Königsberg - St. Petersburg	1996
USA	1997
Großbritannien	1998
China / Taiwan	1999
Finnland	2000
Peru / Chile	2001
Südafrika	2002
Portugal	2003
Indien	2004
Portugal	2005
Kanada	2006
Rumänien	2007
Baltikum	2008
Vietnam	2009
Irland	2010
Brasilien	2011
Ukraine	2012
Tansania / Sansibar	2013

Auf der anderen Seite begrüßt die Bundeslehranstalt auch weiterhin internationale Besuchergruppen, inzwischen aus aller Welt. Bereits mehrmals haben sich Delegationen aus China über die Arbeit der Bundeslehranstalt auf Burg Warberg informiert. Angeführt werden soll hier beispielhaft der Besuch der chinesischen Delegation aus dem Agribusiness im Oktober des Jahres 2005. Die Gruppe von zwanzig leitenden Angestellten des größten chinesischen Getreide-Lagerbetriebes Sinograin interessierte sich u. a. für den thematischen Schwerpunkt „Investitionen und Finanzierung"[8]

Im Jahre 2011 besuchte eine große Gruppe chinesischer Beamter aus der landwirtschaftlichen Verwaltung die Burg Warberg (s. Foto). Sie wurde hier u. a. zu den Themen Getreidehandel und Getreidelagerung geschult.

Zwei Schritte voraus?

Vision wird Realität

Ausgehend von der Tatsache, dass die gesamte Agrarwirtschaft zukünftig mit stark schwankenden Preisen zu rechnen habe und damit der Erzeuger, viel mehr aber noch der Agrarhandel großen Risiken ausgesetzt sein würden, entwickelte der noch junge Leiter der Bundeslehranstalt Peter Link den Gedanken, ein Instrument zu entwickeln, das das Preisrisiko spürbar reduzieren kann: die Warenterminbörse. Peter Link, der die Warenterminbörsen während seines Studienaufenthaltes in den USA 1988 kennen lernte und während des Agrarökonomiestudiums in Gießen seine Kenntnisse ausbauen konnte, war wesentlicher Motor bei der Entstehung der 1992 auf Burg Warberg gegründeten Initiative „Arbeitskreis Warenterminbörse". Diese hatte sich zum Ziel gesetzt, über Warenterminbörsen zu informieren und auf eine Änderung des Börsengesetzes hinzuarbeiten, um einen Börsenhandel in Deutschland zu realisieren.

Nach der erfolgreichen Anlaufphase konnte am 26. November 1993 der „Förderverein Warenterminbörse e.V." in Warberg gegründet werden.
Einen Schwerpunkt des Vereins bildete die intensive Aufklärung über das Instrument Warenterminbörse.
Mit der Änderung des Börsengesetzes im Jahr 1994 wurde der Handel mit Getreide und Getreideprodukten an Börsen möglich. Nun konnte an der Bundeslehranstalt Burg Warberg damit begonnen werden, Kenntnisse zur Warenterminbörse noch intensiver zu vermitteln. In Warberg als Alleinstellungsmerkmal ein Kompetenz- und Wissenszentrum für Börsenhandel mit Agrarprodukten aufzubauen, war das erklärte Ziel von Peter Link.

Doch an welcher Börse sollte gehandelt werden? Es gab zu diesem Zeitpunkt noch keine Börse, die Kontrakte handelte, die deutschen Produktspezifikationen entsprachen. Intensive Gespräche mit bereits etablierten Börsen (Amsterdam, Paris, Frankfurt) blieben erfolglos.
Auf der Suche nach einem geeigneten Standort und den notwendigen finanziellen Mitteln spielte der ehemalige Landvolkpräsident Friedrich Rode eine zentrale Rolle. Peter Link erinnert sich: „Ohne Friedrich Rode wäre es nicht gelungen, den damaligen Niedersächsischen Ministerpräsidenten Gerhard Schröder zu überzeugen, dass Hannover als Hauptstadt des Agrarlandes Nr. 1 ein geeigneter Standort für die neu zu gründende Börse ist." Mit Unterstützung der Niedersächsischen Landesregierung konnte dann eine Studie über die Machbarkeit dieser Börse in Auftrag gegeben werden.

Die1995 präsentierten Ergebnisse der Studie lassen sich wie folgt zusammenfassen:

- Agrarpreise werden zukünftig stärkere Schwankungen aufweisen.
- Der Agrarhandel hat erhöhte Risiken zu tragen.
- Eine Möglichkeit zur Reduzierung dieser Risiken ist eine funktionierende Börse.
- Eine Warenterminbörse in Deutschland kann bei Akzeptanz der Branche erfolgreich werden.
- Die zu gründende Börse sollte als erste Börse der Welt vollelektronisch aufgebaut werden.
- Als erfolgversprechende Produkte wurden Kartoffeln und Schweine sowie bei stärkeren Preisschwankungen auch Raps und Weizen identifiziert.
- Die Kosten für den Aufbau der Börse wurden auf ca. 25 Mio. DM beziffert.

Gerade der letzte Punkt stellte eine große Herausforderung dar. Nachdem einige Banken ihre Unterstützung für den Aufbau zugesagt hatten, lag es an der Agrarbranche, für den Handelsteil der Börse Kapital von mindestens 1,5 Mio. DM aufzubringen. Dieser Eigenanteil sollte danach über zusätzliche Gesellschafter auf nahezu 10 Mio. DM aufgestockt werden.
Peter Link und Friedrich Rode warben bei zahlreichen Veranstaltungen um eine Beteiligung der Agrarwirtschaft. Am 23.05.96 sollten Zusagen über die 1,5 Mio. DM vorliegen, um anschließend die Europäische Warenterminbörsen Beteiligungs AG (EWB) zu gründen. Peter Link erinnert sich: „Am 1.5. war noch kein Geld auf dem Konto. Es wurde spannend. Am 21.5.96 war es soweit. Die 1,5 Mio. DM lagen bereit."
Friedrich Rode und Peter Link wurden Vorstände der neu gegründeten Gesellschaft. Beide arbeiteten mit Hochdruck daran, nun auch die anderen Gesellschafter mit ins Boot zu bekommen.
Nach einer fast zweijährigen Aufbauphase eröffnete Gerhard Schröder die Warenterminbörse am 29.2.98 im Opernhaus von Hannover. Die ersten Kontrakte wurden real am Freitag dem 17.2.98 gehandelt.
Mit dem Handelsstart hatte der Förderverein Warenterminbörse seinen wichtigsten Zweck erfüllt. Nun ging es darum, eine aktive Teilnahme zu fördern und die Aus-

Der ehemalige Landvolkpräsident Friedrich Rode, der 2007 durch einen tragischen Unfall ums Leben kam, hat sich in besondere Weise für die Bundeslehranstalt engagiert. Dabei war ihm die Thematik Fortbildung zur Warenterminbörse ein besonderes Anliegen.

bildungs- und Schulungsarbeit auf ein breiteres Fundament zu stellen. Im Auftrag und in Kooperation mit der Warenterminbörse betrieb der Förderverein die WTB-Akademie mit zahlreichen Informations- und Seminarangeboten, die bis zur Händlerprüfung führten. Ein Netzwerk wurde zu maßgeblichen Hoch – und Fachhochschulen aufgebaut. Wissenschaftliche Arbeiten zum Thema Warenterminbörse und Risikomanagement wurden unterstützt. Durch diese Aktivitäten wurde Burg Warberg das Zentrum der Aus- und Weiterbildung im Warenterminbörsenbereich.

Die Entwicklung trat ein, wie sie vorhergesehen worden war: Der Handel mit Warenterminkontrakten entwickelte sich in rasanten Schritten. Die Handelsvolumina in Chicago und Paris explodierten 2007 nach dem unerwarteten Preisanstieg des Getreides förmlich. Viele Anleger betrachteten Investitionen in Rohstoffe als sicherer und gewinnbringender als in Finanzderivaten. Da die Börse in Hannover im Vergleich zu den anderen Börsen nicht über eine entsprechende Infrastruktur verfügte und nicht die erforderliche Kapitalausstattung aufwies, konnte sie nicht von dieser Entwicklung profitieren. Nach der Finanz- und Wirtschaftskrise im Jahre 2008 drohte daher die Insolvenz der Hannoveraner Warenterminbörse.

Und noch einmal war es die Bundeslehranstalt, die maßgeblich dazu beitrug den Börsenhandel in Deutschland sicherzustellen. Sie gründete gemeinsam mit der EWB die in Warberg ansässige European Commodity Exchange (Eucomex AG), die in kürzester Zeit von dem niedersächsischen Wirtschaftsministerium die Lizenz zum Betrieb einer Börse erhielt. Damit konnte die Eucomex den Handel in Hannover fortsetzen und Verhandlungen mit anderen Börsen über die Übernahme und Fortführung des Börsenhandels führen.
Im Juli 2009 konnte der Warenterminhandel für Kartoffeln und Schweine erfolgreich nach Frankfurt an die Eurex, eine der größten Börsen der Welt, übertragen werden.
Peter Link zeigte sich erfreut, dass diese Entwicklung mit maßgeblicher Unterstützung der Bundeslehranstalt zum Erfolg geführt hat. „Seit dieser Zeit können wir uns damit nun voll und ganz dem widmen, was wir von Anfang an machen wollten und was wir am besten verstehen: Wissen vermitteln".

So kommen heute auch internationale Gruppen nach Warberg, um Kenntnisse über den Börsenhandel mit Agrarprodukten zu erhalten.

Mit dem Netzwerk zu allen wichtigen Brokern, Börsen und internationalen Organisationen wie beispielsweise dem Center for Futures Education der Kansas State University oder der Kansas City Board of Trade stellt heute die Bundeslehranstalt das Wissens- und Kompetenzzentrum für Warenterminbörsen in Deutschland dar.

Damit hat die Bundeslehranstalt einmal mehr bewiesen, dass sie stets am Puls der Zeit ist und Visionen Realität werden können.[9]

Erfolgreiche Entwicklung

Mitglieder – Finanzen – Teilnehmerzahlen

Ein Verein lebt von seinen Mitgliedern, und das in jeder Hinsicht. Aber bei der Bundeslehranstalt ist als besonderes Moment herauszustellen, dass ihre Mitglieder in Form von Beiträgen und Spenden ganz wesentlich dazu beitragen, dass sie als private Schule eigenständig und vergleichsweise selbständig arbeiten kann. Deshalb enthält jeder Warberger Merkur auch jährlich eine Übersicht der Firmen und Institutionen, die die Bundeslehranstalt in ihrer Arbeit in hervorragender Weise gefördert haben.
Mit Blick auf die jüngere Entwicklung der Burg ist hier der „Freundeskreis Burg Warberg" auch besonders zu erwähnen, der beträchtliche Spendengelder aufgebracht hat. Ebenso soll nicht unberücksichtigt bleiben, dass hauptsächlich bei Um- und Ausbaumaßnahmen staatliche und europäische Förderung in Anspruch genommen werden konnte, die wesentlich zum modernisierten Standard der Burg heute beitragen.

Die Werbung von Mitgliedern, die Beschaffung von Mitteln, die Förderung durch Mitglieder, das sind, wenn wir uns erinnern, von Anfang an wichtige Themen gewesen. Die Burg und das Restgut konnten mit den Spenden, Darlehen und Beiträgen der Mitglieder vor 75 Jahren gekauft und erstmalig für einen Schulbetrieb umgebaut und in Stand gesetzt werden. Diese Eigenleistung der Mitglieder spielte nach dem Krieg eine wichtige Rolle, sodass der Schulverein im Besitz seines Sach-Vermögens bleiben bzw. es zurückerlangen konnte.
Es lohnt sich auch, bei dem Thema Mitglieder und Beiträge die Geschichte näher in den Blick zu nehmen. Wenn man berücksichtigt, dass der Schulverein als Reichs-Landhandelsschule vor dem Krieg über 5.000 Mitglieder hatte, dann ist es in dieser Hinsicht tatsächlich einmal angebracht für das Jahr 1945 von der „Stunde Null" zu sprechen.
Die heute nicht auffindbare alte Mitgliederkartei war wohl rechtzeitig vor der Bombardierung der Geschäftsstelle in Berlin nach Warberg gebracht worden, aber es dauerte angesichts des dargestellten schwierigen Neubeginns des Vereins „Lehranstalt des deutschen Landhandels" bis Ende 1948, dass sich der neue Vorstand erstmalig an seine (bisherigen) Mitglieder wandte. Das lange Schreiben, das die Mitglieder über die Erfolge und die Schwierigkeiten des Vereins informiert, endet mit der Bitte, wieder Beiträge zu entrichten.
„Wir müssen Sie jedoch ... schon heute bitten, durch die Wiederaufnahme der Beitragszahlung uns zu helfen, die Voraussetzungen für die Aufnahme des Schulbetriebs zu schaffen. Wir bitten Sie deshalb, uns baldmöglichst den z. Zt. als Mindestbeitrag festgesetzten Betrag von DM. 20.- zukommen zu lassen, durch den gleichzeitig die rückständigen Mitgliedsbeiträge aus der Zeit vor der Währungsreform abgegolten sein sollen."[10] Da dies für die erforderlichen Maßnahmen jedoch nicht ausreiche, mögen die Mitglieder eine einmalige Spende „je nach dem Können und der Leistungsfähigkeit des Betriebes" entrichten.

Diese Aktion brachte nur begrenzt den erwünschten Erfolg, denn die Fragen, wer als Mitglied anzusehen sei, wie die (alten) Mitglieder zu erfassen und gegebenenfalls zurückzugewinnen seien, blieben über Jahre ein Thema für die Vereinsführung.

Unumgänglich war als Erstes die bedauerliche Einsicht, dass über die Hälfte der ehemaligen Mitglieder nicht in den Westzonen ansässig und damit gar nicht mehr erreichbar waren. Noch 1954 musste der Verein sich eingestehen, daß „die gesamte Zusammenfassung der im Westen ansässigen Mitglieder noch nicht wieder gelungen sei" und als Beispiel für Niedersachsen gelte: „Von den bisher 256 Mitgliedern hätten erst rund 50% ihren Mitgliedsbeitrag für das Geschäftsjahr 1952/53 bezahlt."[11]
Aus dieser Situation folgte dann der zweite Schritt, nämlich bei der Mitgliederzahl von den tatsächlich zahlenden Mitgliedern auszugehen und Karteileichen auszusondern bzw. (potenzielle) Mitglieder anzumahnen, anzuschreiben oder neu anzuwerben. So hatte sich erst 1955 mit der Aufnahme des Schulbetriebs auf der Burg die Frage der Mitgliedschaft in diesem Aspekt eindeutig geklärt.
Auf dieser Grundlage stellte der Verein am 1. August die Zahl von 1.250 Mitgliedern fest. Gleichzeitig wurde nach 1955 auf Honorarbasis „Herr Gulde" als „Werbekraft" verpflichtet, der mit einem PKW der Burg einige Jahre in Deutschland umherfuhr und bei Landhandelsfirmen für Spenden und Mitgliedschaften warb.

Es gelingt tatsächlich, aber wesentlich bedingt durch den Erfolg des Schulungsbetriebes auf der Burg, die Mitgliederzahl der Bundeslehranstalt auf eine Rekordzahl von rund 1.600 Mitgliedern im Jahre 1963 zu erhöhen. Die Tatsache, dass seitdem bis heute die Mitgliederzahl kontinuierlich gesunken ist, steht in direkter Verbindung mit dem Strukturwandel im Agrarhandel, der die Zahl der Agrarhandelsbetriebe immer weniger und die verbliebenen im-

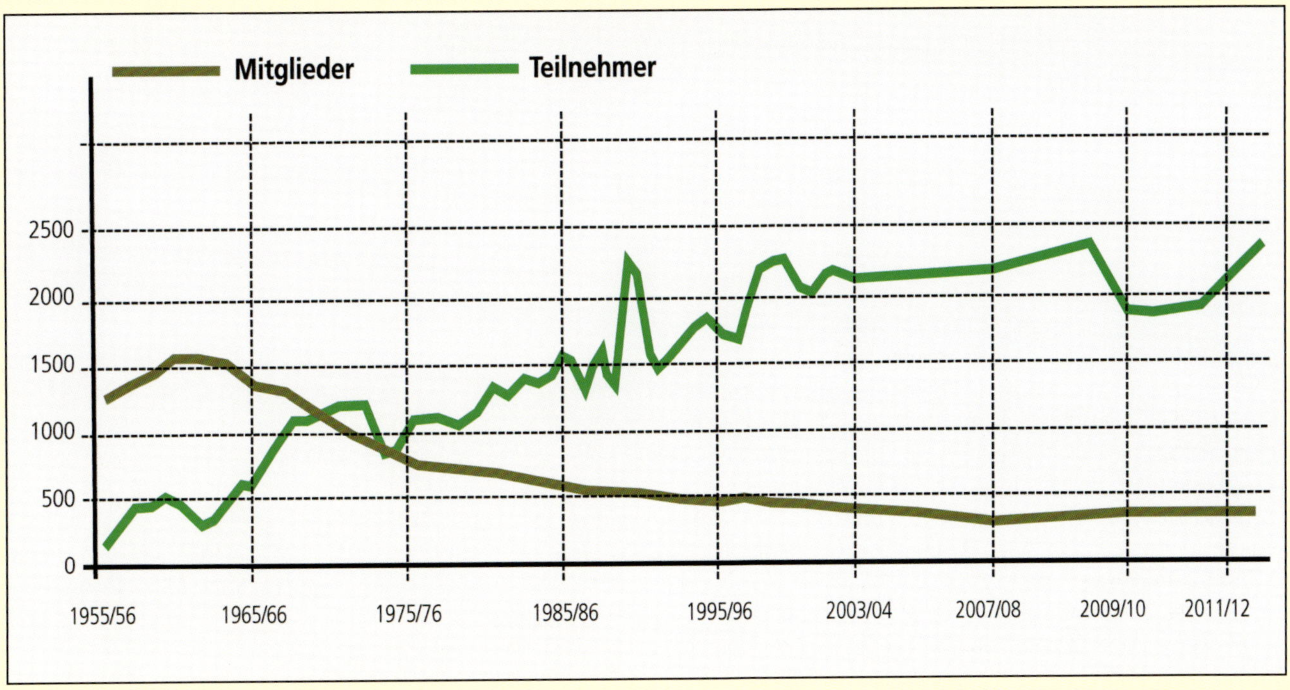

mer größer werden lässt, was sich entsprechend in der Mitgliederzahl der BLA spiegelt. Dennoch kann die BLA von Erfolg und steigender Akzeptanz sprechen. Dies wird deutlich, wenn man sich im Vergleich zu der Mitgliederzahl der BLA vor Augen hält, wie sich im Laufe der Jahrzehnte die jährliche Teilnehmerzahl an Aus- und Fortbildungsangeboten sowie an Tagungen entwickelt hat. Diese Aufwärtslinie weist bis heute kontinuierliche Steigerungsraten der Teilnehmerzahlen auf, die bei rund 500 Teilnehmern in den ersten Jahren nach 1955 ansetzen und in den letzten Jahren das Vierfache dieser Zahl erreicht haben.

Fast anekdotisch anzufügen bleibt daher ein ganz besorgter Brief von Vorstandsmitglied Gustav Mammen Jr. vom 30. September 1955. Er reagierte eine Woche vor der Eröffnung der Burg auf einen Brief des Geschäftsführers Dr. Otheinrich Schulze und die peinliche Situation, dass für den nun einsetzenden Schulungsbetrieb noch zu wenige Teilnehmer angemeldet seien.
„Sehr geehrter Herr Dr. Schulze!
Mit Bestürzung habe ich Ihre Nachricht vom 28.9. aufgenommen. Ich bin mit Ihnen der Meinung, daß man mit einer Teilnehmerschar von 10 Leuten einen kläglichen Eindruck gerade zur Neueröffnung der Schule macht. Ich schreibe sofort die Obleute an, sich mit den Geschäftsführern der Verbände in Verbindung zu setzen und selbst Ausschau nach Teilnehmern zu halten."
Es ist nicht bekannt, ob in diesem Fall ein eher holpriger Beginn noch vermieden werden konnte. Fest steht, dass dem Bildungsprogramm der BLA nun seit Jahrzehnten eine steigende Akzeptanz entgegengebracht wird.

Die Zahlen sprechen für sich, aber gerade zu Beginn des Schulbetriebs gab es die Sorge, dass die Randlage der Burg in der Nähe der Zonengrenze problematisch sein würde. Es bestätigte sich aber die damalige Einschätzung von Dr. Otheinrich Schulze, der auf der Basis einer dreijährigen Erfahrung und positiver Teilnehmerzahlen 1958 erleichtert feststellen konnte: „Es hat sich nun gezeigt, daß die durch die Teilung Deutschlands abseitig gewordene geographische Lage – die hoffentlich nur eine vorübergehende ist – keinen Hinderungsgrund darstellt, die Arbeit hier zu betreiben. Und ich könnte mir auch vorstellen, daß die – für Europa gesehen östliche Lage Warbergs – bei nötiger intensiver Werbung auch für den westeuropäischen Landhandel kein Hinderungsgrund wäre – vielleicht, wenn man es richtig macht, sogar ein Anreiz – hierher zu kommen."[10] Er begründet das mit den starken Eindrücken, die der Besuch der Zonengrenze stets bei den ausländischen Besuchern hinterlassen habe, die hier auch erkennen würden, dass die deutsche Teilung nicht nur eine deutsche, sondern „eine europäische Angelegenheit" sei.
Hier darf nun auch einmal eine stolze absolute Zahl genannt werden: Der Schulverein hat seit 1955 mit dem Beginn des Schulbetriebs auf der Burg mit Bildungsmaßnahmen rund 76.000 Menschen erreicht. Dazu kommen geschätzt einige Hundert oder wenige Tausend Personen bei den Vortragsveranstaltungen der Vorkriegszeit und 316 Teilnehmer bei den 14 Wanderlehrgängen zwischen 1949 und 1954/55. Eine Erfolgsbilanz, die sich sehen und nun auch einmal feiern lässt.

Prominente Persönlichkeiten auf der Burg

Besuche, Kontakte

Im Laufe der Jahre konnten zu verschiedenen Anlässen und Veranstaltungen zahlreiche Prominente aus Politik, Kirche, Wirtschaft und Kultur auf der Burg begrüßt werden. Hier ist eine kleine Auswahl der Persönlichkeiten zu sehen, die die Burg besucht haben.

Ehrenvorsitzender Dr. Henrich Wilckens, Ministerpräsident Christian Wulff, Peter Rautenschlein, Peter Link, Joachim Isensee anlässlich der feierlichen Eröffnung der Oberburg am 25.04.2004 (v.l.)

Ministerpräsident David McAllister anlässlich des Burggespräches am 02.12.2010

Präsident der DLG Carl-Albrecht Bartmer anlässlich der Chefgespräche am 21.11.2008

***1. Reihe** (v.l):*
Peter Link, Leiter der Bundeslehranstalt Burg Warberg, Peter Rautenschlein, Vorsitzender der Bundeslehranstalt Burg Warberg, Hubert Friehe, Bürgermeister von Warberg, Joachim Isensee, Vorstandsmitglied des Freundeskreises Burg Warberg
2. Reihe:
Sozialministerin Mechthild Ross-Luttmann, Ministerpräsident Christian Wulff, Justizministerin Elisabeth Heister-Neumann, Finanzminister Hartmut Möllring
3. Reihe:
Wissenschaftsminister Lutz Stratmann, Kultusminister Bernd Busemann, Wirtschaftsminister Walter Hirche, Landwirtschaftsminister Heiner Ehlen
4. Reihe:
CDU Fraktionsvorsitzender David McAllister (später Ministerpräsident des Landes Niedersachsen), Innenminister Uwe Schünemann, FDP Vorsitzender Philpp Rösler (später Bundeswirtschaftsminister)

Bundeslandwirtschaftsminister Horst Seehofer, der mit seinem Führungsstab aus dem Ministerium zu einer Klausurtagung am 14.05.2006 auf Burg Warberg weilte.

Präsident Peter Rautenschlein, der letzte Ministerpräsident der DDR, Lothar de Maizière, Leiter der Bundeslehranstalt Peter Link am 02.02.2007 (v.l.)

Johanna Wanka, Ministerin für Wissenschaft und Kultur des Landes Niedersachsen am 15.07.2012

Landesbischof Friedrich Weber

EU-Agrarkommissar Franz Fischler, Bundesministerin Renate Künast, Niedersächsischer Landwirtschafts-minister Heiner Ehlen am 06./07.10.2004 (v.l.)

Prof. Harald von Witzke, Humboldt-Universität Berlin

Kampf dem Hunger in der Welt

Die moderne, innovative und hochproduktive Landwirtschaft ist eine Schlüsselbranche des 21. Jahrhunderts

Und wie geht es weiter? Die Zukunft ist immer Thema auf Burg Warberg. Geschäftsführer Peter Link wird anschließend mit seiner ausführlichen Betrachtung unterschiedliche Zukunftsthemen beleuchten, die u.a. auch Megatrends und deren Bedeutung für die Bundeslehranstalt und die Branche des Agrarhandels in den Blick nehmen.
Der folgende Beitrag von Prof. Harald von Witzke, dem Agrarökonomen und Professor für internationalen Agrarhandel und Entwicklung an der Humboldt-Universität zu Berlin, wurde von ihm speziell für diese Schrift erstellt. Er legt mit seinen Überlegungen zur Thematik Landwirtschaft und Welternährung eine wesentliche Grundlage und eröffnet auch das Vorverständnis für die Ausführungen von Peter Link.

Malthus und Ricardo

Malthus und Ricardo gelten als Klassiker der Wirtschaftswissenschaften. Sie lebten Ende des 18. und Anfang des 19. Jahrhunderts in England. Zu ihren Lebzeiten beobachteten sie stark steigende Preise für Agrargüter. Hieraus schlossen sie, dass die Zukunft der Menschheit von wiederkehrenden Hungerkrisen gekennzeichnet sein müsste, in deren Verlauf die Bevölkerungszahl dadurch zurückgeht, dass die Menschen verhungern oder sie sich im Kampf um die immer knapper werdende natürliche Ressource für die Nahrungsproduktion, nämlich landwirtschaftlich nutzbaren Boden, gegenseitig umbringen.

Es war der Erfolg der ersten Grünen Revolution, die durch die Arbeiten der Begründer der Agrarwissenschaften wie Albrecht Daniel Thaer in Berlin oder Justus von Liebig in Gießen ausgelöst wurde, dass die so pessimistischen Prognosen von Malthus und Ricardo nicht Wirklichkeit geworden sind. Im Gegenteil, mehr als ein Jahrhundert lang sind die Preise für Nahrungsgüter trendmäßig gesunken. Von etwa 1870 bis zum Jahr 2000 war die Weltlandwirtschaft geprägt durch dieses Phänomen, das auch als Landwirtschaftliche Tretmühle bezeichnet wird. In dieser Zeitperiode hat die Landwirtschaft immer mehr Nahrungsgüter für immer mehr Menschen zu immer geringeren Preisen bereitgestellt, und dies in immer besserer Qualität. Die Nutznießer dieser Entwicklung waren vor allem die Verbraucher, während der Einkommenseffekt der Produktionssteigerung für die Landwirtschaft Mal für Mal durch sinkende Preise erodiert wurde.

Die Triebkraft dieser Entwicklung waren Investitionen in die Agrarforschung, die zu beispiellosen Produktivitätssteigerungen in der Weltlandwirtschaft geführt haben. In den 1960er und 1970er Jahren waren die Produktivitätsfortschritte, ausgelöst durch die wissenschaftlichen Arbeiten des Pflanzenzüchters Norman Borlaug und durch die Verfügbarkeit relativ preiswerten synthetischen Stickstoffdüngers, so ausgeprägt, dass auch diese Periode als (zweite) Grüne Revolution bezeichnet wird.

Das Ende der landwirtschaftlichen Tretmühle

Der Megatrend sinkender Nahrungspreise ist allerdings zu Ende gegangen. Die Jahrtausendwende markiert eine Megatrendwende auf den Weltagrarmärkten. Seit der Jahrtausendwende sind die Marktpreise für Agrarprodukte tendenziell gestiegen. Und diese Entwicklung wird sich in den kommenden Jahrzehnten fortsetzen. Wie in der Vergangenheit wird es aber auch weiterhin ausgeprägte Preisschwankungen um den längerfristigen Trend geben.

Der zentrale Grund für die Erwartung künftig höherer Nahrungspreise ist, dass in den kommenden Jahrzehnten die weltweite Nachfrage nach Agrargütern schneller wachsen wird, als das Angebot daran gesteigert werden kann. In der ersten Hälfte des 21. Jahrhunderts wird sich der Nahrungsbedarf der Welt verdoppeln und zwar wegen eines auch weiterhin rasanten Bevölkerungswachstums und steigenden Pro-Kopf-Verbrauchs – beides vor allem in den Entwicklungs- und Schwellenländern.

Dagegen wird das Angebotswachstum aus mehreren Gründen begrenzt ausfallen. Im Prinzip kann die Produktion durch eine Ausdehnung der landwirtschaftlichen Nutzflächen zu Lasten natürlicher Lebensräume erhöht werden oder durch Steigerung der Produktivität der vorhandenen landwirtschaftlichen Nutzflächen. Die erstgenannte Option steht indes nur eingeschränkt zur Verfügung, da für die Nahrungsproduktion geeignete Flächen weltweit begrenzt sind. Die produktivsten Böden befinden sich nämlich bereits in der landwirtschaftlichen Nutzung. In vielen Teilen der Welt gibt es keine nennenswerten Bodenreserven, die sich noch für die Nahrungsproduktion mobilisieren ließen, wo es solche Reserven noch gibt, wie z. B. die tropischen Regenwälder, da sollten diese Flächen aus Umwelt-, Klima- und Artenschutzgründen nicht in die landwirtschaftliche Produktion überführt werden. Was also bleibt, um den rasch wachsenden Bedarf der Menschheit an Nahrungsgütern zu befriedigen, ist in erster Linie eine Steigerung der Nahrungsproduktion auf denjenigen Flächen, die bereits heute landwirtschaftlich genutzt werden.

In den letzten 50 Jahren sind bereits 80% des Produktionswachstums das Resultat von Produktivitätssteigerungen gewesen. In den kommenden Jahrzehnten wird dieser Wert auf 90% ansteigen müssen, wenn der Hunger in der Welt besiegt und der Flächenverbrauch der Landwirtschaft begrenzt werden soll.

Ob sich eine solche Produktivitätssteigerung realisieren lässt, ist derzeit noch vollkommen offen, denn seit mehreren Jahrzehnten gehen die jährlichen Produktivitätssteigerungen in der Weltlandwirtschaft zurück – von 4% zwischen 1960-1989 auf nunmehr etwa ein Prozent. In der Europäischen Union, in der das landwirtschaftliche Produktivitätswachstum besonders gründlich vernachlässigt wurde, liegt dieses derzeit nur bei etwa 0,6% jährlich.

Die zentralen Gründe hierfür sind darin zu sehen, dass mit den traditionellen Züchtungsmethoden zunehmend das Produktionspotential der Nutzpflanzen ausgeschöpft worden ist, sodass weiteres Produktivitätswachstum nur erreicht werden kann durch immer stärker steigende Investitionen in die Agrarforschung sowie durch neue Züchtungsmethoden wie die Gentechnologie. Beides indes wird gegenwärtig allerdings nicht getan. Das Gegenteil ist der Fall. In Europa wird die gentechnologische Forschung stark behindert und die Investitionen in traditionelle Forschung zur Steigerung der landwirtschaftlichen Produktivität sind unter dem Eindruck vergangener Überschussproduktion in den reichen Ländern der Welt seit Ende der 1970er Jahre deutlich zurückgegangen.

In der Vergangenheit ist eine Steigerung der Agrarproduktion immer auch einhergegangen mit einer Steigerung des Verbrauchs von Wasser seitens der Landwirtschaft. Wasser wird aber weltweit immer knapper und damit teurer, was das Produktivitätswachstum ebenfalls verlangsamen muss.

Auch der Klimawandel wirkt unter sonst gleichen Bedingungen in dieselbe Richtung. Ein Problem in dieser Hinsicht ist, dass sich die ärmsten der armen Länder in agro-klimatischen Zonen befinden, die am stärksten negativ durch den Klimawandel betroffen werden. Dies sind meist Länder mit Nahrungsdefizit und sie verfügen in der Regel nicht über genügend Devisenreserven, um in hinreichendem Umfang Nahrungsgüter auf dem Weltmarkt kaufen zu können. Was das Ganze noch schlimmer macht, ist die Tatsache, dass diese Länder meist nur über rudimentäre Agrarforschungssysteme verfügen, so dass es für die Landwirte dort sehr schwierig ist, ihre Produktion an den Klimawandel anzupassen.

Auch steigende Energiepreise tragen zu einer Verringerung des weltweiten Angebots an Nahrungsgütern bei. Zum einen verteuern sie die Produktion und zum anderen führen sie zu einer Wanderung der Produktion weg von der Nahrung und hin zur Bioenergie.

Ein weiterer Aspekt ist die wachsende Konkurrenz um die knapper werdenden natürlichen Ressourcen der Weltlandwirtschaft zwischen der Produktion von Nahrungsgütern einerseits und der von Nichtnahrungsgütern andererseits. Die Bioenergieproduktion wird daher manchmal kritisch gesehen. Indes gilt das Argument der Ressourcenkonkurrenz gleichermaßen für alle Nichtnahrungsgüter, die auf Flächen angebaut werden, auf denen auch Nahrungsgüter gedeihen könnten. Hierzu zählen z. B. Baumwolle, Kautschuk oder Blumen und Zierpflanzen.

Das Argument der Ressourcenkonkurrenz ist allerdings zu relativieren. Schätzungen besagen, dass derzeit auf etwa 3% der weltweiten Ackerflächen Nutzpflanzen für die Herstellung von Bioenergie angebaut werden. Dies bedeutet unter den herrschenden Bedingungen auf dem Weltmarkt, dass das Wachstum der Bioenergieproduktion seit der Jahrtausendwende die Preise für agrarische Rohstoffe um maximal 10% erhöht hat – und dies bei einer Steigerung des allgemeinen Preisniveaus landwirtschaftlicher Rohstoffe um mehr als 100%. Die genannten 10 % sind als Obergrenze anzusehen, weil sie zwei wichtige Aspekte nicht berücksichtigen, nämlich zum einen den Tatbestand, dass in zwei der drei bedeutendsten Bioenergie produzierenden Regionen, nämlich den USA und der EU, die Ausdehnung der Anbauflächen für Bioenergiepflanzen zum Teil zu Lasten von Stilllegungsflächen gegangen ist. Und zum anderen wird dabei vernachlässigt, dass bei der Herstellung von Bioenergie auch wertvolle Nebenprodukte anfallen, die tendenziell das allgemeine Agrarpreisniveau verringern, wie z. B. Proteinfuttermittel bei der Herstellung von Biodiesel oder Zuckerrübenschnitzel bei der Produktion von Bioethanol aus Zuckerrüben.

Realistisch ist daher, dass derzeit die weltweite Produktion von Bioenergie seit 2000 zu 5% höheren Agrarpreisen geführt hat und dies bei einem allgemeinen Preisanstieg von mehr als 100% im selben Zeitraum. Der Beitrag der EU hierzu lag bei etwa 1% und der Deutschlands bei weniger als 0,3% - also im Bereich des Hintergrundrauschens. Somit ist die Diskussion um Bioenergie viel Wind um ziemlich wenig.

Wenn nicht entschieden dagegen gesteuert wird, ist jedenfalls mit einer weiteren deutlichen Erhöhung der internationalen Preise für agrarische Rohstoffe und damit Nahrungsmittel zu rechnen. Dies gilt insbesondere, wenn der Preis für Energie hoch bleibt oder noch weiter steigt. Unsere Preisprojektionen zeigen, dass gegen Ende dieses Jahrzehnts die Preise wichtiger Agrargüter um 50% bis 100% über denjenigen liegen werden, die anfangs des letzten Jahrzehnts geherrscht haben. Agrarpreissteigerungen in dieser Größenordnung würden in der Tat zu einer deutlichen Zunahme des Hungers in der Welt führen. Sie könnten die so pessimistischen Prophezeiungen von Malthus und Ricardo doch noch Wirklichkeit werden lassen.

Die Erfahrung mit dem starken Preisausschlag 2007-2008 und auch die Phase hoher Preise in 2010-2011 haben gezeigt, dass ein so hohes Preisniveau auch das Potential hat, politische Instabilitäten und Gewalt in Entwicklungs- und Schwellenländern auszulösen. Anhaltend hohe Nahrungspreise haben aber auch das Potential, internationale Migrationsströme großen Ausmaßes auszulösen - mit all den damit verbundenen Problemen sowohl für die von Immigration als auch von Emigration betroffenen Regionen.

Was Malthus und Ricardo mit dem Klimawandel zu tun haben

Malthus und Ricardo haben nur die Auswirkungen steigender Nahrungspreise auf die Ernährung der Menschheit untersucht. Aber steigende Nahrungspreise tragen auch erheblich zum Klimawandel bei.

Die Landwirtschaft ist mit nahezu 40% der Beschäftigten der bei weitem größte Wirtschaftsbereich der Welt. So ist wenig verwunderlich, dass die Landwirtschaft auch derjenige Wirtschaftsbereich ist, der mehr als alle anderen zum vom Menschen verursachten Teil des Klimawandels beiträgt. Nahezu ein Drittel des vom Menschen verursachten Klimaeffekts wird von der Landwirtschaft verursacht. Der größte Teil davon ist mit 18% die Folge agrarwirtschaftlicher Landnutzungsänderungen, wie insbesondere Brandrodungen und die Umwandlung von Gras- in Ackerland. Die weltweite Ausdehnung der landwirtschaftlichen Nutzflächen ist bereits heute bedeutender als der Klimaeffekt der weltweiten Industrieproduktion und auch bedeutender als der Beitrag der Transportwirtschaft zum Klimawandel.

Steigende Preise für Nahrungsgüter erhöhen auch den Anreiz für die armen Menschen der Welt, die mehrheitlich in den ländlichen Regionen der armen Länder leben, durch Brandrodungen oder Umbruch von Grasland zusätzliche Ackerflächen zu erschließen, damit sie sich selbst und ihre Familien ernähren können. Damit kommt einer steigenden Produktivität in der Landwirtschaft nicht nur eine zentrale Bedeutung im Kampf gegen den Hunger in der Welt zu, sondern auch für die wirksame Begrenzung des Klimawandels. Eine steigende Produktivität in der Weltlandwirtschaft entschärft darüber hinaus die Ressourcenkonkurrenz zwischen der Erzeugung von Nahrung und Bioenergie und erhält die natürliche Ressourcen und die Biodiversität.

Innovation und Produktive Technologien:

Schlüssel für die Sicherung der Welternährung und im Kampf gegen den Klimawandel

Etwa zwei Drittel der armen und mangelernährten Menschen leben in den armen Ländern der Welt auf dem Land und/oder von der Landwirtschaft. Dies sind meist landlose Landarbeiter und Kleinbauern, deren Produktion nicht einmal für die Versorgung der eigenen Familie ausreicht, geschweige denn einen Überschuss für den Markt erzeugt. Einer Steigerung der Produktivität auch der Kleinbauern in den armen Ländern kommt für den Kampf gegen den Hunger eine zentrale Bedeutung zu. Diese verbessert nicht nur die Ernährungslage der ländlichen Bevölkerung, sondern sie erhöht die Löhne in den ländlichen Regionen und schafft dort neue Arbeitsplätze, wodurch auch der in vielen Entwicklungsländern zu beobachtende Tendenz zur Landflucht entgegengewirkt wird.

Die Erfahrungen mit der zweiten Grünen Revolution der 1960er und 1970er Jahre belegen dies in überzeugender Weise. Dort, wo die neuen Getreidesorten den lokalen agro-klimatischen Gegebenheiten entsprachen, wurden sie schnell von den Bauern adaptiert.

In Gegenden, in denen dies anfangs noch nicht der Fall war, wandten sich die Bauern nach anfänglichen Versuchsanbauen in kleinem Umfang schnell wieder den traditionellen Sorten zu. Die Produktion allerdings stagnierte. Wo die neuen Sorten nicht zur Verfügung standen, führte das für Entwicklungsländer typischerweise hohe Bevölkerungswachstum zu einer Verringerung der Löhne im ländlichen Raum und zu einer Erhöhung der Einkommen der Bodeneigentümer, weil Boden knapper wurde und Arbeit reichlicher verfügbar war.

In Regionen, in denen die neuen Sorten sich als erfolgreich erwiesen, war das Gegenteil der Fall. Produktion und Beschäftigung stiegen an – ebenso wie die Löhne. Die Einführung produktiver Technologien hat damit der Verelendungstendenz der Kleinbauern und Landlosen, die vom starken Bevölkerungswachstum ausgeht, mehr als ausgeglichen.

Relativ schnell kann die Produktion dadurch gesteigert werden, dass den Bauern – einschließlich der Kleinbauern - in den armen Ländern Zugang zu bereits existierenden produktiven Technologien ermöglicht wird – ergänzt um Beratung über deren geeigneten Einsatz. Hierzu zählen vor allem die bodensparenden Technologien wie modernes Saatgut, Pflanzenschutz und synthetische Düngemittel. In vielen Regionen in den Entwicklungsländern kommt es wegen der mangelnden Verfügbarkeit von Mineraldünger zu einer Nährstoffverarmung der Böden, die diesen irreversible Schäden zufügen und damit deren Fruchtbarkeit verringern kann. Weltweit geht fast die Hälfte des potentiellen Ertrags durch Pflanzenschädlinge und –krankheiten verloren – der Großteil davon in den armen Ländern der Welt. Nahezu die Hälfte davon ließe sich durch geeignete Pflanzenschutzmaßnahmen vermeiden. Auch das traditionelle Saatgut der Kleinbauern, das züchterisch nicht oder nur wenig bearbeitet worden ist, setzt der Produktivität Grenzen.

In vielen Entwicklungsländern sind auch die Nachernteverluste hoch, weil es an moderner Infrastruktur für die Lagerung, den Transport und die Verarbeitung von Nahrungsgütern fehlt. Investitionen in diesem Bereich können ebenfalls relativ rasch die Nahrungsproduktion erhöhen.

Dies allein ist allerdings nicht ausreichend. Für eine nachhaltige Steigerung der Produktivität muss wieder mehr Agrarforschung betrieben werden. Dazu gehört die Erhöhung der Investitionen in die öffentliche Agrarforschung ebenso wie eine Verbesserung der Rahmenbedingungen für die privatwirtschaftliche Forschung, damit die Entwicklung von Innovationen ermutigt und nicht behindert wird, wie dies gegenwärtig in Europa der Fall ist.

Innovationen und Produktivitätssteigerungen fallen aber nicht vom Himmel wie Manna, sondern sie sind das Resultat menschlichen Handelns. Eine erfolgreiche Strategie im Kampf gegen den Hunger und den Klimawandel muss auf Innovation und Produktivitätssteigerungen setzen. Wissenschaftliche Analysen haben immer wieder gezeigt, dass Investitionen in die öffentliche und die private Agrarforschung aus Sicht der Gesellschaft außerordentlich profitabel sind.

Landwirtschaft der Zukunft: innovativ und hochproduktiv

Da die natürlichen Ressourcen für die Agrarproduktion begrenzt sind und der Bedarf der Welt rasch wächst, muss die Landwirtschaft der Zukunft eine High-Tech-Landwirtschaft sein. Mit einer modernen, innovativen und hochproduktiven Landwirtschaft können sich Deutschland, die EU und die Welt mehr von allem leisten:

- mehr Nahrung,
- mehr Bioenergie,
- mehr natürliche Lebensräume,
- mehr Biodiversität und
- mehr Klimaschutz.

Nur die moderne Landwirtschaft kann nachhaltig Nahrungsgüter hoher Qualität für die rasch wachsende Weltbevölkerung bereitstellen.
In einer international immer stärker vernetzten Welt kommt dem Landhandel damit eine besondere Bedeutung zu. Denn der Landhandel ermöglicht es, dass alle an der landwirtschaftlichen Wertschöpfungskette Beteiligten, das Beste aus ihren knappen Ressourcen machen, indem er ein effizientes Bindeglied zwischen der Agrarforschung und den Unternehmen der Produktionsmittel (Saatgut, Düngemittel, Pflanzenschutzmittel) auf der einen Seite und den verarbeitenden Industrien (Mühlen, Mischfutterwerke) und damit dem Markt und den Verbrauchern auf der anderen Seite darstellt. Die Sicherstellung von Logistik, Finanzierung, Marktzugang und Risikomanagement weisen dem Agrarhandel eine zentrale Schlüsselrolle in der Wertschöpfungskette Agrar- und Ernährung zu.

Peter Link, Geschäftsführer der Bundeslehranstalt Burg Warberg

Burg Warberg 2020 – am Puls der Zeit

Kompetenz und Innovation – Entwicklungsperspektiven für die Bundeslehranstalt

„Prognosen sind schwierig, besonders wenn sie die Zukunft betreffen". Dieses Zitat umschreibt sehr treffend die Schwierigkeit, Entwicklungen vorherzusehen.
Im Rahmen dieser Festschrift stehen die Ereignisse der vergangenen 75 Jahre im Mittelpunkt. Den Blick in die Zukunft wagend stellen sich folgende Fragen:

1. Wie werden sich die Rahmenbedingungen verändern?

2. Welche Dienstleistungen werden künftig verstärkt nachgefragt, mit welchen Überlegungen gelingt es stets am Puls der Zeit zu sein?

3. Wie sieht die Strategie der Burg Warberg für die nächsten Jahre aus und worin bestehen die Entwicklungsperspektiven?

Wechselnde Rahmenbedingungen ergeben sich als Folge von Trends. Wenn es gelingt die richtigen Trends zu identifizieren können sich mit dem Ziehen entsprechender Schlussfolgerungen und dem Durchführen geeigneter Maßnahmen interessante Entwicklungsperspektiven ergeben. Wenn diese Maßnahmen und Entwicklungen auf dem Fundament derzeitiger Stärken des Unternehmens aufbauen, ist ein Zielkorridor für erfolgversprechende Entwicklungsperspektiven identifiziert.

Megatrends

John Naisbitt, der bekannte amerikanische Zukunftsforscher, hat 1980 den Begriff des Megatrends in seinem gleichnamigen Buch begründet. Megatrends können über Jahrzehnte Einfluss nehmen. Ein Megatrend beeinflusst unser gesellschaftliches Weltbild, er beeinflusst unsere Werte und unser Denken. Spannend in diesem Zusammenhang ist sicher die Frage – ähnlich der Frage nach dem Huhn oder Ei –, ob ein Megatrend einen Wert verändern kann oder ob ein Wertewandel einen Megatrend initiiert. Megatrends können dabei fundamental und nachhaltig das Angebot und die Nachfrage nach Waren oder Dienstleistungen beeinflussen. Wer Megatrends richtig erkennt, kann daher einen erfolgversprechenden Entwicklungspfad mit seinem Unternehmen und auch persönlich einschlagen.

Von Zukunftsforschern, wie dem Zukunftsinstitut in Kelkheim, werden Megatrends identifiziert. Einige, die für die Bundeslehranstalt sowie für den Agrarhandel von Bedeutung sind, sollen im Folgenden vorgestellt und diskutiert werden:

Globalisierung

Früher sprach man von einer Ersten, einer Zweiten und einer Dritten Welt. Ehemalige Schwellenländer haben sich jedoch zu Wirtschaftsgiganten entwickelt und fordern Sitz und Stimme in der Weltpolitik. Die BRIC-Staaten (Brasilien, Russland, Indien und China) gewinnen auf globalem Niveau an politischer und wirtschaftlicher Macht. In letzter Zeit wird darüber hinaus zunehmend ein Augenmerk auf den noch weitgehend unerschlossenen Kontinent Afrika geworfen. Experten sind sich einig, dass Nationalität dabei an Bedeutung verlieren wird, wohingegen die unmittelbare Region immer wichtiger wird. Der neue Trendbegriff in dem Zusammenhang lautet „Globalisierung".

Die Globalisierung bedeutet, dass Unternehmen des Agrarhandels verstärkt über nationale Grenzen hinweg Geschäfte machen. Dies kann den Bezug von Waren betreffen, wenn ganze Schiffsladungen von Sojaschrot oder –bohnen direkt aus Erzeugerländern wie z.B. Brasilien bezogen werden. Es kann aber auch den Absatz von Waren und Dienstleistungen betreffen, wenn beispielsweise Saatgut und andere Produktionsmittel gegen Getreidelieferungen in Ländern des früheren Ostblocks (Ukraine, Russland etc.) gehandelt werden.

Auch beim Risikomanagement im Handel von Agrarprodukten blicken immer mehr Unternehmen zu den zentralen Marktplätzen dieser Welt. So spielt bei der Preisabsicherung an der Warenterminbörse in Paris zunehmend auch die Börse in Chicago insbesondere bei den Sojaprodukten oder der Währungsabsicherung eine entscheidende Rolle.

Die Bundeslehranstalt Burg Warberg hat seit mehr als einem Jahrzehnt kontinuierlich Kontakte und Verbindungen im Zuge der Globalisierung geknüpft und ausgebaut. So agiert die Bundeslehranstalt über Kooperationen mit dem Center for Futures Education, Pennsylvania, der Kansas State University, Kansas, der GMP-Academy, Niederlande, oder der Wageningen Universität bereits in einem zunehmend globalisierteren Netzwerk.

Urbanisierung

Der Megatrend Urbanisierung ist eine der größten Herausforderungen unserer Zukunft. Erstmals leben mehr Menschen weltweit in urbanen Zentren als in ländlichen Räumen. Städte erleben eine Renaissance als Lebens- und Kulturform. Der Aufstieg der Wissensgesellschaft führt zu einer weiteren Verdichtung von urbanen Gebieten. Kultur, Wirtschaft und Kreativität spielt sich zunehmend in Städten ab.

Während früher ein Großteil der Bevölkerung auf dem Lande lebte und dort einen Teil der Nahrungsmittel selbst produzieren konnte, erlebt die städtische Bevölkerung eine hohe Abhängigkeit von der Produktion und der Vermarktung von Nahrungsmitteln. Gerade in Krisenzeiten erlebt die städtische Bevölkerung diesen Mangel besonders. Wichtige politische Umwälzungen in der jüngsten Vergangenheit, sei es in Mexiko („Tortillakrise") oder im nordafrikanischen Raum, nahmen ihren Anfang und hatten die höchste Intensität bei der städtischen Bevölkerung. Für die standen Nahrungsmittel nicht in ausreichendem Maße oder nur zu unerschwinglichen Preisen zur Verfügung. Damit bekommen eine funktionierende und effiziente Produktion und die Versorgung mit Lebensmitteln einen zunehmend höheren Stellenwert.

Mit zunehmender Abhängigkeit von einer effizienten Nahrungsmittelversorgung steigt jedoch auch die Sensibilität hinsichtlich der Nahrungsmittelqualität und –herkunft. Während auf dem Land häufig ein intensiver Bezug zu Landwirten und zur Art und Weise der Lebensmittelproduktion gegeben ist, haben die in der Stadt aufgewachsenen Menschen heute häufig keinen Bezug mehr zur Landwirtschaft. Kaum jemand hat einen Stall von innen gesehen, die Kenntnis, dass zur Käseherstellung auch

Milch produziert werden muss und Kühe nicht zwangsläufig lila aussehen, ist nicht mehr vorhanden.
Dies stellt die Branche vor die Herausforderung, auf neue und innovative Weise Lebensmittelproduktion und -verarbeitung transparent zu machen und dem Verbraucher Vertrauen zu vermitteln.
Hier kann die Bundeslehranstalt mit der Möglichkeit des eigenen landwirtschaftlichen Betriebes gemeinsam mit anderen Landwirten, der Industrie und Verbänden ein Schaufenster und „Landwirtschaft zum Anfassen" bieten. Seit vielen Jahren bietet die Bundeslehranstalt daher Seminare und Workshops für Multiplikatoren z.B. zu Fragen der Gentechnik, der nachhaltigen Pflanzenproduktion etc. an.

Demographische Schere

Durch Geburtenkontrolle und aufgrund steigenden Wohlstandes fällt die Geburtenrate in den Industrieländern. Damit setzt eine zunehmende Überalterung in den europäischen Ländern ein. Diese Zunahme an älteren Menschen, die sich zunehmend auch bewusster ernähren, wird erhöhte Anforderungen an die Lebensmittelqualität und -sicherheit stellen.
In den Entwicklungs- und Schwellenländern hingegen wird die Bevölkerung voraussichtlich bis zum Jahr 2050 noch zunehmen und die Weltbevölkerung weit mehr als 9 Mrd. Menschen betragen. Diese müssen mit einer zunehmend geringer werdenden landwirtschaftlichen Nutzfläche ernährt werden. Dies hat zur Folge, dass massive Anstrengungen unternommen werden müssen, um die Produktivität und die Effizienz in der Nahrungsmittelproduktion zu verbessern.
Die rückläufige Geburtenrate in den Industrieländern und damit die geringere Verfügbarkeit von jungen Menschen bedeutet, dass die Unternehmen des Agrarhandels in immer stärkerem Wettbewerb um Talente und junge Führungskräfte stehen. Herausforderung der Unternehmen dabei ist, als Arbeitgeber interessant zu sein und Arbeitsplätze und -möglichkeiten zu schaffen, die den Erwartungen von Führungskräften der Zukunft entsprechen.

Female Shift

Der Megatrend Female Shift beschreibt einen grundsätzlichen Wandel unserer bisher sehr männerdominierten Welt. Dass Frauen anders an Problemlösungen herangehen und anders denken als Männer, ist nicht erst seit diversen Büchern von Mars und Venus, wo es ums Zuhören und ums Einparken geht, bekannt. Frauen finden eine neue Identität und gewinnen an Bedeutung in der öffentlichen Politik und Wirtschaft. Während Frauen verstärkt nach Führungspositionen (s. Angela Merkel oder weibliche Vorstände in DAX-Unternehmen) streben, weicht die alte Konstellation von Vater-Mutter-Kind neuen Beziehungs- und Familienmodellen, in denen Frauen auch ihre Lebensbalance in beruflicher Verwirklichung bzw. Männer zunehmend ihr Recht auf Zeit mit der Familie einfordern.

Eine neulich veröffentlichte Studie des Bundeswirtschaftsministeriums kam zu dem zentralen Ergebnis, dass frauengeführte Unternehmen seltener Pleite gehen bzw. die Insolvenzquoten deutlich geringer seien. Untersucht wurden Unternehmerinnen in Deutschland und anderen europäischen Ländern. Herausgekommen ist, dass die Unternehmerinnen in allen Ländern oftmals andere Ziele und Motive verfolgen als Unternehmer. So seien Selbstverwirklichung, Unabhängigkeit und die Vereinbarkeit von Privat- und Berufsleben für Frauen tendenziell wichtiger als für Männer. Unternehmerinnen definierten Erfolg eher aus einer ganzheitlichen Perspektive als Männer. Eine interessante Erkenntnis auch, dass gemischte Teams erwiesenermaßen mehr Gewinn erwirtschaften.
Es ist festzustellen, dass der Anteil von Frauen an den Seminaren und sonstigen Veranstaltungen der Burg signifikant zunimmt. Bei den Förderungslehrgängen, den Ausbildungen für unsere Jüngsten, ist der Anteil der Damen in den letzten Jahren auf über ein Drittel angestiegen. Bei Handelstagen, wo sich meist die Führungskräfte aus der Branche treffen, hat sich der Anteil von Frauen seit 2009

mehr als verdoppelt. Bei besonderen Lehrgängen, z.B. der Ausbildung zu den Futtermittelkontrolleuren, liegt der Frauenanteil bereits bei mehr als 70 %.

Im höchsten Beschlussgremium der Bundeslehranstalt, der Delegiertenversammlung, finden sich derzeit 3 Frauen. Mit Ulla Russow ist erstmals bei der letzten Wahl eine Frau auch in den Vorstand der Bundeslehranstalt gewählt worden. Dem Female Shift hat das Team der Bundeslehranstalt seit Jahren bereits Rechnung getragen. Von den 63 Mitarbeitern der Bundeslehranstalt Burg Warberg sind 30 weiblichen Geschlechts. Die magischen 50 % wurden in der Führungsmannschaft bereits realisiert.
Es bleibt festzustellen, dass ein höherer Frauenanteil die Arbeitsatmosphäre deutlich bereichert, Probleme werden aus anderen Blickwinkeln betrachtet und gelöst. Damit liegt die Bundeslehranstalt nicht nur im Trend, sondern eilt ihm voraus und beweist einmal mehr, stets am Puls der Zeit zu sein. Für Unternehmen des Agrarhandels wie auch in der gesamten Wertschöpfungskette bedeutet dieser Megatrend Female Shift, verstärkt Arbeitsbedingungen zu schaffen, die es Frauen ermöglicht, Familie und Beruf in Einklang zu bringen.
An der Bundeslehranstalt gibt es derzeit schon die Möglichkeit, dass Frauen (aber auch, wie schon geschehen, Väter) Kinder im betreuungspflichtigen Alter zur Arbeit oder zu Seminaren mitbringen. Seitens der Bundeslehranstalt wird dann eine entsprechende Betreuung sichergestellt.

Silver Society

Weltweit steigt die Lebenserwartung. Jedoch werden die Menschen nicht nur älter, sie altern auch anders – und vor allem werden wir später alt. Der Megatrend der gesellschaftlichen Alterung ist weltweit sichtbar und wird alle Bereiche unseres Lebens auf der Erde verändern. Einst konnten Senioren mit Abschluss ihres aktiven Erwerbslebens noch einige Jahre Ruhestand, bestenfalls im Kreis ihrer Familie, genießen. Heute führt das sog. „Downaging" zu einem Heraustreten aus den Altersrollen. An Stelle des Ruhestandes nehmen ältere Menschen ganz selbstverständlich wichtige Funktionen im Ehrenamt wahr, nehmen weiter als Aktive oder in beratender Funktion am Erwerbsleben teil oder absolvieren erfolgreich ein Universitätsstudium und nehmen dadurch aktiver am Gesellschaftsleben teil.
In der Bundeslehranstalt ist diesem Trend Rechnung getragen worden, indem die über 65-Jährigen, die früher in den Ruhestand gegangen wären, viele Jahre nach dem Ausscheiden aus dem aktiven Erwerbsleben in der Burg noch wichtige Aufgaben übernommen haben bzw. diese noch innehaben. So hat Herr Grabenhorst noch über mehr als 15 Jahre nach Aufgabe seiner Geschäftsführertätigkeit den BAL geleitet oder den Landwirtschaftsbetrieb betreut. Herr Oelschlegel ist oft noch täglich auf der Burg, um in Burgführungen Interessierte, ob jung oder alt, für die Burg zu begeistern. Mit Joachim Isensee haben wir ein perfektes Beispiel, wie nach dem Ruhestand mit einer neuen Aufgabe, der Sanierung der Oberburg und der Gründung und Betreuung des Freundeskreis, noch ein Stück Lebenswerk realisiert werden konnte. Aber auch bei den Dozenten spielt die Altersgrenze nur ein bedingtes Kriterium. Mit über 70 Jahren ist beispielsweise Erhard Krämer einer der dienstältesten Dozenten, die mit zunehmendem Alter und mit ihrer Lebenserfahrung bei den Teilnehmern extrem gut ankommen.
Doch ist der Trend Silver Society auch für die Unternehmen der Branche von großem Interesse. Ein Aspekt ist, dass Mitarbeiter länger, ggf. mit veränderten Aufgabenbereichen, ihr wertvolles Erfahrungswissen dem Unternehmen zur Verfügung stellen können. Vielfach ist es klug, gerade Führungskräften nach deren offiziellem Ausscheiden durch einen Beratervertrag die Möglichkeit zu geben, ihr Wissen weiter dem Unternehmen zur Verfügung stellen zu können.
Ein weiterer Aspekt betrifft jedoch auch die Produkte und Dienstleistungen der Agrarbranche. Grundlage für die höhere Lebenserwartung ist besonders eine ge-

sunde und ausgewogene Ernährung. Spezielle Nahrungsmittel für Senioren mit erhöhten Anforderungen im Bereich der Vitamine, Spurenelemente oder bestimmten Inhaltsstoffen haben Hochkonjunktur und führen bei den sich darauf einstellenden Unternehmen der Agar- und Ernährungswirtschaft zu beachtlichen Wertschöpfungspotenzialen.

Gesundheit

Gesundheit ist nicht mehr nur das Gegenteil von Krankheit, sondern das Ergebnis einer Balance der individuellen Lebensenergie. Gesundheit wird zu einem wichtigen Wirtschaftsfaktor. Gesundheit ist ein gutes Verkaufsargument und ist in allen Lebens- und Konsumbereichen präsent. Gemäß dem Sprichwort „Der Mensch ist, was er isst" wird daher bei der Erhaltung oder auch bei der Rückgewinnung eines guten Gesundheitszustandes der Ernährung ein immer größerer Anteil zugeschrieben.
Unter dem Begriff „Functional Food" verbirgt sich ein neues Zauberwort der Ernährungsbranche. Darunter versteht man Nahrungsmittel der verschiedenen Produktkategorien zur Förderung der Gesundheit. Nahrungsmittel sind oder werden mit zusätzlichen Inhaltsstoffen angereichert. Dies können Vitamine oder Mineralstoffe sein, genauso aber auch Bakterienkulturen oder ungesättigte Fettsäuren. Der Ursprung des Functional Foods liegt in Japan, wo entsprechend angereicherte Lebensmittel seit 1991 entsprechend vermarktet werden können. Das Angebot dieser angereicherten Lebensmittel ist auch in Europa in den letzten Jahren stark angewachsen.
In Japan und in den USA werden auch Functional Food Produkte angeboten, die entweder die Denkleistung („Brain Food") erhöhen oder schöner machen sollen („Beauty Food").
Die häufigsten Zusätze in Functional Food sind:

- Probiotika: Insbesondere Milchprodukten werden probiotische Milchsäurebakterien zugesetzt, die die natürliche Darmflora verbessern sollen.
- Präbiotika: Hier handelt es sich um unverdauliche Kohlenhydrate. Ziel ist die Vermehrung der probiotischen Bakterien im Dickdarm.
- Omega-3-Fettsäuren: Diese Fettsäuren, die vor allem in Fischöl enthalten sind, sollen vor Herz-Kreislauf-Erkrankungen schützen und den Cholesterinspiegel senken.
- Vitamine: Insbesondere die Vitamine C und E gelten als starke Antioxidantien, wirken daher bei der Bekämpfung freier Radikale und dienen damit wirkungsvoll zur Prävention von Zellschäden und Krebserkrankungen.

In dem ganzen Bereich Gesundheit und Ernährung gibt es noch erheblichen Forschungsbedarf und die wirtschaftlichen Potenziale für die Wertschöpfungskette Agrar und Ernährung sind vielversprechend.
Ein Beispiel kann die Züchtung neuer Pflanzen sein, die über andere Zusammensetzung von Inhaltsstoffen verfügen. Über die Produktion entsprechender Futtermittel können Fettsäuremuster und andere Eigenschaften von tierischen Veredelungsprodukten positiv beeinflusst werden.

Individualisierung

Ausbildung, Arbeit, Heirat, Kinder, Tod? Neue Biografien kennen nicht nur eine Richtung, sondern sie verlaufen entlang neuer Brüche, haben Umwege und Neuanfänge. Lebensmodelle werden zu „Multigrafien". In einer Gesellschaft, die uns immer mehr Freiheiten und Möglichkeiten gibt, uns aber auch immer stärker unter Entscheidungsdruck setzt, verändern sich die Werte – und mit ihnen die Wirtschaft, in der sich Nischenmärkte etablieren. Der Megatrend Individualisierung gehört zu den größten treibenden Kräften, die Gesellschaft und Wirtschaft massiv verändern – und das weltweit. Unterstützt wird dieser Trend durch den Trend, dass wir uns im Wandel von einer Industrie- zur Wissensgesellschaft befinden. Analog hierzu verändern sich auch die Unternehmensstrukturen und Arbeitsräume. Die Anforderungen an Mitarbeiter ändern sich: Service-, Informations- und Kreativarbeiter sind gefragter denn je.
Wie können sich die Unternehmen des Agrarhandels darauf einstellen?
Während auf der einen Seite die Work-Life-Balance beschworen wird, verschwimmen jedoch zunehmend die Grenzen zwischen Berufs- und Privatleben. Die kreativen Mitarbeiter werden zunehmend selbstständig, auch wenn sie fest angestellt sind. Arbeitgeber, die hier Möglichkeiten zum Home Office oder andere flexible Formen des Arbeitens bieten können, werden aus dem „Kampf um die Talente" gestärkt und erfolgreich hervorgehen.
Mit einer flexiblen Arbeitsorganisation wie z.B. Gleitzeiten, Alterszeitkonten und Möglichkeiten für Home Office kann dem Wunsch der Arbeitnehmer nach Individualisierung Rechnung getragen werden.
Die Bundeslehranstalt hat diesem Trend dahingehend Rechnung getragen, dass die Führungskräfte die Möglichkeit erhalten, einen Teil der Arbeitszeit vom Home Office aus zu erledigen.

Netzwerke

Die Menschheit organisiert sich zunehmen in Netzwerken. Über das Internet kommunizieren nicht mehr nur Menschen, sondern auch Maschinen miteinander. Dieser Wandel ist nur vordergründig ein technischer; der wahre Einfluss liegt im Sozialen. Das Streben nach Transparenz und Teilen von Erfahrung und Wissen ergreift die ganze Gesellschaft und formt diese um. Netze wie z.B. Facebook und Twitter zeigen schon heute, wie massiv sich Kommunikation und Meinungsbildung verändern. So ist es heute schon Ziel vieler Menschen und Unternehmen, möglichst viele „Like" und „Followers" zu bekommen.

Veranstaltungen werden über Facebook geplant und organisiert. Kommunikation findet in einer virtuellen Welt statt. Dass Kommunikation und Begegnung auch physisch und durch das gesprochene Wort stattfinden kann ist für viele junge Menschen eher lästige Unterbrechung der wertvollen Zeit in der digitalen Welt.

In der Bundeslehranstalt ist schon seit vielen Jahren in der Unternehmensphilosophie das Netzwerk (Netzwerk – Innovation - Service) an vorderster Stelle angesiedelt. Das Selbstverständnis der Bundelehranstalt ist es, neben der Wissensvermittlung Menschen zu verknüpfen, Netzwerke zu schaffen und zu pflegen.

Dazu gehört z.B. die Gründung der Agrarhandelsjunioren als ein Netzwerk an der Bundeslehranstalt Burg Warberg, in dem sich junge Führungskräfte der Branche austauschen können. Dass hier ein Teil der Kommunikation bereits über Facebook stattfindet und hierüber Treffen und Austausch erfolgen, unterstreicht einmal mehr die Bedeutung der Netzwerke.

Neues Lernen

Der Megatrend Neues Lernen zeigt, wie sich Bildung im Zeitalter der Wissensexplosion verändert. Überall auf der Welt schaffen digitale Medien einen immer leichteren Zugang zu einer immer größer werdenden Wissensmenge. Im „Kampf um Talente" der anbrechenden Kreativ-Ökonomie setzt sich eine Erkenntnis durch: Bildung ist ein Schlüssel zu einer hoffnungsvollen Zukunft. Wo jetzt individuelle Talente gefördert werden und leidenschaftliche Neugier entfacht wird, sind die Voraussetzungen für Innovation und sozialen Aufstieg geschaffen.

Die Bundeslehranstalt hat ihren besonderen Schwerpunkt in der Vermittlung von Bildung. Damit bedient sie mit ihrem originären Geschäfts- und Satzungszweck unmittelbar diesen Megatrend.

Ressourcenverknappung

Die meisten Ressourcen auf unserer Erde sind endlich. Mit zunehmender Bevölkerung werden die verfügbare Ressourcen, sei es im Bereich fossiler Brennstoffe oder auch im Bereich der verfügbaren landwirtschaftlichen Nutzfläche, immer knapper. Ein Höchstmaß an Innovation und Kreativität wird notwendig werden, um die geringer werdenden Ressourcen effizienter zu nutzen oder Substitutionsmöglichkeiten zu schaffen. Gerade im Bereich der Agrarproduktion spielt der Klimawandel noch in besonderem Maße eine entscheidende Rolle. Produktionssysteme müssen angepasst werden, neue Sorten gezüchtet werden, um der Anforderung veränderter Temperaturverläufe und Wasserverfügbarkeiten gerecht werden zu können. Zunehmend werden auf die Agrar- und Ernährungswirtschaft Forderung kommen auch den Energiebedarf der steigenden Weltbevölkerung zu befriedigen.

Schlussfolgerung für den Agrarhandel und die Bundeslehranstalt Burg Warberg

Mit diesen aufgezeigten Megatrends wird deutlich, dass sich die Rahmenbedingungen derzeit und in der nahen Zukunft spürbar verändern werden. Viele der Trends haben unmittelbar Einfluss auf die Unternehmen der Agar- und Ernährungswirtschaft und können bei positiver Gestaltung von diesen genutzt und zur Entwicklung eigener Perspektiven verwendet werden. Manches wird die Forschung noch zu leisten haben. Aufgabe der Bundeslehranstalt ist es dann, mit der ihr eigenen Kompetenz den Wissenstransfer in die Branche sicherzustellen.

Herausforderung Mitarbeiter

Die Unternehmen der Agrar- und Ernährungswirtschaft stehen damit vor gewaltigen und globalen Herausforderungen. Diese stellen sich zum einen intern bzgl. der eigenen Mitarbeiter dar. Der Kampf um die besten Talente und Köpfe ist in vollem Gange. Ziel unserer Mitgliedsunternehmen wird es zunehmend sein, gute Mitarbeiter zu finden, zu binden und weiter zu entwickeln. Hierzu ist es notwendig die in den o.g. Trends skizzierten Herausforderungen bei der Gestaltung des Arbeitsumfeldes zu berücksichtigen und zum attraktiven Arbeitgeber zu werden. Hierbei spielt Bezahlung eine, wenn auch nicht die wichtigste Rolle. Vielmehr geht es darum, interessante und motivierende Arbeitsfelder zu schaffen, bei denen der Mitarbeiter seine Kreativität entfalten und durch entspre-

chende Freiheiten zu innovativen Problemlösungen gelangen kann.
Mit diesen Mitarbeitern, und dies ist die zweite Herausforderung, sollen Produkte und Dienstleistungen entwickelt werden, denen am Markt ein Bedürfnis und ein zahlender Kunde gegenübersteht. Dabei hängt der Erfolg unserer Mitgliedsunternehmen aus der Branche, wie auch der Bundeslehranstalt Burg Warberg, neben vielen anderen wichtigen Dingen insbesondere von der Persönlichkeit jedes einzelnen Mitarbeiters ab.
Diese wird geprägt neben dem notwendigen Fachwissen (Können) insbesondere von der Motivation (Wollen), seiner Identifikation mit und seiner Loyalität zum Unternehmen. Die Passion und die Treue zum Unternehmen gepaart mit entsprechender Teamfähigkeit ist eine wichtige Voraussetzung zur Erhöhung der Wettbewerbsfähigkeit.
Alle Schulungs- und Fortbildungsmöglichkeiten der Bundeslehranstalt Burg Warberg sollen daher in Zukunft noch stärker neben der Vermittlung des Fachwissens dem Ziel dienen, die Persönlichkeit des Einzelnen zu entwickeln und die Fähigkeit, im Team zu agieren, zu erhöhen.
Die Bundeslehranstalt Burg Warberg unterstützt mit ihren Maßnahmen und Möglichkeiten die Unternehmen der Branche dabei, die knappe und in Zukunft noch wertvollere Ressource Mitarbeiter zu finden, zu binden und weiter zu entwickeln.
Das Finden und die Vermittlung von Mitarbeitern spielte in der Vergangenheit nur eine untergeordnete Rolle. In Zukunft werden die Unternehmen im Wettbewerb besser bestehen können und ihre Wettbewerbsfähigkeit erhöhen, wenn es beim Kampf um die besten Köpfe und Talente gelingt, diese für das eigene Unternehmen zu gewinnen. Dieser Kampf kann dann erfolgreich bestritten werden, wenn neben einer attraktiven Bezahlung auch Perspektiven aufgezeigt werden können, wie sich die Menschen innerhalb der Unternehmen, unter Nutzung der Möglichkeiten, die die Bundeslehranstalt bietet, in ihrer Persönlichkeit weiter entwickeln können.
Die an der Bundeslehranstalt Burg Warberg angesiedelte Erwin-Fromme-Stiftung bietet hervorragende Möglichkeiten, junge Führungskräfte aus der Branche zu fordern und zu fördern.

Wissensvermittlung und Know-how-Transfer für die Agrarbranche

Die größte Entwicklungsperspektive für die Bundeslehranstalt besteht zweifellos in der Wissensvermittlung und dem Know-How Transfer für die Agrarbranche. Dies war auch seinerzeit der Hauptgrund, die Bundeslehranstalt auf der Burg Warberg zu gründen. Zwischenzeitlich wurde die Erhöhung der Wettbewerbsfähigkeit explizit in den Statuten der Bundeslehranstalt fixiert.
Wie eingangs durch die Megatrends dargestellt steht die gesamte Agrar- und Ernährungswirtschaft weltweit vor einer großen Herausforderung. In den nächsten 40 Jahren müssen weltweit soviel Agrarrohstoffe produziert, verarbeitet und vermarktet werden wie in den letzten 4000 Jahren unserer Menschheitsgeschichte. Mit anderen Worten – die Nachfrage nach Agrarrohstoffen wird sich in den nächsten 40 Jahren voraussichtlich verdoppeln. Ursachen hierfür sind vor allem:

1. die Bevölkerungsentwicklung auf mehr als 9 Mrd. Menschen
2. die Veränderung der Verzehrgewohnheiten
3. das weltweite Wirtschaftswachstum
4. die verstärkte Verwendung von Agrarrohstoffen zur energetischen Nutzung
5. der Klimawandel

Dies geschieht vor dem Hintergrund, dass Agrarflächen nur bedingt zur Verfügung stehen und nicht vermehrbar sind. Durch zunehmende Industrialisierung, zunehmende Bebauung für Wohnzwecke, Klimawandel etc. gehen Jahr für Jahr Millionen von ha für die Agrarproduktion verloren. Zusätzliche Flächen können nur durch erhebliche Investitionen in notwendige Infrastruktur (Verkehrswege, Lager-

möglichkeiten etc.) gewonnen werden. Experten schätzen den hierfür notwendigen Investitionsaufwand auf ca. 80 Mrd. EUR p.a., so jedenfalls die Zahlen, die anlässlich der Agrarministerkonferenz in Berlin 2013 präsentiert wurden. Diese Investitionen werden aber nur getätigt werden, wenn für das investierte Kapital auch eine adäquate Verzinsung erreicht wird.
Gelingen kann diese in naher Zukunft anstehende neue „Grüne Revolution" nur, wenn die Produktivität in erheblichem Maße gesteigert und die Ressourcen effizient eingesetzt und verteilt werden.
Viele Verantwortliche haben erkannt, dass hierzu zunächst eine intensivere Agrarforschung notwendig ist. Zum einen ist die verstärkte Förderung der Agrarforschung Aufgabe des Staates als Daseinsvorsorge für künftige Generationen, zum anderen sind jedoch auch verschiedene Industrien bemüht durch Stiftungsprofessuren etc. neue Impulse in der Agrarforschung zu setzen.
Gerade bei neuen innovativen Produktionsverfahren ist es jedoch nicht nur alleine eine Frage des Wissens und der objektiven Forschung. Die Diskussion um den Einsatz von z.B. Gentechnik bei der Bewältigung der Herausforderungen zeigt sehr anschaulich, dass heute noch keineswegs ein gesellschaftlicher Konsens hinsichtlich der oben beschriebenen Herausforderungen besteht.
Die spannende Frage erhebt sich immer mehr:
Wie kommen Innovationen von der Forschung hin zur Landwirtschaft?

Agrarhandel als Transmissionsriemen für Wissenstransfer

Eine zentrale Rolle beim Wissenstransfer und bei der Erhöhung der Produktivität in der Landwirtschaft kommt dem Agrarhandel und seinen Mitarbeitern zu. Der Agrarhandel hat in der Wertschöpfungskette Agrar und Ernährung eine besondere Rolle. Er ist zugleich Lieferant als auch Kunde beim Landwirt. Durch die gleichzeitige Lieferung von Produktionsmitteln (Saatgut, Pflanzenschutz- und Düngemittel etc.) und die Vermarktung der Endprodukte (Getreide, Ölsaaten) ist er gleichermaßen Betreuer und Berater eines Produktionssystems. Mit dem Verkauf der Produktionsmittel wird oftmals auch das entsprechende Know-how über den richtigen und effizienten Einsatz (Bodenbearbeitung, Aussaatstärke, Bedarf an Bodennährstoffen, Wirkungsspektren der Pflanzenschutzmittel etc.) der Produktionsmittel vermittelt. Dies erfolgt vor allem vor dem Hintergrund, dass die Unternehmen des

Agrarhandels die Qualitätsansprüche und sonstigen Wünsche ihrer Kunden auf der Abnehmerseite kennen. Dies können z.B. Wünsche von Mühlen nach einem bestimmten Sortenspektrum sein oder der bestimmte Einsatz von Pflegemaßnahmen bzw. der Verzicht auf bestimmte ertragssteigernde Mittel bis hin zur Dokumentation des Produktionsverfahrens im Hinblick auf Rückverfolgbarkeit und Transparenz.
Weitere wichtige Aufgaben, die dem Agrarhandel in der Wertschöpfungskette zukommen, sind die Logistik (Transport, Lagerung, Qualitätserhaltung ...) sowie in vielfacher Hinsicht die Finanzierung und das Risikomanagement bei sehr volatilen Märkten. Damit fördert und steigert der Agrarhandel die Wettbewerbsfähigkeit der Landwirtschaft und sorgt für eine hohe Produktivität und einen effizienten Einsatz von Ressourcen.
Um all diese wichtigen Funktionen erfüllen zu können, benötigen die Mitarbeiter aus den Agrarhandelsbetrieben und den vor- und nachgelagerten Bereichen aktuelles, erstklassiges und praxisorientiertes Wissen. Dieses zu vermitteln, war und ist eines der vorrangigsten Ziele und wichtige Aufgabe der Bundeslehranstalt Burg Warberg.
Bei der Wissensvermittlung geht es zum einen um den Transfer von der Forschung in die Praxis, zum anderen aber auch um die Einhaltung von Normen und Regeln und einem ständig sich verändernden und erweiternden Rahmen von Verordnungen und Gesetzen, in dem sich das Handeln der Branche abspielt. Dies in Verbindung von einer Vielzahl von Dokumentations- und Nachweispflichten durch Systeme der Zertifizierung (DIN ISO, GMP, Q+S, Glo-

balGap etc.), setzt ein hohes Maß an Wissen, Können und Fertigkeiten bei den Mitarbeitern des Agrarhandels voraus. Hinzu kommen Maßnahmen zur persönlichen Qualifikation und Weiterbildung in betriebswirtschaftlichen und persönlichkeitsbildenden Bereichen (Ausbildung zum Handelsfachwirt, Duales Studium, Fachberater etc.).
Der hohe Anspruch an die Ausbildung durch die Bundeslehranstalt Burg Warberg wird durch ein eigenes Qualitätsmanagementsystem sowie sorgfältige Auswahl und kontinuierliche Fortbildung der Dozenten gewährleistet. Die Entwicklung von neuen und auf die Bedürfnisse der Branche angepassten Fort- und Weiterbildungsmaßnahmen erfolgt in Zusammenarbeit mit den Unternehmen und den Verbänden der Branche. Hier stets das Ohr am Markt und den Bedürfnissen zu haben, trägt dazu bei, mit der Wissensvermittlung auch stets am Puls der Zeit zu sein.
Da der Fokus künftig nicht mehr nur national ausgerichtet ist, sondern die Agrar- und Ernährungswirtschaft Deutschlands zunehmend globaler und internationaler eingebunden ist, hat die Bundeslehranstalt Burg Warberg einige Kooperationen mit ausländischen Partnern aufgebaut und führt bereits Fortbildungsmaßnahmen, Vorträge und Schulungen außerhalb Deutschlands durch.
Ein neuer Aspekt ist der Wissenstransfer in sich entwickelnde Länder. Anlässlich der zahlreichen Studienreisen werden immer wieder internationale Kontakte geknüpft. Jüngstes Projekt ist die Zusammenarbeit mit Organisationen aus Tansania. Hierbei geht es darum, die Entwicklung der tansanischen Land- und Ernährungswirtschaft durch Vermittlung von Wissen zu unterstützen.

Europäisches Kompetenz- und Innovationszentrum (EKIZ)

Da viele Impulse künftig von Europa und innerhalb Europas von Deutschland ausgehen, werden derzeit in einer Machbarkeitsstudie die Möglichkeiten zur Etablierung eines Europäischen Kompetenz- und Innovationszentrums in Warberg untersucht.
Die Bundeslehranstalt Burg Warberg mit der in den letzten Jahren aufgebauten Infrastruktur im Bereich der Wissensvermittlung und den Möglichkeiten, auf den eigenen landwirtschaftlichen Flächen auch praktische Fragestellungen zu betrachten, stellen ein gutes Fundament und optimale Voraussetzungen dar, ein solches Zentrum in Warberg aufzubauen.
In Zusammenarbeit mit Züchtern, der Industrie, landwirtschaftlichen Organisationen und der Verwaltung soll es ermöglicht werden, in Warberg eine optimale an den Bedürfnissen der Branche orientierte Wissensvermittlung zu intensivieren. Künftig werden verstärkt dann auch internationale Gäste die Burg Warberg aufsuchen, um mit neuem Wissen die Wettbewerbsfähigkeit der Unternehmen und damit der Wertschöpfungskette zu erhöhen.

Innovationspartnerschaften

Dass die Bundeslehranstalt mit ihrer derzeitigen Positionierung richtig zu liegen scheint, deutet eine neue Initiative der EU an. Seitens der EU wird zur Kompetenzstärkung über Innovationspartnerschaften als Instrument zur Stärkung ländlicher Räume nachgedacht. Das Konzept der Europäischen Innovationspartnerschaft geht von folgenden Überlegungen aus:
Vor dem Hintergrund der Herausforderungen der europäischen Landwirtschaft, die u. a. von Ernährungssicherung und Wettbewerbsfähigkeit über Erhalt der Artenvielfalt bis hin zu Biomasseproduktion und Ressourcenmanagement reichen, soll der Fokus auf problemorientierte Lösungen gelegt werden. Sektorübergreifende und integrierte Ansätze für die Wertschöpfungsketten sollen ebenso wie der Austausch auf der Praxisebene sowie zwischen Praxis und

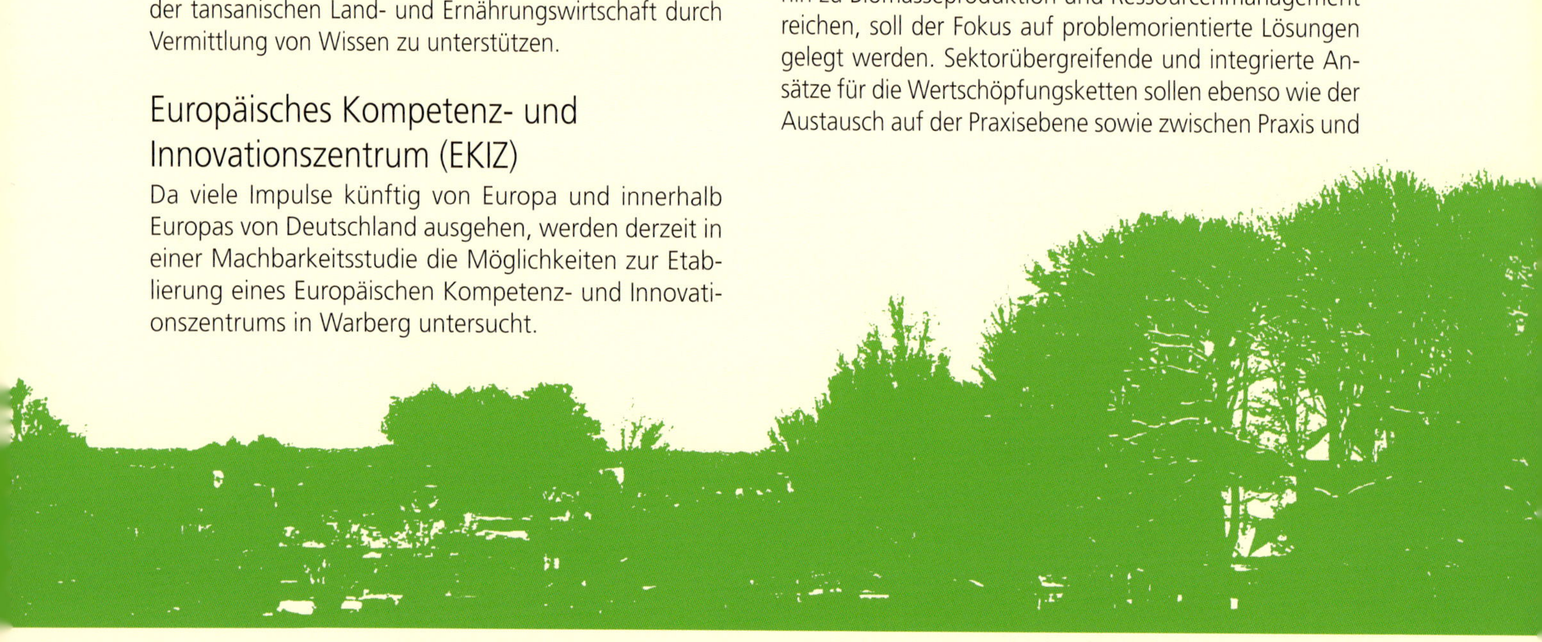

Wissenschaft sichergestellt werden und eine höhere Effektivität bei der Anwendung des vorhandenen (Förder-)Instrumentariums erzielen.
Erreicht werden soll das u. a. durch Wissenstransfer und Beratung, Wirtschaftsentwicklungskonzepte sowie Investitionsförderung. Gefördert werden angewandte Agrarforschung als Wissensbasis für Innovation, praxisbezogene Kooperationsprojekte und Cluster sowie Innovationsbroker und Innovationszentren.
Die EU-Kommission verspricht sich dadurch einen schnelleren Transfer von Erkenntnissen in die landwirtschaftliche Praxis, mehr Rückmeldungen an die Wissenschaft, Produktivitätswachstum bei gleichzeitiger Sicherung nachhaltiger Ressourcenbewirtschaftung sowie einer hohen Umweltqualität und einen wettbewerbsfähigen landwirtschaftlichen Sektor, der befähigt ist, einen Beitrag zur globalen Nahrungsmittelsicherheit zu leisten.
Da diese Innovationspartnerschaften genau den gleichen Fokus haben wie das zuvor beschriebene und an der Bundeslehranstalt geplante EKIZ, steht zu erwarten, dass die Bedeutung der Bundeslehranstalt Burg Warberg noch zunehmen wird.
Die Kompetenz der Burg besteht darin, mit erstklassigen Dozenten Wissen zu vermitteln und Innovationen aus Forschung und anderen Quellen zeitnah, effizient und erfolgreich an die Betriebe zu geben, um diese zu unterstützen, aus den Megatrends eigene Entwicklungsperspektiven abzuleiten.

Zusammenfassung

Die Bundeslehranstalt Burg Warberg hat in den vergangenen 75 Jahren eine beeindruckende Entwicklung nehmen können. Die Gründungsväter von damals könnten mit Recht stolz auf „ihre" Burg sein. Seitens der Bundeslehranstalt wurden Megatrends, die die Branche verändern, identifiziert. Die Unternehmen bei der Bewältigung der anstehenden Herausforderungen zu begleiten und zu unterstützen ist oberstes Ziel der Bundeslehranstalt.
Entsprechende Produkte und Dienstleistungen werden angeboten und weiter entwickelt. In enger Verbindung zu den Unternehmen und den Verbänden steht dabei die Erhöhung der Wettbewerbsfähigkeit im Vordergrund.
Hauptaufgabe wird darin bestehen, neue Forschungsergebnisse und innovative Ideen als Wissenstransfer und im Austausch mit Praktikern in die Betriebe hinein zu tragen. Die Unternehmen des Agribusiness wiederum haben die Aufgabe, das neue Wissen an die Agrarproduzenten heranzutragen und diese damit erfolgreich zu machen.
Die sich abzeichnenden Entwicklungen in der Zukunft lassen erwarten, dass die Bedeutung der Bundeslehranstalt Burg Warberg wahrscheinlich sogar noch zunehmen wird. Große Aufgaben wie die Sicherstellung der Welternährung, aber auch das Finden, Binden und Qualifizieren von Mitarbeitern stellen Herausforderungen dar, der sich die Bundeslehranstalt Burg Warberg gerne stellen möchte. Dies in Kombination mit dem einzigartigen Ambiente und einem motivierten Team lassen eine interessante Zukunft mit guten Entwicklungsperspektiven für die Bundeslehranstalt Burg Warberg erwarten.

Weiter aufwärts

Die Himmelsspirale

Mit dem Stifterbrunnen begannen wir unsere Zeitreise durch die 75 Jahre der Bundeslehranstalt Burg Warberg. Wenn der Stifterbrunnen das heutige Selbstverständnis der Burg ausdrückt und widerspiegelt, dann war das der richtige Einstieg. Die Zukunft der Agrarwirtschaft, die Zukunft der Lehranstalt, sie steht – wie zuletzt zu lesen war – nicht in den Sternen. Aber den bildhaften Schluss unserer Zeitreise bildet ein neues Kunstobjekt auf der Burg, die Himmelsspirale von Warberg. Zwar sind auch hier, rechts vom Haupttor, symbolisch und stilisiert die Inhalte der Lehranstalt dargestellt, die den Geist, die Philosophie, den Anspruch und das Selbstverständnis der Burg Warberg vermitteln. Dem Betrachter erscheinen Symbole und Schriftzeichen aus den verschiedensten Bereichen der Religion, der Astrologie, der Naturwissenschaften, der Kunst, der Technik und der Menschheitsgeschichte sowie Schriftzeichen aus unterschiedlichen Kulturen.

Aber im Kontrast der kühl modernen, hellen Kalksteinstele zu der historischen Bausubstanz der Burg ergreift den Betrachter ein weiteres Moment der Stele, das der Dynamik. Die Stele windet sich gleichsam mit ihrer spindelförmige Grundform in einer um 90 Grad drehenden Bewegung nach oben, der die Symbole aufwärts folgen. Am oberen Ende steht das Omega. Alpha und Omega, Anfang und Ende? Nein, das Omega setzt hier in Warberg nicht ein Ende, sondern das Summenzeichen führt darüber hinaus und verbindet sich mit dem Symbol der Unendlichkeit. Quo vadis, Bundeslehranstalt? Die Himmelsspirale weist den Weg. Es wird weiter aufwärts gehen. Die Bundeslehranstalt hat eine 75-jährige Geschichte mit Zukunft.

Mitglieder der Bundeslehanstalt Burg Warberg

Getreide-Agentur Töpfer GmbH	01239 Dresden
Cunnersdorfer Agrarverwaltungs GmbH	01561 Cunnersdorf
Transport- und Dienstleistungsgesellschaft mbH	01623 Lommatzsch
Landhandel GmbH Drebkau	03116 Drebkau
Agrarunternehmen Barnstädt e.G.	06268 Göhrendorf
Saalemühle Alsleben GmbH	06425 Alsleben
Steinbachhof GmbH	06526 Sangershausen
Transport- und Agro-Service Raguhn eG	06779 Raguhn-Jenßnitz
Geltinger Agrarhandel Josef Geltinger e.K.	06862 Rosslau
Cobbelsdorf-Fläming-Kartoffel Handels GmbH	06869 Cobbelsdorf
Betram GmbH Schädlingsbekämpfung	07548 Gera
REIKA GmbH Reinsdorfer Kraftfutterwerk	08141 Reinsdorf
Mealberry GmbH	08304 Schönheide
Agroservice & Lohnunternehmerverband Sachsen / Thüringen e.V.	09648 Altmittweida
OVID Verband der ölsaatenverarbeitenden Industrie Deutschland	10117 Berlin
ARS PROBATA GmbH	10367 Berlin
Metrac Handelsgesellschaft mbH	10407 Berlin
Artus Lagerhaus GmbH	10997 Berlin
Bioland Markt GmbH & Co. KG	12347 Berlin
Marco Krauß	13053 Berlin
Landhandel Dietmar Großmann	14715 Nennhausen
Agroservice & Lohnunternehmerverband Nordost e.V.	15345 Altlandsberg
DHG-Dienstleistungs- und Handelsgesellschaft mbH	16306 Casekow
Delta Agrar und Handels GmbH	16515 Oranienburg
Hauptgenossenschaft Nord AG	17034 Neubrandenburg
Friedländer Landhandels und Dienste GmbH	17098 Friedland
Landhandel Demmin GmbH	17109 Demmin
FUGEMA Futtermittel- u.Getreidehandel GmbH & Co.KG	17139 Malchin
Firma Dr. K.-H. Niehoff	17209 Bütow
Landw. Handels- u. Dienstleistungs GmbH	17349 Helpt
A.A.T. Agrarservice, Transport und Handel GmbH	19243 Wittenburg
DHG Dienstleistungs- und Handelsgesellschaft mbH	19412 Brüel
Gossler, Gobert & Wolters Gruppe	20095 Hamburg
ADM Rothensee GmbH & Co. KG	20095 Hamburg
C. Mackprang jr. GmbH + Co.	20354 Hamburg
SGS Germany GmbH	20459 Hamburg
HL Hamburger Leistungsfutter GmbH	21079 Hamburg
Perten Instruments GmbH	21079 Hamburg
HaBeMa Futtermittel GmbH & Co. KG	21107 Hamburg
Landhandel Petersen KG	21366 Dahlenburg
Ricarda Moss	21379 Scharnebeck
Lennart Moss	21379 Scharnebeck
Scharnebecker Mühle DiHa GmbH	21379 Scharnebeck
A. Müller Oldendorfer Mühle	21385 Oldendorf/Luhe
Öko-Korn-Nord w.V.	21386 Betzendorf
Lünekartoffel-Vertrieb GmbH & Co.	21394 Südergellersen
Rudolf Peters Landhandel GmbH & Co. KG	21423 Winsen/Luhe
Knut Erdtmann Gartenfachgeschäft	21522 Hohnstorf-Bullendorf
Georg Schröder Landhandel	21702 Ahlerstedt-Oersdorf
HGS Handelsgesellschaft für Spezialfuttermittel mbH	22767 Hamburg
Alster-Agrar-Service GmbH	22880 Wedel
Andreas Lühr	22889 Tangstedt
Johannes Ahrens GmbH & Co. KG	22889 Tangstedt
Umschlag & Handels GmbH Lübeck	23554 Lübeck
Weidemann Landhandel	23684 Pönitz
Wilhelm Ströh jun. GmbH & Co. KG	23689 Hobbersdorf
Körber Handels GmbH & Co.KG	23701 Eutin
Jan-Herbert Hintz	23813 Nehms
Herbert Hintz GmbH	23813 Nehms
Rudolf Frahm GmbH & Co. KG Oeringer Mühle	23845 Oering
Hans Stoltenberg	23847 Lasbek OT Barkhorst
W.F. Stoltenberg Barkhorster Mühle	23847 Lasbek-Barkhorst
ATR Landhandel GmbH & Co. KG	23909 Ratzeburg
BSL Betriebsmittel Service Logistik GmbH & Co. KG	24143 Kiel
Gut Rosenkrantz Bio-Futter GmbH & Co. KG	24539 Neumünster
Johannes Timmermann GmbH & Co. KG	24637 Schillsdorf
Thomas Rathje GmbH & Co.KG	24647 Wasbek
Getreide AG	24768 Rendsburg
Getreide AG Vollkraft Mischfutterwerke GmbH	24768 Rendsburg
TACOSS Software GmbH	24963 Tarp
Habro GmbH & Co. KG	24980 Nordhackstedt
Clausen Lager- und Handelskontor GmbH	24994 Medelby
Hermann Haars GmbH &. Co. KG	25377 Kollmar
Trede & von Pein GmbH	25524 Itzehoe
Friedrich Behrens & Sohn	25538 Brunsbüttel
Timo Brümmer	25548 Kellinghusen
Firma J. W. Stotz	25557 Hademarschen
L. Matzen & Sohn GmbH	25709 Marne
Johann Stöfen	25764 Wesselburen
J. Stöfen GmbH	25764 Wesselburen
ATR Landhandel GmbH & Co. KG	25813 Husum
Nis Vollbehr	25864 Löwenstedt
Bremer Landesbank Kreditanstalt Oldenburg - Girozentrale -	26016 Oldenburg
AGRAVIS Mischfutter Oldenburg/ Ostfriesland GmbH	26122 Oldenburg
Warnken-Lüken Handels GmbH	26169 Friesoythe
Gebrüder Joosten & Müller OHG	26188 Edewecht
Hatter-Mühle	26209 Hatten
Landhandel Bernhard Meyer jr.	26219 Bösel
AWE Agrarhandel Weser Ems GmbH & Co. KG	26316 Varel-Altjührden
Landhandel Nord-West	26529 Marienhafe
Dostofarm GmbH	26655 Westerstede
ELAG Emder Lagerhaus und Automotive GmbH	26721 Emden
Möhlenkamp GmbH & Co. KG	26901 Lorup
J. Müller Agri Terminal GmbH & Co. KG	26919 Brake
Ripken Agrarhandel GmbH	26939 Großenmeer
Raiffeisen-Warengenossenschaft Groß Lessen-Diepholz eG	27232 Sulingen
Feravet GmbH & Co. KG	27239 Twistringen
Willi Rohlfs GmbH	27245 Bahrenbostel
Wilhelm Stelter Landhandel e.K.	27251 Scholen
Harald Kohler Handels-GbR	27299 Langwedel
Dahnken Mühle GmbH	27313 Dörverden

HANSA Landhandel GmbH & Co. KG	27404 Zeven
gmc Marketing & PR	27409 Tarmstedt
Gebhard Landhandel GmbH	27412 Wilstedt
HANSA Terminhandel GmbH	27446 Farven
Martens Spezialfutter GmbH	27801 Brettorf
Hans Ulrich Dötlinger Mühle GmbH	27801 Dötlingen
Gustav Schiele Import-Export GmbH & Co. KG	28195 Bremen
Agrochemica GmbH GmbH	28259 Bremen
Florian Harries	28816 Stuhr
Bernhard Harries sr., Schälmühlenwerk GmbH & Co. KG	28816 Stuhr
Säcke Hinrichs GmbH	28816 Stuhr
Lennard Otte	29303 Bergen
Hermann Otte Landhandel GmbH	29303 Bergen/Eversen
Dietrich Homann GmbH & Co. KG	29351 Eldingen
Stella Baumeister	29378 Wittingen
Landhandel Baumeister GmbH & Co. KG	29378 Wittingen
LBAG Pretzier eG	29410 Salzwedel OT Pretzier
Volksbank Osterburg-Lüchow-Dannenberg eG	29497 Woltersdorf
Otto F.K. Franke GmbH	29549 Bad Bevensen
LANDFUXX GmbH	29549 Bad Bevensen
Otto Bode e.K.	29614 Soltau
Wolterdinger Mühle	29614 Soltau
Landfuxx Dehning GmbH	29633 Munster
Heinrich Renken Landhandel	29646 Bispingen
Franz Engehausen GmbH & Co. KG	29690 Schwarmstedt
Chris Rech	29738 Wittingen
TLR International Labroatories GmbH & Co. KG	3007 ME Rotterdam
Nord/LB - Agrar-Banking	30159 Hannover
HEGA GmbH	30519 Hannover
Landhandel Leinetal GmbH	31061 Alfeld
Hans Junge GmbH & Co.	31167 Bockenem
Qualitätsgetreide Erzeugergemeinschaft Hildesheimer Börde w.V.	31177 Machtsum
Tillmann Oelkers	31177 Harsum, OT Rautenberg
Landhandel Weiterer GmbH	31191 Algermissen
Albert Elligsen GmbH	31224 Peine
Schmidt Landhandel	31275 Lehrte-Aligse
Edmund Vasterling OHG	31275 Lehrte-Sievershausen
Heinrich Grefe GmbH	31303 Burgdorf
Heinrich Natje Landhandel	31303 Burgdorf
Landesgruppe Niedersachsen im BLU e.V.	31555 Suthfeld-Riehe
H.D. Lühring Nachf. GmbH & Co. KG	31629 Estorf
Bruno Fehse u. Sohn GmbH & Co. KG	31629 Estorf-Leeseringen
Weser-Land-Handel GmbH	31633 Leese
Bohnhorst Agrarhandel GmbH	31634 Steimbke
Dieckmann GmbH & Co. KG	31688 Nienstädt
Etcom Datentechnik GmbH	31785 Hameln
Kampffmeyer Mühlen GmbH Wesermühlen Hameln	31785 Hameln
Jurgis Tolkmitt	31863 Bisperode
Aug. Brehop KG	32351 Stemwede-Wehdem
AGRAVIS Mischfutter Ostwestfalen-Lippe GmbH	32423 Minden
Lippe Agrar Handelsgesellschaft mbH	32657 Lemgo
Detmolder Institut für Getreide- und Fettanalytik GmbH	32756 Detmold
Kleeschulte GmbH & Co. KG	33142 Büren
Kornhaus Jürgens	33154 Salzkotten
Landhandel Knaup GmbH	33178 Borchen-Etteln
Werner Bruning GmbH	33398 Verl
Rörig/Hartig & Co. Landwarenhandel GmbH	34466 Wolfhagen
Landhandel Wetter RS GmbH	35083 Wetter
Kornhaus Cölbe B. Ruppersberg KG	35091 Cölbe
Roth Agrarhandel GmbH	35274 Kirchhain
Intertek Food Services GmbH	35440 Linden
Amend Landhandel GmbH & Co. KG	35619 Braunfels-Neukirchen

H. Dieterich GmbH	36201 Sontra
Karl Triebstein Agrar- und Brennstoffhandel	36208 Wildeck-Obersuhl
Marcel Otto	36277 Schenklengsfeld
Hans Brenzel Landhandel GmbH	36277 Schenklengsfeld
Grüner Laden Krull GmbH	37181 Hardegsen
Wilhelm Sandrock e.K.	37269 Eschwege-Oberhone
Eduard Saakel Futter- und Getreidehandel	37284 Waldkappel-Bischhausen
Lagerhaus Beverungen Niederlassung der Volksbank e.G.	37688 Beverungen
HypoVereinsbank	38100 Braunschweig
Agrareinkauf GmbH	38110 Braunschweig
Genossenschafts-Kraftfutterwerk GmbH	38112 Braunschweig
Wilhelm Fromme Landhandel GmbH & Co.	38154 Königslutter
Betriebsgem. Hosang Kahmann Sauer GbR	38154 Königslutter-Bornum
Marita Reinecke	38159 Vechelde
Flechtorfer Mühle Walter Thönebe GmbH	38165 Lehre/Flechtorf
Südhannoversche Mühlenwerke Engelke GmbH	38259 Salzgitter
Wilhelm Fromme Landhandel GmbH & Co. KG	38259 Salzgitter-Ringelheim
Johannes Dieckmann Weizenbrennerei	38350 Helmstedt
Uwe Müller - Betriebsberatung	38364 Schöningen
Otto Rautenschlein Landhandel GmbH	38364 Schöningen
Alexander Heidebroek	38384 Gevensleben
Strube Research GmbH + Co. KG	38387 Söllingen
Heinrich Goes Agrarhandel	38473 Tiddische
Christina Kempf	38486 Klötze
Jost Rautenschlein	38836 Pabstorf
Agroservice Landhandel GmbH	38855 Heudeber
ÖHMI EuroCert GmbH	39114 Magdeburg
Beiselen GmbH	39126 Magdeburg
Wanzleber Agrar-Service & Transport GmbH	39164 Wanzleben
Warenkontrolle Hagen Bergmann	39343 Hundisburg
BARO Lagerhaus GmbH & Co. KG	39345 Bülstringen
Magdeburger Getreide GmbH	39345 Niedere Börde / Vahldorf
GS Landhandel GmbH	39624 Kalbe (Milde)
ACZ Mieste Agrochemisches Zentrum Mieste GmbH	39649 Mieste
Deutsche Tiernahrung Cremer GmbH & Co.KG	40221 Düsseldorf
Bayer CropScience Deutschland GmbH	40764 Langenfeld
Peter Thielen e.K.	41334 Nettetal
Wilhelm Weuthen GmbH & Co. KG	41366 Schwalmtal
Daners & Seitz GmbH & Co. KG	41516 Grevenbroich
Franz Offer GmbH & Co. KG	41516 Grevenbroich
Höveler Spezialfutterwerke GmbH & Co. KG	41524 Dormagen
Bautreff Becker	41540 Dormagen
Zillekens GmbH & Co. KG	41812 Erkelenz
Wilhelm Kolks Handels-GmbH	46325 Borken
WeKu Landhandel Rhede GmbH & Co. KG	46414 Rhede
Kurt Birkhoff KG	46485 Wesel
PAVO Pferdenahrung GmbH	47574 Goch
BSL Betriebsmittel Service Logistik GmbH & Co. KG	47608 Geldern
Crefelder Lagerhausges. Schou GmbH & Co. KG	47809 Krefeld
Lagerhaus Pegels GmbH & Co. KG	47809 Krefeld
Roters + Buddenberg GmbH	47809 Krefeld
Dr. Klaus Böckenhoff	48145 Münster
AGRAVIS Futtermittel GmbH	48155 Münster
AGRAVIS Kraftfutterwerke Münsterland GmbH	48155 Münster
AGRAVIS Mischfutter Westfalen GmbH	48155 Münster
Derby Spezialfuttermittel GmbH	48155 Münster
VitaVis GmbH	48155 Münster
Marco Dieckmann	48249 Dülmen
Dieckmann Futtermittel GmbH & Co. KG	48249 Dülmen
Landhandel Karl Linus Gerdemann	48249 Dülmen
Yara GmbH & Co. KG	48249 Dülmen
Eilers Futtermittel GmbH & Co. KG	48282 Emsdetten
Stefan Eilers	48285 Emsdetten

Landhandel Westhoff GmbH & Co. KG	48485 Neuenkirchen
Firma Friedrich Rothkötter	48488 Emsbüren-Leschede
Heinrich Remmer GmbH	48496 Hopsten
Hermann Schräder Kraftfutterwerk GmbH & Co. KG	48607 Ochtrup
Haneberg & Leusing GmbH & Co. KG	48624 Schöppingen
Anne Lösing	48691 Vreden
Josef Lösing Landhandel	48691 Vreden
Landhandel Niehues GmbH & Co. KG	48720 Rosendahl-Holtwick
Wübken GmbH & Co. KG	48727 Billerbeck
Carl Wolf KG	49090 Osnabrück
TAPO Service & Handel GmbH	49124 GMhütte
Kanal-Umschlag Bohmte J. Zerhusen GmbH	49163 Bohmte
Hubert Möller Landhandel	49196 Bad Laer
Merschmühle Carl Dallmöller	49219 Glandorf
Simon gr. Austing	49401 Damme
Andreas Robke	49401 Damme
Austing Mischfutter GmbH & Co. KG	49401 Damme
Bröring GmbH & Co. KG	49403 Barnstorf
H. Bröring GmbH & Co. KG	49413 Dinklage
Ludger Wehry GmbH	49413 Dinklage
Landhandel Langhorst	49419 Wagenfeld
Deutsche Vilomix Tierernährung GmbH	49434 Neuenkirchen-Vörden
H. Thamann & Leiber GmbH	49434 Neuenkirchen-Vörden
B & K Agrar GmbH	49439 Mühlen
AGRO Agrargroßhandel GmbH & Co. KG	49451 Holdorf
Th. Lammerding GmbH	49456 Bakum
August Eilers GmbH & Co. KG	49565 Bramsche
cd Vet Naturprodukte GmbH	49584 Fürstenau
Helmut Kröger	49624 Löningen
Miavit GmbH	49632 Essen
Hermann König Landhandel	49637 Menslage
Kaack Terminhandel GmbH	49661 Cloppenburg
Fleming + Wendeln GmbH & Co. KG	49676 Garrel
Klaushenke & Vorwerk	49685 Emstek
Lisa Diekgerdes	49688 Hemmelte
Diekgerdes - Landhandel	49688 Hemmelte
Rothkötter Mischfutterwerk GmbH	49716 Meppen-Versen
agron GmbH & Co. KG	49746 Sögel
AGRAVIS Mischfutter Emsland GmbH	49808 Lingen
Vechteland Agrarhandel GmbH	49824 Emlichheim
LANDWEHR Computer u. Software GmbH	49835 Wietmarschen
TIBA Kraftfutter Tihen GmbH & Co. KG	49844 Bawinkel
Ferdinand Irnich GmbH & Co. KG	50129 Bergheim-Büsdorf
Irnich GmbH	50226 Frechen-Königsdorf
BSL Betriebsmittel Service Logistik GmbH & Co. KG	50259 Pulheim
S.G.L. GmbH	50374 Erftstadt-Gymnich
Karker-Mühle, Hans-Josef Tissen e.K.	52525 Heinsberg
Deutsches Maiskomitee e.V.	53119 Bonn
Deutscher Verband Tiernahrung e.V.	53184 Bonn
Bundesverband der Agrargewerblichen Wirtschaft e.V	53196 Bonn
Norbert Wirtz Agrarhandel	53332 Bornheim Sechtem
Kiebitzmarkt Müller	53343 Wachtberg-Niederbachem
LSL-Agri GmbH	54411 Hermeskeil
Adam Rauls GmbH Baustoffe-Brennstoffe-Landhandel	54439 Saarburg-Beurig
Peter Stolz GmbH	54558 Gillenfeld
Landhandel Etteldorf	54634 Metterich/ Bitburg
Philipp Jakob Rupp II Landhandel GmbH	55234 Framersheim
Joh. Seemann GmbH	55278 Hahnheim
Piroth & Schreiner GmbH	55481 Kirchberg
H. Jürgen Kiefer GmbH	55583 Bad Münster Ebernburg a. S
Aloys Busch GmbH	56281 Emmelshausen
Christian Schwickert Agrarhandel	56414 Meudt
Proland Daub Stitz GmbH	56626 Andernach
Firma Johann Schmidgen	56653 Wassenach
Heinrich Rupp	57290 Neunkirchen
Landhandel Emil Gnacke	57392 Schmallenberg-Wormbach
Spedition + Lagerhaus Jäckering GmbH	59067 Hamm
Wilhelm Walther GmbH + Co. KG	59071 Hamm-Uentrop
H. Bergmann GmbH & Co. KG	59192 Bergkamen-Rünthe
Andreas Närmann	59227 Ahlen
EWM OHG Einkaufsagentur westfälischer Mühlen	59227 Ahlen
J. H. Horstkötter Landhandel GmbH	59269 Beckum
SPINNE Walzenmühle GmbH & Co. KG	59302 Oelde
Manuel Dieckmann	59348 Lüdinghausen
Franz Willenbrink Wwe. GmbH & Co. KG	59510 Lippetal-Herzfeld
Deutsche Saatveredelung AG / Eurograss B.V.	59557 Lippstadt
Börde Agrarhandel Langeneicke GmbH Niederlassung Horn	59597 Erwitte-Horn
Deutscher Fachverlag GmbH Verlagsleitung Agrar-Medien	60326 Frankfurt
Agrarhandel Sauer GmbH	61169 Friedberg
Syngenta Agro GmbH	63477 Maintal
Gesellschaft für Lagereibetriebe m.b.H.	63667 Nidda
Franz Pfeiffer Landesprodukte e.K.	65835 Liederbach am Taunus
Futtermühle Tock GmbH	66798 Wallerfangen
Proland Richard Roschy GmbH	66851 Steinalben
BASF SE, Crop Protection	67117 Limburgerhof
Maurer Parat GmbH	67125 Dannstadt Schauernheim
Proland Agrarhandel GmbH - Worms	67262 Grünstadt
PROLAND Schiffer & Nicklaus GmbH	67262 Grünstadt
Eduard Walter KG	67459 Böhl-Iggelheim
Karl Hemer GmbH	67550 Worms-Abenheim
Bohn Agrarhandels GmbH	67551 Worms-Pfeddersheim
Mischfutter Werke Mannheim GmbH	68169 Mannheim
VdAW Verband der Agrargewerblichen Wirtschaft e.V	70599 Stuttgart
Landhandelsverband Bayern e.V.	70599 Stuttgart
Walter Majer Handels GmbH	71282 Hemmingen
T. Trump Getreidegroßhandel GmbH	71638 Ludwigsburg
Klostermühle Heiligenzimmern Lohrmann GmbH u. Co.KG	72348 Rosenfeld
Walkenmühle Hechingen	72379 Hechingen
Heckel und Wild Landhandel GmbH	74211 Leingarten
PZO Pflanzenzucht Oberlimpurg	74523 Schwäbisch Hall
Friedhelm Barth e.K. Inh. Volker Erne	74858 Aglasterhausen
Wilhelm Wöhrle GmbH	77836 Rheinmünster-Schwarzach
Rubin Mühle GmbH	77909 Lahr
Baden Agrarhandel GmbH Friesenheim	77948 Friesenheim
Fulminant GmbH	78333 Stockach
Gustav Kohler Landhandel	78609 Tuningen
Ernst Kopf KG	79189 Bad Krozingen
Peter Agrarhandel GmbH & Co. KG	79331 Teningen
I.G. Pflanzenzucht GmbH	80050 München
Ing. Stefan Kastenmüller GmbH	82152 Martinsried b. München
Agrobs GmbH	82541 Degerndorf
Forsthofer AGRAR GmbH & Co. KG	84051 Altheim
Firma Peter Landendinger	84056 Rottenburg
Lagereibetrieb Gg. Meier jr.	84069 Schierling
Firma Rupert Schaubeck	84089 Aiglsbach
Vilstalmühle GmbH & Co. KG	84134 Vilsbiburg
Sano - Moderne Tierernährung GmbH	84180 Loiching
Herbert Pollerspöck Landhandel GmbH	84332 Hebertsfelden

Geisberger Brennstoffe	84539 Zangberg
Regineering Duft & Innerhofer GbR	85095 Denkendorf
Marco Wilms	85301Schweitenkirchen
Moser Agrar & Baufachzentrum e.K.	85301 Schweitenkirchen
Festl & Kinshofer OHG	85586 Poing
Mayr Groß- und Außenhandelsges. mbH	86473 Schönebach
Welzhofer Mühle GmbH & Co.	86473 Ziemetshausen-Schöneb.
Johann Wenger Landesprodukte-Großhandel	86564 Brunnen
Johann Koch e.K.	86633 Neuburg
Franziska Koch	86633 Neuburg/Donau
Schweyer GmbH & Co. KG	86899 Landsberg/Lech
Linda Köberle	87534 Oberstaufen
A.G.H.-Agrarhandelsges. m.b.H.	87719 Mindelheim
Wanner Landw. Lagerhaus	87772 Pfaffenhausen
FrigorTec GmbH	88279 Amtzell
Firma Peter Maucher	88410 Bad Wurzach
Firma Anton Pappelau	88433 Schemmerhofen
Beiselen GmbH	89077 Ulm
Agrarhandel GmbH Georg Tausend	89415 Lauingen
Firma Karl Grieser	89558 Böhmenkirch
Allgaier Agrarhandel GmbH & Co. KG	89604 Allmendingen
Metz Agrar Center GmbH	91723 Dittenheim
Lagerhaus Willy Bauer	93155 Hemau
Johann Schweiger Agrar- und Brennstoffhandel	93309 Kelheim
Kratz & Renner	94060 Pocking
Franz Huber Landhandel	94486 Osterhofen
IRUSO GmbH	95326 Kulmbach
Futtermittel Krodel	95469 Speichersdorf
Stegner Agrarhandel	96253 Untersiemau
Ursula Seiffert	97199 Ochsenfurt
CropEnergies AG	97199 Ochsenfurt
Hans Schilling Agrarhandel GmbH & Co. KG	97215 Uffenheim
Schulz KG	97353 Wiesentheid
Wolf Agrarhandel GmbH & Co. KG	97447 Gerolzhofen
Ludwig Zehner Agrarhandel OHG	97631 Bad Königshofen
Südthüringer Getreide- und Mischfutter GmbH	98660 Themar
Agrargenossenschaft Bösleben e.G.	99310 Bösleben
gemia Raiffeisen Kraftfutterwerk GmbH	99713 Ebeleben
Glatz GmbH & Co. KG	A-1010 Wien
Börse für landwirtschaftliche Produkte in Wien	A-1020 Wien
RWA Raiffeisen Ware Austria AG	A-1100 Wien
Weinwurm Ges.m.b.H.	A-2181 Dobermannsdorf
EGZ-GmbH	A-2224 Sulz im Weinviertel
Heinrich Polsterer GmbH & Co. KG.	A-2434 Götzendorf/ Leitha
Nolz GesmbH & Co. KG	A-3110 Neidling
Firma A. Kammerberger	A-3354 Wolfsbach
Essmeister GmbH + Co.KG	A-3373 Kemmelbach
Getreide-Gutscher GmbH	A-3443 Sieghartskirchen
Scherner G.m.b.H. Landesprodukte	
AMALGEROL	A-3851 Kautzen
Fuchshuber Agrarhandel GmbH	A-4063 Hörsching
Fritz Mauthner Handelsges.m.b.H. & Co.	A-8041 Graz-Liebenau
Bison Schweiz AG	CH-6210 Sursee
Bazel Kft.	H-7976 Szöreny
G.S.D. Agrárprodukt Kft	H-9476 Zsira
Beikircher Grünland GmbH	I-39032 Sand in Taufers
Luxemburger Saatbaugenossenschaft LSG	L-7502 Mersch

Für die Unterstützung des Jubiläums ein herzliches Dankeschön an:

A.A.T. Agrarservice, Transport und Handel GmbH, Wittenburg
Agrimedia Verlag, Bergen
AGRO Agrargroßhandel GmbH & Co. KG, Holdorf
agron GmbH & Co. KG, Sögel
ATR Landhandel GmbH & Co. KG, Ratzeburg
Auditax GmbH, Braunschweig
Austing Mischfutterwerk GmbH & Co. KG, Damme
BASF AG, Ludwigshafen
Bayer AG, Leverkusen
Beiselen GmbH, Ulm
Helmut Betz, Hemmingen
BG Hosang / Kahmann / Sauer, Kauzleben
Bremer Landesbank Kreditanstalt Oldenburg -Girozentrale- Bremen
BSL Betriebsmittel Service Logistik GmbH & Co. KG, Kiel
Claas Braunschweig GmbH, Schwülper
CropEnergies AG, Mitglied der Gruppe Südzucker, Ochsenfurt
Bernhard Dahmen, Bad Windsheim
Dekra Certification GmbH, Erfurt
Franz Willenbrink Wwe. GmbH & Co. KG, Lippetal-Herzfeld
Getreide AG, Rendsburg
Florian Oswin Hary, Helmstedt
Hajo und Dr. Annemarie Heinecke, Scharnhorst-Endeholz
Hans Brenzel Landhandel GmbH, Schenklengsfeld
HANSA Landhandel GmbH & Co. KG, Zeven
Kaack Terminhandel GmbH, Cloppenburg
Bernd Klaue, Nordharz-Abbenrode
K & S Kali GmbH, Kassel
Joachim Kuhlmann, Remlingen
Landhandel Knaup GmbH, Borchen
LHD Landhandel Demmin GmbH, Demmin
Peter Link und Agnes Radosch, Warberg
Lippe Agrar Handelsgesellschaft mbH, Lemgo
Peter Rautenschlein, Schöningen
Walter Remmers, Lindern
Roehse Ausbau GmbH & Co. KG, Büddenstedt
Ulla Russow, Zarnekow
Andreas Schmuck, Lage
Strube GmbH & Co. KG, Söllingen
Syngenta AG, Maintal
Weiterer Landhandel GmbH, Algermissen
Wilhelm Fromme Landhandel GmbH & Co. KG, Salzgitter
YARA GmbH & Co. KG, Dülmen
Karl-Wilhelm und Maria Zaun, Dormagen

Dozenten Delegierte Chronik der Burg Abbildungen
nik der Burg Abbildungen Anmerkungen Impressum
Anmerkungen Impressum Dozenten Delegierte Chro
Dozenten Delegierte Chronik der Burg Abbildungen
nik der Burg Abbildungen Anmerkungen Impressum
Anmerkungen Impressum Dozenten Delegierte Chro
Dozenten Delegierte Chronik der Burg Abbildungen
nik der Burg Abbildungen Anmerkungen Impressum
Anmerkungen Impressum Dozenten Delegierte Chro
Dozenten Delegierte Chronik der Burg Abbildungen
nik der Burg Abbildungen Anmerkungen Impressum
Anmerkungen Impressum Dozenten Delegierte Chro
Dozenten Delegierte Chronik der Burg Abbildungen
nik der Burg Abbildungen Anmerkungen Impressum
Anmerkungen Impressum Dozenten Delegierte Chro
Dozenten Delegierte Chronik der Burg Abbildungen
nik der Burg Abbildungen Anmerkungen Impressum
Anmerkungen Impressum Dozenten Delegierte Chro
Dozenten Delegierte Chronik der Burg Abbildungen
nik der Burg Abbildungen Anmerkungen Impressum
Chronik Dozenten Delegierte Chronik der Burg
Dozenten Delegierte Chronik der Burg Abbildung

Chronik der Burg Abbildungen Anmerkungen Impr

Anhang

Dozenten

Angermann, Carsten	38100 Braunschweig
Bartel, Astrid	31552 Rodenberg
Bauer, Alexander	20457 Hamburg
Dr. Benning, Rainer	38110 Braunschweig
Dr. Berk, Andreas	38116 Braunschweig
Dr. Böckelmann, Markus	48147 Münster
Bosshammer, Karin	45659 Recklinghausen
Böttcher, Georg	38126 Braunschweig
Dr. Böye, Jürgen	27798 Hude
Brunn, Hartwig	38104 Braunschweig
Bründer, Kord	31582 Nienburg
Burger, Johannes	81671 München
Dahmen, Bernhard	97199 Ochsenfurt
Deppe, Claudia	27432 Bremervörde
Decker, Lutz	31249 Bierbergen
Detmering, Werner	30159 Hannover
Dicke, Andreas	63741 Aschaffenburg
Diers, Friedhelm	30169 Hannover
Dr. Düfer, Bert	38350 Helmstedt
Dr. Eckstein, Bernhard	73760 Ostfildern
Els, Christian	20095 Hamburg
Embert, Georg	53123 Bonn
Dr. Ende, Helmut	30961 Isernhagen
Etteler, Konrad	32756 Detmold
Dr. Fahlbusch, Markus	37083 Göttingen
Dr. Feiffer, Andrea	99706 Sondershausen
Flatt, Lorenz	38350 Helmstedt
Foth, Ulrich	68165 Mannheim
Frenzel, Wolfgang	38118 Braunschweig
Dr. Funk, Herbert	30159 Hannover
Gabriel, Manfred	31840 Hessisch Oldendorf
Garrelts, Jörg	30453 Hannover
Gerken, Frank	21758 Otterndorf
Graßhoff, Torsten	48249 Dülmen
Gregori, Nikolaus	55413 Weiler
Gutfleisch, Matthias	29574 Ebstorf
Hallmann, Thomas	55116 Mainz
Prof. Dr. Haunhorst, Eberhard	26029 Oldenburg
Dr. Hauser, Christoph	38300 Wolfenbüttel
Heckl, Wolfgang	29352 Adelheidsdorf
Hellwich, Norbert	13353 Berlin
Hempler, Christoph	21376 Salzhausen
Herrmann, Karlfried	02694 Malschwitz
Heyne, Sven	26029 Oldenburg
Hielscher, Klaus	38102 Braunschweig
Hoppe, Herbert	39649 Mieste
Humpisch, Gerhard	39218 Schönebeck
Dr. Jakob, Gerhard	69469 Weinheim
Dr. Jentzsch, Jürgen	31860 Emmerthal
Prof. Dr. Kamphues, Josef	30173 Hannover
Kiefer, Hans-Jürgen	55583 Bad Münster Ebernburg
Kirchner, Alexandra	38110 Braunschweig
Dr. Kleiminger, Elke	26723 Emden
Köck, Stefan	80538 München
Kolb, Ralph E.	88214 Ravensburg
Koll, Hubert	31188 Sottrum
Kopitzke, Michael	21682 Stade
Koppenhagen, Manfred	70599 Stuttgart
Krämer, Erhard	67157 Wachenheim
Kratochwil, Birgitta	70565 Stuttgart
Krause, Jürgen	38102 Braunschweig
Dr. Kruse, Sabine	53343 Wachtberg
Dr. Kümmel, Volkmar	21423 Winsen - Luhe
Dr. Lampe, Dietrich	31171 Nordstemmen
Lengwenat, Otfried	31319 Sehnde
Dr. Lorenz, Frank	26125 Oldenburg
Lossie, Ulrich	31582 Nienburg
Mann, Ulrich	34454 Bad Arolsen
Dr. Matthäus, Bertrand	48147 Münster
Dr. Mayer, Stefan	68542 Heddesheim
Mellies, Eckhard	31303 Burgdorf-Heeßel
Meng, Wolfram	10117 Berlin
Dr. Meyer, Ulrich	38116 Braunschweig
Dr. Modi, Regina	70182 Stuttgart
Dr. Mück, Otto	22885 Barsbüttel
Müller, Klaus	39579 Windberge
Müller, Maik	39122 Magdeburg
Müller, Matthias	38304 Wolfenbüttel
Dr. Münzing, Klaus	32756 Detmold
Muhle, Leo	99444 Blankenhain
Naumann, Axel	47800 Krefeld
Dr. Partzsch, Monika	06108 Halle
Dr. Peters, Rolf	29633 Munster
Dr. Petersen, Uwe	53340 Meckenheim
Petersen, Hans-Christian	38723 Seesen
Petter, Axel	32278 Kirchlengern
Radewahn, Peter	53859 Niederkassel
Rauf, Ursula	49593 Bersenbrück
Reek, Klaus-Dieter	23992 Schmakentin
Reichenbach, Heinz-Werner	30900 Wedemark
Reichert, Mario	30169 Hannover
Reinefeld, Wolfgang	38126 Braunschweig
Dr. Rojem, Peter	27283 Verden

Dr. Roling, Heinz	24392 Süderbrarup
Rosch, Christa-Maria	53175 Bonn
Ruhe, Andreas	38126 Braunschweig
Rupp, Heinrich	57290 Neunkirchen
Prof. Dr. Schenkel, Hans	70599 Stuttgart
Schliesske, Joachim	21789 Wingst
Dr. Schmidt, Christian	30159 Hannover
Dr. Schubert, Knut	53184 Bonn
Schuhmacher, Harold	68163 Mannheim
Dr. Schumacher, Klaus- Dieter	38100 Braunschweig
Schumacher, Erwin	22850 Norderstedt
Sdralek, Ralf	38100 Braunschweig
Seeger, Götz	55218 Ingelheim
Dr. Severin, Karl	30159 Hannover
Siebert, Hans-Joachim	29525 Uelzen
Siegel, Bernd	38116 Braunschweig
Dr. Speck, Michael	38312 Dorstadt
Stelter, Gerd	22946 Brunsbek
Stendel, Gunnar	21339 Lüneburg
Struckmann, Nicole	50470 Köln
Thiel, Willi	26215 Wiefelstede
Thöben, Martin	38154 Königslutter
Tietjen, Joachim	27446 Farven
Tolkmitt, Jurgis	31863 Bisperode
Ullrich, Doreen	38102 Braunschweig
Vitt, Detlev	30177 Hannover
Von Davier, Zazie	39343 Erxleben
Dr. von Kröcher, Carolin	38159 Vollstedt
Dr. von Wulffen, Hans-Ulrich	39279 Loburg
Dr. Wecke, Christian	37077 Göttingen
Weidner, Hubert	81925 München
Weyer, Gunther	30169 Hannover
Wichura, Alexandra	30419 Hannover
Wirnitzer, Fritz	99085 Erfurt
Wodsak, Hans-Peter	48249 Dülmen
Dr. Wolf, Petra	30173 Hannover
Wulf, Burkhard	29633 Munster
Prof. Dr. Zeyner, Annette	18059 Rostock

Delegiertenliste 2010 - 2014

Baden-Württemberg

Lohrmann, Wilhelm	Klostermühle Heiligenzimmern Lohrmann GmbH u. Co. KG, 72348 Rosenfeld-Heiligenzimmern
Trump, Thomas	T. Trump Getreidegroßhandel GmbH, 71609 Ludwigsburg
Wöhrle, Wilhelm	Wilhelm Wöhrle GmbH, 77836 Rheinmünster-Schwarzach

Bayern

Dahmen, Bernhard	Südzucker Bioethanol GmbH, 97199 Ochsenfurt
Metz, Jochen	Metz Agrar Center GmbH, 91723 Dittenheim
Wieczorek, Markus	IRUSO GmbH, 95326 Kulmbach
Zehner, Bernd	Ludwig Zehner Agrarhandel OHG, 97631 Bad Königshofen

Berlin / Brandenburg

Krüger, Elke	Landhandel GmbH Drebkau, 03116 Drebkau
Rückert, Gerald	DHG-Dienstleistungs- und Handelsgesellschaft mbH, 16306 Casekow

Hamburg

Immoor, Wilhelm	Otto F.K. Franke GmbH, 29549 Bad Bevensen

Hessen

Brenzel, Thomas	Hans Brenzel Landhandel GmbH, 36277 Schenklengsfeld
Otto, Lars	Fa. Karl Triebstein, 36208 Wildeck-Obersuhl

Mecklenburg-Vorpommern

Scharnweber, Christian	A.A.T. Agrarservice, Transport und Handel GmbH, 19243 Wittenburg

Niedersachsen / Bremen

Bröring, Jan	H. Bröring GmbH & Co. KG, 49413 Dinklage
Diekgerdes, Fritz	Friedrich Diekgerdes Landhandel GmbH, 49688 Hemmelte
Dieckmann, Johannes jun.	Weizenbrennerei Johannes Dieckmann, 38350 Helmstedt
Eilers, Gerd	Eilers GmbH & Co. KG, 49551 Bramsche
Fehse, Knut	Bruno Fehse und Sohn GmbH & Co. KG, 31629 Estorf-Leeseringen
Fromme, Erwin	Wilhelm Fromme Landhandel GmbH & Co. KG 38259 Salzgitter-Ringelheim
Meyer, Andreas	HANSA Landhandel Lahde GmbH & Co. KG, 27392 Zeven
Otte, Frank-Hermann	Hermann Otte Landhandel GmbH, 29303 Bergen/Eversen
Peters, Henrik	Rudolf Peters Landhandel GmbH & Co. KG, 21423 Winsen/Luhe
Rautenschlein, Jost	Otto Rautenschlein Landhandel GmbH, 38364 Schöningen
Thamann, Jan	H. Thamann & Leiber GmbH & Co. KG, 49434 Neuenkirchen-Vörden
Weiterer, Konrad	Landhandel Weiterer GmbH, 31191 Algermissen

Nordrhein-Westfalen

Eilers, Stefan	Eilers Futtermittel GmbH & Co. KG, 48282 Emsdetten
Irnich, Rudolf	Irnich GmbH, 50226 Frechen-Königsdorf
Kleeschulte, Bernd	Kleeschulte GmbH & Co. KG, 33142 Büren
Schmuck, Andreas	Lippe Agrar Handelsges. mbH, 32657 Lemgo
Seitz, Dirk	Daners & Seitz GmbH & Co. KG, 41516 Grevenbroich-Kapellen
Willenbrink, Stefan	Franz Willenbrink Wwe. GmbH & Co. KG, 59510 Lippetal-Herzfeld
Wirtz, Karl-Friedrich	Norbert Wirtz Agrarhandel, 53332 Bornheim Sechtem

Rheinland-Pfalz / Saarland

Becker-Keller, Ute	Proland Agrarhandel GmbH, 67550 Worms-Rheindürkheim
Hemer, Hans-Peter	Karl Hemer GmbH, 67550 Worms-Abenheim
Piroth, Jörg	Piroth & Schreiner GmbH, 55481 Kirchberg

Sachsen

Klemm, Friedemann	REIKA GmbH Reinsdorfer Kraftfutterwerk, 08141 Reinsdorf

Sachsen-Anhalt

Enderling, Christoph	LBAG Pretzier eG, 29416 Pretzier
Hoppe, Herbert	ACZ Mieste Agrochemisches Zentrum Mieste GmbH, 39649 Mieste

Schleswig-Holstein

Dr. Hüttmann, Alfred	21438 Brackel
Knittel, Stefan	BSL Betriebsmittel Service Logistik GmbH & Co. KG, 24143 Kiel
Matzen, Peter Edgar	L. Matzen & Sohn GmbH, 25709 Marne

Thüringen

Grötenherdt, Harry	Südthüringer Getreide u. Mischfutter GmbH, 98660 Themar

Österreich u.a. Länder

Fuchshuber, Daniela	Fuchshuber Agrarhandel GmbH, A-4063 Hörsching
Gsuk, Maria	GSD Agrarprodukt Kft, H-9476 Zsira

Verbände

Bundesverband der VO-Firmen e.V.

v. Klitzing, Hans-Joachim	Öko-Korn-Nord w.V., 21386 Betzendorf

Bundesverband des Großhandels mit Dünge- und Pflanzenbehandlungsmitteln e.V.

Dr. Bremer, Horst	BSL Betriebsmittel Service Logistik GmbH & Co. KG, 24143 Kiel

Bundesverband Deutscher Pflanzenzüchter e.V.

Kiesner, Franziska	Bundesverband Deutscher Pflanzenzüchter e.V., 53115 Bonn

Deutscher Bauernverband e.V.

Hilse, Werner	Landvolk Niedersachsen - Landesbauernverband e.V., 30159 Hannover

Deutscher Verband Tiernahrung e.V.

Neesen, Heinz	GS agri eG, 49685 Schneiderkrug

Deutscher Kartoffelhandelsverband e.V.

Elligsen, Dirk	Albert Elligsen GmbH, 31228 Peine

Ehrendelegierte

Fehse, Bruno	Bruno Fehse und Sohn GmbH & Co. KG, 31629 Estorf-Leeseringen
Fleming, Peter	Fleming + Wendeln GmbH & Co. KG, 49676 Garrel
Irnich, Karl-Heinz	Ferdinand Irnich GmbH & Co. KG, 50216 Frechen-Königsdorf
Peters, Rudolf	Rudolf Peters Landhandel GmbH & Co. KG, 21423 Winsen/Luhe

Chronik der Burg Warberg

Die Geschichte der alten Warberger Herrschaft lässt sich mit Sicherheit bis in das 12. Jahrhundert zurückverfolgen. Die Edlen von Warberg besaßen ein Sonnenlehen, das sie keinem Kaiser und keinem Fürsten verdankten, es war ihr persönlicher Besitz.

1199
• König Philipp, Gegenkönig von Otto IV aus dem welfischen Haus und Sohn Heinrichs des Löwen, feierte mit großer Pracht das Weihnachtsfest in Magdeburg

1200
• Erzbischof Ludolf von Magdeburg zerstört im Juni die Burg Warberg im Elm
• In den ersten Jahrzehnten Bau der heutigen Burg Warberg

1356
• Die Burg wird von einem Heer des Erzbischofs von Magdeburg belagert und zerstört. Anschließend erneuter Aufbau der Burg

1366
• Unter Hermann von Warberg, Herrenmeister des Johanniterordens, erreicht das Geschlecht seine größte Bedeutung

13.-15. Jh.
• Reichsunmittelbarkeit - Hohe und niedere Gerichtsbarkeit auf der Burg
• Zusätzlicher Besitz in 250 Dörfern; Lehensträger mehrerer Güter und des Ludgeri-Klosters zu Helmstedt
• Warberger Namen finden sich unter Hochmeistern im Johanniterorden, Räten und Richtern der Braunschweiger Herzöge, Landeskomturen von Süpplingenburg, Bischöfen von Halberstadt, Äbten von Werden, Domherren zu Magdeburg, Dekanen von Hildesheim, Äbtissinnen von Gandersheim

16. Jh.
• Bau des Herrenhauses um den Burgfried

1533
• Heinrich von Warberg nimmt zwei weitere Felder mit dem Johanniterkreuz in das Wappen auf. Ursprüngliches Wappen: Wurzelstock mit zwei aufwärts gerichteten Blättern

1539
• Das Verhältnis zum Herzog verschlechtert sich. Mit anderen Adeligen wird Christoph von Warberg in einen Prozess verwickelt

1568
• In einem Vertrag mit den Herzögen wird die Niederlage nach langen Prozessen festgeschrieben. Sie nehmen ihre Herrschaft gegen Zahlung von 15.000 Thalern von den Herzögen zu Lehen

1570
• Die Reichsunmittelbarkeit geht verloren

1577
• Die Warberger müssen 10.000 Gulden beim Herzog leihen und verpfänden dafür ihre wichtigsten Einnahmequellen, den Zehnten, die sie als Halberstädtisches Lehen hatten

1580
• Weitere Rechte werden an die Herzöge verpfändet, um ein neues Darlehen von 6.000 Thalern zu erhalten

1620
• Man sieht sich gezwungen, für 2.000 Thaler Schmuck zu verkaufen. In diesem Jahr geht die Burg in Besitz der Braunschweiger Herzöge über

1650
• Herzog August von Braunschweig-Wolfenbüttel zieht Warberg als erledigtes Lehen ein

1654
• Zeichnung von Merian „Merian-Stich"; Tod Heinrich Julius in Halberstadt. Er war der letzte aus dem Geschlecht der Edlen von Warberg

1659
• Burg und Domäne werden von fürstlichen Amtmännern verwaltet

1807
• Bis zu diesem Zeitpunkt war die Burg Sitz des Amtes Warberg, zu dem die Dörfer Frellstedt, Räbke, Warberg und Wolsdorf gehörten

1936
• Aus der Domäne mit 572 ha entstehen durch Auf- und Neusiedlung 15 neue Bauernhöfe

1937
• Gründungsversammlung des Schulvereins am 11. November in Berlin
• Hauptinitiator: Georg Kugler

1938
• Burg und Restgut werden vom Schulverein Reichs-Landhandelsschule erwor-ben, Beschluss am 13. Mai - der Schulverein hat 5.500 Mitglieder

1938/42
• Umbau der Burg durch den Schulverein / Wanderlehrgänge

1943/45
• Die Burg wird als Lazarett der Wehrmacht gebraucht

1948/55
• TB-Krankenhaus des Landkreises Helmstedt

1948/52
• Wanderlehrgänge des Schulvereins

1955
• Die Geschäftsstelle wird nach Warberg verlegt, 1.250 Mitglieder
• Ausbildungsstätte der Bundeslehranstalt Burg Warberg e.V. - Beginn der Lehrgangstätigkeit Geschäftsführer: Dr. Otheinrich Schulze

1962
• Ausgrabung der Burg Warberg im Elm, Leitung Dr. A. Schultz

1964
• Geschäftsführer: Landw.-Assessor, Diplom-Volkswirt Gerhard Grabenhorst

1974
• Gründung „Betriebswirtschaftlicher Arbeitskreis im Landhandel e.V."

1981
• Bau der Strohheizungsanlage

1984/85
• Bau der Siloanlage u. Getreidetrocknung auf dem Hof

1986
• Im Burghof wird das Wappen der Warberger angebracht, von einem Schüler der Steinmetzschule Königslutter entworfen und gehauen

1988
• 13. Mai 1988 - 50 Jahre Bundeslehranstalt Burg Warberg

1989
• Die Bundeslehranstalt Burg Warberg e.V. und Gerhard Grabenhorst werden mit der Verleihung des „Josephs Thaler" durch den Zentralverband in Bonn geehrt

1991
• Umgestaltung und Pflasterung des Burghofes
• Computergesteuerte Fütterungsanlage im Schweinestall

1993
• Geschäftsführer: Dipl.-Ing. agr. Peter Link
• Gründung „Förderverein Warenterminbörse e. V."

1994
• 1. Handelsfachwirtlehrgang
• Aufbau von Qualitätsmanagementsystemen nach ISO 9000
• Verleihung Bundesverdienstkreuz an Gerhard Grabenhorst

1996
• 1. Getreidehandelstag

1997
• Einführung GPS auf dem Landwirtschaftsbetrieb Burg Warberg
• Erste Gentechnikversuche

1998
• 1. Bilanzbuchhalterlehrgang
• Gründung „Freundeskreis Burg Warberg e.V."
• Umbau der Küche der Burg Warberg

1999
• Beginn der Sicherungsarbeiten an der Oberburg, Ringanker
• 1. Saatguthandelstag

2000
• Gründung der Erwin-Fromme-Stiftung
• Sanierung und Erhöhung des Burgturmes

2001
• Kreuzgewölbe wird verputzt
• Bau Versorgungsgang zwischen Küche und Oberburg
• Einbau Fenster in der Oberburg
• Burggespräch mit Ministerpräsident Gerd Glogowski
• 1. Schweinehandelstag

2002
• Sanierung der Außenanlagen
• Burggespräch mit Ministerpräsident Sigmar Gabriel
• 1. Futtermittelhandelstag
• Sängerfest auf Burg Warberg

2003
• Verlegung des historischen Terrakotta Bodens in der Oberburg
• Haushaltsklausurtagung der niedersächsischen Landesregierung auf der Burg

2004
• Feierliche Eröffnung und Einweihung der Oberburg durch den Ministerpräsidenten des Landes Niedersachen, Christian Wulff
• Agrarministerkonferenz auf der Burg mit allen Landesagrarministern, der Bundesministerin und dem EU-Agrarkommissar

2005
• Einbau von Küchentechnik und Lastenaufzug in der Oberburg.
• Sanierung von Kartoffelkeller und den Seminarräumen Elz und Lappwald.
• 1. Pflanzenschutz- und Düngemittelhandelstag
• 1. Getreidemanager – Fachlehrgang Lagerwirtschaft von Getreide / Ölsaaten
• Kooperation mit der Welfenakademie – Dualer Bachelor Studiengang Betriebswirtschaftslehre, Vertiefung Agribusiness – Fachrichtung Handel und Industrie

2006
• 1. Ölsaatenhandelstag
• Einweihung des Stifterbrunnens, geschaffen von den Meisterschülern der Steinmetzschule Königslutter
• Burggespräch mit dem Ministerpräsidenten des Landes Sachsen-Anhalt, Wolfgang Böhmer
• 1. Opernwerkstatt - Braunschweig Classix Festival „Die Zauberflöte"

2007
• Einweihung der Heimatstube
• Burggespräch mit dem Ministerpräsident des Landes Thüringen, Dieter Althaus
• 2. Haushaltsklausurtagung der Niedersächsischen Landesregierung
• Braunschweig Classix Festival „Carmen"
• Verleihung des Burgenpreises an den Freundeskreis der Burg Warberg
• Installation der Burguhr

2008
• Eröffnung der Burgklause
• Feierliche Fahnenweihe mit großem Zapfenstreich
• Braunschweig Classix Festival „Der Freischütz"
• Verleihung Bundesverdienstkreuz an Joachim Isensee

2009
• Beginn des Ausbaus des Dachgeschosses, Einbau neuer Fenster & neue Heizungsanlage
• Braunschweig Classix Festival „Cosi fan tutte"
• 1. Lehrgang Düngemittelfachberater
• 1. Lehrgang Futtermittelfachberater
• Zertifizierung der Bundeslehranstalt Burg Warberg e.V.
• 1. Landmarkt

2010
• Errichtung der Himmelsspirale zu Warberg
• Warberg kommt in die Dorferneuerung
• Braunschweig Classix Festival „Die Entführung aus dem Serail"
• Burggespräch mit dem Ministerpräsidenten des Landes Niedersachsen, David McAllister

2011
• Burggespräch mit dem Ministerpräsidenten des Landes Sachsen-Anhalt, Dr. Reiner Haseloff
• Sängerfest der Braunschweigischen Landschaft
• Lutherfest

2012
• 1. Elm Super Trail
• Opern Potpourri „Sommernachtstraum"
• S.O.S. - Tag
• Eine Pelletheizung wird angeschlossen.
• Vom Zimmer 121 im Haupthaus wird ein Durchgang zum Wirtschaftsgebäude geschaffen

2013
• Ausbau Dachgeschoss
• Jubiläum 75 Jahre Bundeslehranstalt Burg Warberg e.V.

Anmerkungen

1.
1937-1945
Gründung und NS-Zeit
Reichs-Landhandelsschule e.V.
Lehranstalt des Deutschen Landhandels

1 vgl. hierzu: Die Landware, Berlin 6.6.1937 u. 8.6.1937; Abel, Wilhelm / Cascorbi, Gisbert / Franz, Günther: Der deutsche Landwarenhandel, Hannover 1960, S. 279ff; 50 Jahre Bundeslehranstalt Burg Warberg e.V., hg. v. der BLA, Warberg 1988
2 Henning, Friedrich-Wilhelm: Landwirtschaft und ländliche Gesellschaft, Paderborn 1978, Bd. 2, S. 216
3 vgl. Abel, Wilhelm: a.a.O., S. 138f
4 Wochenblatt der Landesbauernschaft Hannover Braunschweig, 1938/Nr. 28, S. 877
5 vgl. Müllenbusch, J.: Die Organisation der deutschen Ernährungswissenschaft – Der Reichsnährstand, Berlin 1941
6 vgl. dazu Abel, Wilhelm: a.a.O., S. 144 ff
7 ebenda, S. 104
8 Aufruf in: Die Landware, Berlin, 27.10.1937
9 alle Zitate ebenda
10 vgl. hierzu Satzung der Reichs-Landhandelsschule 1938, Bestand Burg Warberg (BestWarb.) u. Dt. Nationalbibliothek Leipzig; zu der Gründung vgl. Die Landware, Berlin, 25.11.1937
11 Protokoll der Sitzung des Schulungsausschusses vom 8.5.1938, in: Protokolle der Vorstandssitzungen 1938-1959, BestWarb.
12 Abel, Wilhelm: a.a.O., S. 104f
13 vgl. hierzu Bruhns, Wibke: Meines Vaters Land, Berlin 2005; Ulrich, Volker: Gruppenbild mit Nazis, in: Die Zeit, Nr. 9, 19.02.2004
14 Festschrift zum 150-jährigen Bestehen von J.G. Klamroth, zitiert nach: Bruhns, a.a.O., S. 251
15 Beiratssitzung 13.5.1938, in: Protokolle der Vorstandssitzungen 1938-1959, BestWarb.
16 alle Artikel BestWarb.
17 alle Angaben und Zitate dieses Abschnitts im Geschäftsbericht der Jahre 1938/39 und 1939/1940, BestWarb.
18 Braunschweiger Zeitung v. 7.1.1939
19 vgl. Unser Warberg 1938-1963, Red.: Schulze/Grabenhorst/Schade, Warberger Merkur (Merkur) 21/1963, S. 2f, BestWarb.; 50 Jahre Bundeslehranstalt Burg Warberg e.V. , hg. v. der BLA, Warberg 1988, S. 4, BestWarb.
20 alle Angaben und Zitate dieses Abschnitts in der Akte „Warberg-Stiftung des großdeutschen Landhandels", Staatsarchiv Wolfenbüttel, 4 Nds 605 Zg. 11/1996, 12 Neu 13 Nr. 18152, 12 Neu 13 Nr. 24007
21 alle Zitate im Staatsarchiv Wolfenbüttel, vgl. 12 Neu 13 Nr. 44204 , 128 Neu Fb. 3 Nr. 371, K 11685 - 89, 94 N Nr. 109
22 gemeldet in: Die Landware v. 24.3.1942; vgl. Unser Warberg, a.a.O., in der Darstellung dort begründet, „um für den Verein die Gemeinnützigkeit zu beantragen" und „um den privaten Charakter zu betonen".
23 Schreiben des Reichserziehungsministers, Staatsarchiv Wolfenbüttel ebenda, vgl hierzu auch: Die Landware 1942
24 alle Angaben und Zitate nach: Geschäftsbericht der Jahre 1938/39 u.1939/1940, BestWarb.
25 vgl. Koerber, Hermann: Warberg meine Heimat, Warberg 2007, S.61ff; Koerber, Hermann/Warberger Heimatblatt, 01.10.2006, S. 1f

2.
1945-1955
Verzögerter Neustart
Lehranstalt des deutschen Landhandels e.V.

1 Der erste Vorsitzende, Georg Kugler, von der Lagerland München, zu dem Zeitpunkt der Gründung Sprecher der Reichfachschaft Getreide, war seit 1932 Mitglied der NSDAP. Nach den Akten des Bundesarchivs Berlin (u.a. R8034III257, R16I997) stieg er im Verlauf des Krieges zusätzlich weiter auf zum Leiter der Zentralstelle der Reichsfachschaften der Nährstandskaufleute und organisierte als Oberkriegsverwaltungsrat (Zentralhandelsgesellschaft Ost) die Neuordnung des Landhandels in den besetzten Gebieten, vgl. dazu auch Die Landware v. 28.11.1942
2 vgl. zu diesem Abschnitt Koerber, Hermann/ Warberger Heimatblatt, 01.10.2006, S. 2
3 vgl. Eschenburg, Theodor: Jahre der Besatzung. 1945-1949, Geschichte der Bundesrepublik Deutschland, Band I, Stuttgart 1983, S. 385;
4 ebenda
5 Abel: a.a.O., S. 139f
6 Staatsarchiv Wolfenbüttel, ebenda
7 Brief Pluns, undatiert (Ende 1948), BestWarb., daraus auch die folgenden Zitate
8 Vorstandssitzung 20.10.1949, BestWarb.
9 vgl. Cascorbi, in: Abel: a.a.O., S. 280
10 Die Lehranstalt des deutschen Landwarenhandels e.V. ...erbittet für einige Minuten Ihre Aufmerksamkeit, hg. v. d. Lehranstalt des deutschen Landhandels e.V., Hannover o.J. (vor 1955), S. 5, BestWarb.
11 ebenda, S. 16. Es ist ungewiss, ob die Hefte erschienen sind, da sie in den wichtigen Bibliotheken nicht zu finden sind.
12 Übersicht erstellt nach: 50 Jahre, a.a.O., S. 10, ergänzt durch Quellen wie Vorstandssitzungen etc.
13 Tätigkeitsbericht zur Delegiertentagung am 30.10.1951 in Karlshafen, BestWarb.
14 Abel, a.a.O., S. 281
15 Entschließung abgedruckt bei Koerber, Warberg, a.a.O., S.70f
16 vgl. Eschenburg, a.a.O., S. 399
17 Braunschweiger Zeitung, 26.8.1948
18 auf der Grundlage von Vorstandssitzungen, Delegiertenversammlungen und Prozessunterlagen dieser Zeit, BestWarb.
19 Protokoll der Vorstandssitzung vom 29.10.1951, BestWarb.; Protokoll der Delegiertenversammlung 9.7.1953, BestWarb. Aus diesen Quellen auch die folgenden Zitate
20 vgl. Vorstandssitzungen 13.6.1952 Bonn u. 11.4./16.5.1952 Frankfurt a.M., BestWarb.
21 Rede Erwin Fromme zum 70-jährigen Bestehen des Schulvereins, 2008, BestWarb.
22 ebenda
23 vgl. erweiterte Vorstandssitzung 12.9.1952 in Helmstedt, BestWarb.

3.
1955-1964
Der frühe Lehrbetrieb auf Burg Warberg.
Bundeslehranstalt Burg Warberg

1 vgl. den vierseitigen Sonderdruck „Lehranstalt Burg Warberg" in: Ernährungsdienst 1.10.1955
2 Aufgabe und Ziel, hg. von der Lehranstalt des deutschen Landhandels (Dr. O. Schulze), Warberg 1955, Masch.schr., BestWarb.
3 Dr. Schulze, Otheinrich: Praxisnahe Aufgaben und Ziele der Arbeit in Warberg, in: Ernährungsdienst 1.10.1955
4 Warberger Merkur (Merkur) 10/1959, vgl. auch Abel, a.a.O., S. 282
5 vgl. Abel, a.a.O., S.283
6 vgl. Tätigkeitsbericht 1956/57 der BLA, BestWarb., S. 11
7 ebenda, S.12
8 ebenda
9 vgl. Abel, a.a.O., S. 283
10 dieses und weitere Zitate des Abschnitts: Tätigkeitsbericht 1956/57, a.a.O., S. 6ff
11 Abel, a.a.O., S. 284; auch wörtlich in: Der bayerische Landwarenhandel und seine Organisationen, München 1959, S. 31; dort auch das folgende Zitat zu Genossenschaften
12 Dr. Schulze, Otheinrich: Warberg im Wandel der Zeiten (Rede), BestWarb.

13 Schade, Hans-Joachim, in: Der Kreis Helmstedt, Helmstedt 1965, S. 124; vgl. auch Dr. O. Schulze im Artikel Bundeslehranstalt, in: Abel, a.a.O., S. 285
14 Dr. O. Schulze in: Der bayerische Landwarenhandel, a.a.O., S. 32
15 Abel, a.a.O., S. 283
16 Mehring, Walter: Schulungsstätte des Landhandels, in: Deutsche Bauernzeitung, 10.3.1966, S. 6
17 Bericht über den deutsch-französischen Gemeinschaftslehrgang, 1964, BestWarb., vgl. auch Merkur, Heft 24/1964, S.13ff
18 „Ernährungsdienst" vom 1.10.1955. Ansonsten berichtete wie der Ernährungsdienst der Warberger Merkur regelmäßig über die Aktivitäten des Arbeitskreises.
19 Vortrag im Merkur, Heft 7/1958, S. 5f, ebenso das folgende Zitat, S.3; vgl. auch Abel, a.a.O., S. 276
20 so in der Sitzung des Geschäftsführenden Vorstandes vom 3.1.1957
21 Merkur, Heft 1/1957, S. 3
22 Bibliographie des deutschen landwirtschaftlichen Bildungswesens, hg. v. Wilhelm Hudde, Münster 1959
23 angeführt in: Handbuch des landwirtschaftlichen Bildungswesens, hg. v. Wilhelm Hudde und Martin Schmiel, München 1965, S. 366
24 vgl. ebenda, S. 366f u. S. 379
25 ebenda, S. 394
26 Sitzung v. 22.8.1955, BestWarb.
27 Sitzung v. 6.10.1955, BestWarb.
28 vgl. zu den angeordneten Namensänderungen: Die Landware v. 24.3.1942 u. 14.11.1942

4.
1938-2013
Der Landwirtschaftsbetrieb des Schulvereins
Von der Staatsdomäne zum Musterhof

1 60 Jahre Bundeslehranstalt Burg Warberg, Warberg 1997 (BestWarb., Masch.schr.)
2 vgl. Koerber, Hermann: Warberger Heimatblatt, 33/2007, S.1; umfassender zur Domäne, zum Staatsgut und zum frühem Landwirtschaftsbetrieb im Staatsarchiv Wolfenbüttel (StArchWolfenbüttel), ebenda
3 Geschäftsbericht der Reichs-Landhandelsschule 1938/39 u. 1939/40, BestWarb., S.7; dort auch die folgenden Zitate
4 vgl. u.a. Grabenhorst, Gerhard: 25 Jahre Landwirtschaftsbetrieb, Merkur, Heft 43/1970, Bestwarb.; Grabenhorst, Gerhard: Der Landwirtschaftsbetrieb der Bundeslehranstalt Burg Warberg, o.J. (2001), BestWarb. (Sonderdruck); Grabenhorst, Gerhard: Der Agrarhandel als Spiegelbild der Landwirtschaft, Referat BLA Delegiertentagung 23.11.2012, BestWarb. (Sonderdruck); Oelschlegel, Günter: Die rasante Entwicklung der Landwirtschaft im Landkreis Helmstedt in den letzten 60 Jahren, in: Kreisbuch 2010 Landkreis Helmstedt. Geschichte und Geschichten, Helmstedt 2010, S. 21ff
5 StArchWolfenbüttel, ebenda
6 StArchWolfenbüttel, ebenda
7 Grabenhorst/Landwirtschaftsbetrieb, a.a.O., S. 5
8 Grabenhorst/Spiegelbild, a.a.O.; vgl. dazu auch Abel: a.a.O., S. 84ff, S. 121ff
9 Grabenhorst/Spiegelbild, a.a.O.; Oelschlegel/Die rasante Entwicklung, a.a.O., S.21ff

5.
1964-1992
Die Bundeslehranstalt etabliert sich. Entwicklung des Bildungsangebotes

1 Tätigkeitsbericht BLA 1956/57, BestWarb., S. 9
2 ebenda, S. 10
3 Unser Warberg 1938-1963, Red.: Dr. Schulze/Grabenhorst/Schade, auch Merkur, Heft 21/1963
4 vgl. 50 Jahre BLA, a.a.O., S.9
5 so die Hannoversche Allgemeine Zeitung am 7.4.1956, BestWarb.
6 umfassende Darstellung: Hartmann, Hans: Die Edelherren zu Warberg, Braunschweig 2001
7 Seelecke, Kurt: Aus der Geschichte der Burg Warberg, in: Sonderdruck „Lehranstalt Burg Warberg" in: Ernährungsdienst, a.a.O.
8 ebenda
9 vgl. Gerhard Grabenhorst im Geschäftsbericht 1989/90, Merkur, Heft 67/1990, S. I/7f
10 Zitate ebenda, S. I/5f
11 Merkur, Heft 45/1972, S. I/5
12 alle Angaben nach Gespräch mit Gerhard Grabenhorst am 4.4.2013 sowie Merkur, Heft /1992, S. 38f, Merkur Heft 62/1985, S. I/20f, Merkur, Heft 60/1983, S. I/15, Merkur, Heft 59/1982, S. I/26f
13 Korrespondenz mit den Dozenten im Februar 2013, daraus alle Zitate
14 Geschäftsbericht BLA 2011/12, S.41
15 Veranstaltungen 1985/86: Jahresbericht BLA 1985/86, S. I/11; Veranstaltungen 1968/69: Merkur, Heft 69/1992, S. 23-26
16 vgl. hierzu und zum Folgenden: Merkur, Heft 67/1990, S. I/23, Merkur, Heft 68/1991, S. I/2, 8, 20, Merkur, Heft 69/1992, S. I/5, Merkur, Heft 70/1993, S. I/16, Merkur, Heft 80/2000, S. I/3
17 Merkur, Heft 67/1990, S. I/10; weitere Beispiele: der Geschäftsführer mit fünf Veranstaltungen 1992 für den BAL in den neuen Ländern, Merkur Heft 70/1993, S. I/16; Agrar-Forum „Kooperation" mit Beiträgen: H. Rautenberg, Ratzeburg: Kooperationsmodelle in Mecklenburg-Vorpommern am Beispiel eines Joint-Ventures, Walter Bätz, Hannover u.a.: Kartoffelunzucht im vereinten Deutschland, Merkur, Heft 69/1992, S. I/8
18 vgl. Merkur, Heft 68/1991, S. I/8
19 Merkur, Heft 67/1990, S. I/13f, ebenso die folgenden Zitate
20 so auch in Gesprächen mit Peter Link und Wolfgang Koopmann

6 .
1993-2013
Die Burg öffnet sich
Positioniert für die Zukunft

1 zitiert nach dem aktuellen Prospekt der Stiftung
2 Merkur, Heft 80/2000, S. I/6
3 Angaben und Zitate nach dem Prospekt und dem Internetauftritt des Freundeskreises; Zeitungsecho in Merkur, Heft 87/2007, S. I/35
4 Protokoll Geschäftsf. Vorstand v. 21.5.1958, BestWarb
5 Dr. O. Schulze, in: Der bayerische Landwarenhandel und seine Organisationen, München 1954, S. 31
6 das pers. Gespräch mit den Jugendlichen fand im März 2013 statt; der Text von Andreas Meyer, Hansa Landhandel, Zeven, redaktionell bearbeitetes Grußwort auf dem Delegiertentag der BLA am 22.11.2012
7 erstellt nach Angaben der Verwaltung v. Burg Warberg
8 Merkur, Heft 86/2006, S. I/2; weitere Angaben durch Dr. Annemarie Heinecke
9 Darstellung nach Peter Link, Merkur, Heft 80/2000, S.I/23, siehe dazu auch die Merkure der Jahre zuvor
10 erster Brief der Lehranstalt o. D. (Ende 1948) an die Mitglieder (vor 1945)
11 Protokoll der Mitgliederversammlung Niedersachsen in Hannover v. 25.5.1954, BestWarb.
12 fortgeführt auf der Basis der Grafik in Merkur, Heft 84/2004, S.I/1
13 Merkur, Heft 7/1958, S. 13

Literaturverzeichnis

Verwendete Quellen

Protokolle der Vorstandssitzungen 1938-1959, Bestand Warberg (BestWarb.)
Geschäftsbericht der Jahre 1938/39 1939/1940, BestWarb.

Protokolle der Delegiertenversammlung 1949-1967, BestWarb.
Kladden für Protokolle der Delegiertenversammlung1966-1976, BestWarb.

Zeitungen / Zeitschriften (u.a.)

Warberger Merkur, Warberg
Braunschweiger Zeitung, Braunschweig
Die Landware, Berlin
Helmstedter Kreiszeitung, Helmstedt
Warberger Heimatblatt, Warberg
Wochenblatt der Landesbauernschaft Hannover-Braunschweig, Hannover

Literatur

Abel, Wilhelm / Cascorbi, Gisbert / Franz, Günther: Der deutsche Landwarenhandel, Hannover 1960

Bibliographie des deutschen landwirtschaftlichen Bildungswesens, hg. v. Wilhelm Hudde, Münster 1959 (Bd. I)

Bracher, Karl Dietrich: Die Deutsche Diktatur, Köln Berlin 1969

Bruhns, Wibke: Meines Vaters Land, Berlin 2005

Der bayerische Landwarenhandel und seine Organisationen (Red. Georg Kugler), München 1959

Der Löwe unterm Hakenkreuz, hg. v. Reinhard Bein und Ernst-August Roloff, Göttingen 2010

Der Wucher auf dem Lande, hg. v. Verein für Socialpolitik, Leipzig 1889, Nachdruck Schriften des Vereins für Sozialpolitik, Bd. 35, Vaduz 1989

Die Lehranstalt des deutschen Landwarenhandels e.V. ...erbittet für einige Minuten Ihre Aufmerksamkeit, hg. v. d. Lehranstalt des deutschen Landhandels e.V., Hannover o.J. (ca 1951, BestWarb.)

Eschenburg, Theodor: Jahre der Besatzung. 1945-1949, Geschichte der Bundesrepublik Deutschland, Band I, Stuttgart 1983

Facius, Walter: Die Stellung des Getreidehandels im Reichsnährstand, Berlin Leipzig 1938

50 Jahre Bayerische Landhandelsvereinigung – Lagerland, Red. Georg Kugler, München 1967

50 Jahre Bundeslehranstalt Burg Warberg e.V., hg. v. der BLA, Warberg 1988

Garmann, Norbert: Der deutsche Landwarenhandel im Bundesgebiet, Göttingen 1955, (Diss. mschrftl.)

Grabenhorst, Gerhard: Der Landwirtschaftsbetrieb der Bundeslehranstalt Burg Warberg, o.J. (2001), BestWarb. (Sonderdruck);
Grabenhorst, Gerhard: Der Agrarhandel als Spiegelbild der Landwirtschaft, Referat BLA Delegiertentagung 23.11.2012, BestWarb. (Sonderdruck);
Grabenhorst, Gerhard: Entwicklung und gegenwärtige Aufgaben der Bundeslehranstalt (40 Jahre BLA), Warberg 1977, BestWarb.

Handbuch des landwirtschaftlichen Bildungswesens, hg. v. Wilhelm Hudde und Martin Schmiel, München 1965

Hartmann, Hans: Die Edelherren zu Warberg, Braunschweig 2001

Henning, Friedrich-Wilhelm: Landwirtschaft und ländliche Gesellschaft, Paderborn 1978, Bd. 2

150 Jahre Kornbörsenverein Braunschweig. 1856-2006, hg. v. Vereinigte Getreide- und Produktenbörse Braunschweig – Hannover – Magdeburg, Bergen / Dumme o. J. (2006)

Jessen, Ludwig: Der private Landwarenhandel in der BRD, Hamburg und Berlin 1976

Koerber, Hermann: Warberg meine Heimat, Warberg 2007

Kühl, Rainer / Hanf, C.-Henning: Der Landwarenhandel in der Bundesrepublik Deutschland, Kiel 1985

Link, Peter / Tillmann, Peter: Die Warenterminbörse Hannover - Ein Praxishandbuch für Einsteiger und Profis, Bergen 2000

Mehring, Walter: Schulungsstätte des Landhandels, in: Deutsche Bauernzeitung, 10.3.1966

Müllenbusch, J.: Die Organisation der deutschen Ernährungswissenschaft – Der Reichsnährstand, Berlin 1941

Oelschlegel, Günter: Die rasante Entwicklung der Landwirtschaft im Landkreis Helmstedt in den letzten 60 Jahren, in: Kreisbuch 2010 Landkreis Helmstedt. Geschichte und Geschichten, Helmstedt 2010, S. 21ff
Oelschlegel, Günter: Burg Warberg – Herzstück der Aus- und Weiterbildung im deutschen Landhandel, in: VL-Blatt 12/1987, S. 28ff

Prüße, Dieterich: Der Landwarenhandel in der Bundesrepublik Deutschland, Münster 1983

60 Jahre Bundeslehranstalt Burg Warberg, Warberg 1997 (maschschrftl., BestWarb.)

Schade, Hans-Joachim: Burg Warberg – Zentrum des deutschen Landhandels, in: Landkreis Helmstedt, Helmstedt 1965, S. 124f

Schulze, Dr. Otheinrich: Die Bundeslehranstalt Burg Warberg. Ein Institut, das in ganz Europa nicht seinesgleichen hat, in: Helmstedter Kreiszeitung, o.D. 1959, BestWarb.

Slawski, Robert: Ostfalen, Holzminden 2007

Strothe, Alfred: Agrarwirtschaft im Umbruch, Bergen/Dumme 1999/5

Trommler, Hans-Jürgen: Warberg. 1202-1212, Warberg 2012

Ulrich, Volker: Gruppenbild mit Nazis, in: Die Zeit, Nr. 9, 19.02.2004

Unser Warberg 1938-1963, Red.: Schulze/Grabenhorst/Schade, Warberger Merkur 21/1963

Vereinigte Getreide- und Produktenbörse Braunschweig – Hannover – Magdeburg (Hg.):150 Jahre Kornbörsenverein Braunschweig. 1856 – 2006, Bad Harzburg 2006

Abbildungsnachweis

Abbildungen Bestand Burg Warberg oder privat;
BMELV - Bildschön, Seite18 ;
Oliver Bauer, Helmstedt, Seiten 12 (Rautenschlein), 26, 27, 29 (Link, Rautenschlein), 152 (oben) 168 (oben), 180 (oben);
Verlag-Kultur-Dialog, Seiten 8/9, 12/13(Font), 15, 87 (unten),114, 124 (Font), 125 (Font), 128(l.), 129 (alle) 126 (r. u.), 158 (unten), 163(3,4,5), 164, 180, 183 (oben),187 (r.u.), 190 (alle), 191

Impressum

Manfred Rockel:
Stets am Puls der Zeit
75 Jahre Bundeslehranstalt Burg Warberg
Osnabrück 2013

ISBN 9 783981 392470

Layout, Typografie, Realisation: Verlag-Kultur-Dialog
Umschlaggestaltung: Verlag-Kultur-Dialog

Information und Kontakt:

Manfred Rockel
www.manfredrockel.de
manfred-rockel@web.de

Verlag-Kultur-Dialog
www.kultur-dialog.eu
mail@kulur-diaolg.eu

Der Autor

Manfred Rockel lebt und arbeitet in Lingen und Osnabrück. Nach dem Studium (Geschichte und Englisch) in Hannover und Bristol Tätigkeit als Gymnasiallehrer und Europakoordinator bei der Landesschulbehörde in Niedersachsen. Seit 1990 zahlreiche Veröffentlichungen zu Zeitgeschichte, Europa, Kultur, zuletzt Sachbücher im Agrarbereich. Weitere Informationen und Kontakt: www.manfredrockel.de manfred-rockel@web.de

Verlag-Kultur-Dialog

9 783981 392470